周　期　表

周期＼族	1	2	3	4	5	6	7	8	9	10	11	12	13	14	15	16	17	18
1	1 H 1.008																	2 He 4.003
2	3 Li 6.941	4 Be 9.012											5 B 10.81	6 C 12.01	7 N 14.01	8 O 16.00	9 F 19.00	10 Ne 20.18
3	11 Na 22.99	12 Mg 24.31											13 Al 26.98	14 Si 28.09	15 P 30.97	16 S 32.07	17 Cl 35.45	18 Ar 39.95
4	19 K 39.10	20 Ca 40.08	21 Sc 44.96	22 Ti 47.87	23 V 50.94	24 Cr 52.00	25 Mn 54.94	26 Fe 55.85	27 Co 58.93	28 Ni 58.69	29 Cu 63.55	30 Zn 65.38	31 Ga 69.72	32 Ge 72.64	33 As 74.92	34 Se 78.96	35 Br 79.90	36 Kr 83.80
5	37 Rb 85.47	38 Sr 87.62	39 Y 88.91	40 Zr 91.22	41 Nb 92.91	42 Mo 95.96	43 Tc (99)	44 Ru 101.1	45 Rh 102.9	46 Pd 106.4	47 Ag 107.9	48 Cd 112.4	49 In 114.8	50 Sn 118.7	51 Sb 121.8	52 Te 127.6	53 I 126.9	54 Xe 131.3
6	55 Cs 132.9	56 Ba 137.3	57-71 *	72 Hf 178.5	73 Ta 180.9	74 W 183.8	75 Re 186.2	76 Os 190.2	77 Ir 192.2	78 Pt 195.1	79 Au 197.0	80 Hg 200.6	81 Tl 204.4	82 Pb 207.2	8[illegible] B[illegible] 20[illegible]	[illegible]	[illegible]	86 [illegible]n [illegible]22)
7	87 Fr (223)	88 Ra (226)	89-103 **	104 Rf (267)	105 Db (268)	106 Sg (271)	107 Bh (272)	108 Hs (277)	109 Mt (276)	110 Ds (281)	111 Rg (280)	112 Cn (285)	113 Uut (284)	114 Fl (289)	11[illegible] Uu[illegible] (28[illegible]	[illegible]	[illegible]	[illegible]18 [illegible]uo [illegible]94)

*ランタノイド	57 La 138.9	58 Ce 140.1	59 Pr 140.9	60 Nd 144.2	61 Pm (145)	62 Sm 150.4	63 Eu 152.0	64 Gd 157.3	65 Tb 158.9	66 Dy 162.5	67 Ho 164.9	68 Er 167.[illegible]	[illegible]	[illegible]	[illegible]
**アクチノイド	89 Ac (227)	90 Th 232.0	91 Pa 231.0	92 U 238.0	93 Np (237)	94 Pu (239)	95 Am (243)	96 Cm (247)	97 Bk (247)	98 Cf (252)	99 Es (252)	100 Fm (257)	[illegible]	[illegible]	[illegible]

(注) ここに与えた原子量は概略値である。
（　）内の値はその元素の既知の最長半減期をもつ同位体の質量数である。

ライブラリ工科系物質科学＝2

工学のための

無機化学［新訂版］

橋本 和明・大倉 利典
片山 恵一・山下 仁大 共著

サイエンス社

新訂版　はじめに

本書の初版を出版してから第 6 刷まで重ねることができた．『工学のための無機化学』の書名のとおり，材料系の研究者や技術者向けの無機化学の入門テキストとして執筆したもので大学 1 年生の無機化学だけではなく，高学年での基礎無機材料化学のテキストとしても利用できる．工学系および材料系のみならず多くの分野で教科書として本書を採用下さった先生方，また本書を利用してくれた学生諸君にお礼を申し上げたい．

初版の出版当初，ゆとり教育が実践されるなか，高等学校では化学の深奥を究める時間が不足し，大学に入学してから新たに化学のリメディアル教育をしていた時代であった．しかし，現在では理科系教育重視のなかで高等学校での理科教育や，大学での化学教育は大きく変化した．そのため，新訂版ではあえて電子論を掲載している．それは無機化学の分野でも電子の振る舞いを理解することが重要な時代になったためであり，なぜそうなるかを知るためにも必要な知識である．また，初版から一貫して踏襲しているのが，左側に解説，右側に図表を配置することである．新訂版ではこの工夫は維持しながらも理解向上を図るため，随所に多くの図表と，解説を補助するための多くのコラムを採用している．さらに元素と化合物については，初版の多成分系化合物を 1 族から 18 族の元素と化合物に振り分けて記述した．一部振り分けられなかった無機材料の部分については本ライブラリの『工学のための無機材料科学』を活用してほしい．本書は，教える人の専門分野を勘案して内容を取捨選択することで，1 セメスターの講義時間で終われるように配慮した．これらの試みが，無機化学の新たな理解の一助になれば幸いである．

新訂版の出版にあたり，ご尽力下さった（株）サイエンス社田島伸彦氏，見寺健氏に心より感謝をしたい．

2015 年秋

橋本和明
大倉利典
片山恵一
山下仁大

はじめに

無機化学に関する成書は数多くあるが，本書ではとくに無機化学を無機材料科学，すなわちセラミックス材料学の基礎をなす科目と位置づけて，おもに工学や理工学に籍を置く学生諸君に向けて著わした．セラミックスは先端技術の核をなすもので，その応用範囲は高温・構造材料や電磁気材料から光学，環境，生体材料の多岐にわたる．

本書では第１章と第２章で，まず化学の基礎項目について学ぶ．従来の無機化学の成書には必ず取り入れられている基本項目も収録している．なかには高校で学んでいるべき項目も復習のために若干収録した．この部分は十分に理解している場合には割愛してもらってもよい．これらは目次に難易度として＊＃印で示している．

本書の特色は第３章と第４章にみられる．従来第３章に相当する章では単体のみの記述が中心であったが，本書ではセラミックスに係わる化合物も取り上げ，単体の基本的性質から単体および化合物の構造，合成法，さらに機能にまで深く踏み込んで，丁寧に解説している．また，従来書は二成分系の化合物までしか扱っていないが，本書では第４章において，とくに工業材料および先端材料に用いられる３成分系，４成分系の化合物まで収録した．これらのうちのいくつかの性質は非化学量論組成，すなわち空孔を含む構造に由来する．従来はほとんど扱われていない概念ではあるが，その重要性を考慮して本書では平易な解説を加え，取り上げた．

最終の第５章では従来収録しえなかった内容で，材料本来の面白さを感じてもらうため，専門の入門として最先端材料を取り上げた．大学１，２年次の授業では割愛しても差し支えない．さらに予習・復習用として各章末には例題，巻末には演習問題をつけた．版組は見やすく，一項目につき解説文を偶数ページに１または２ページで書き上げ，関連する図表を奇数ページに配した．また，キーワードを各解説ページの下段に数個ずつ付記した．関連する事項が掲載されているページを（☞）にて参照できるように工夫もしている．

以上のような観点に立って書かれた本書は，大学１年から３年次まで使える従来にない書となったと自負している．これは単一著者の作業では困難であり，現在，種々のフィールドで研究と教育に携わっている新進気鋭の4名で取り組んだ賜であろう．なお，全体の表現や内容については山下が調整しているが，不統一・不十分な箇所があるかもしれない．それらについては読者のご教示を乞う次第である．最後に本書の企画・編集にご援助いただいた（株）サイエンス社田島伸彦氏，（有）ビーカム佐藤亨氏に感謝する．

2000年3月

山下仁大
片山恵一
大倉利典
橋本和明

目　次

1　基礎化学　1

2　無機溶液の化学　51

難易度： * 基礎必須
*# 基礎（他の基礎科目で学ぶ場合にはスキップ可）
** 標準
*** 高度
表記：☞ 1.2.3 → 1.2.3 参照

1 基礎化学

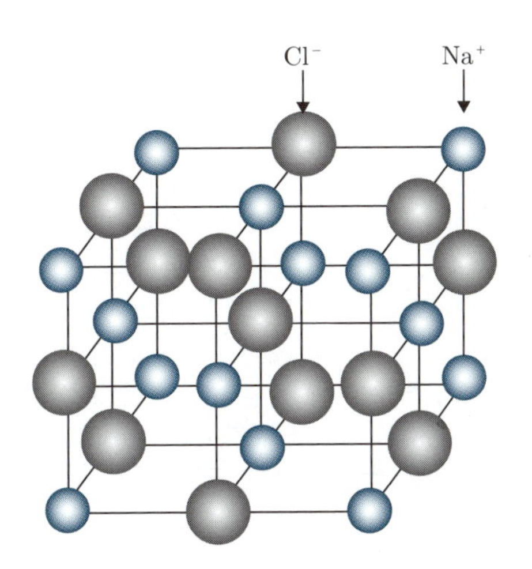

NaClの単位格子

1.1 原子と電子

1.1.1 原子構造

すべての物質は**原子**（atom）からなる．原子の基本粒子は図1.1のように構成されている．中心には正に帯電した**原子核**（atomic nucleus）があり，その周囲を負に帯電した**電子**（electron）がとりまいている．原子核は正に帯電した**陽子**（proton）と電気的に中性の**中性子**（neutron）とからなり，これらを**核子**（nucleon）といい，強い相互作用の核力で結び付けられている．電子の質量は陽子の $\frac{1}{1836}$ に相当し，原子全体の質量にほとんど関係しない．しかし，電子は化学結合や化学反応に対して重要な役割を果たす．表1.1には原子の構成粒子の質量と電荷を示す．

質量数 A と原子番号 Z によって原子の種類を分けたものを**核種**（nuclide）という．また，多くの核種の中で，Z が同じ核種の集合を**元素**（element）という．元素を示すには元素名と元素記号を用いるが，核種を記号で表す場合には，**元素記号**，**原子番号**（atomic number），**質量数**（mass number）を用いて図1.2に示すように表記する．周期表にはすべての元素が分類されており，元素記号や原子番号などが付記されている（☞ 1.1.5）．

同じ元素の原子で質量数（質量数＝陽子数＋中性子数）の異なる核種どうしを**同位体**（isotope）という（表1.2）．自然界に存在する元素の大部分は質量数の異なる同位体をもつが，${}_{4}\mathrm{Be}$, ${}_{9}\mathrm{F}$, ${}_{11}\mathrm{Na}$, ${}_{13}\mathrm{Al}$, ${}_{25}\mathrm{Mn}$, ${}_{39}\mathrm{Y}$ などの22種の元素は同位体をもっていない．これは，原子核の安定性が高いためである．

原子の質量は非常に小さい．そのため，原子の質量を直接的に求めるには困難をともなう．これまで ${}^{12}\mathrm{C}$ の質量について多くの研究があり，${}^{12}_{6}\mathrm{C}$ の質量の $\frac{1}{12}$ を**原子質量単位**（atomic mass unit: u）と定義して原子や核子の質量を表す（表1.3）．1 u は 1.66054×10^{-27} kg である．各元素の質量を求める場合，天然に存在する同位体の質量に存在比を考慮して加重平均した平均質量を原子質量単位 u で割る．この値を**相対原子質量**（relative atomic mass），または**原子量**（atomic weight）といい，A_r で表す．たとえば，${}^{108}\mathrm{Ag}$ 原子の質量は 1.791×10^{-25} kg であるとき ${}^{108}\mathrm{Ag}$ 原子の相対質量 A_r は $1\ [\mathrm{u}] = 1.66054 \times 10^{-27}\ [\mathrm{kg}]$ を用いて

$$ {}^{108}\mathrm{Ag}\ の\ A_r = \frac{1.791 \times 10^{-25}}{1.66054 \times 10^{-27}} = 107.86 $$

と求めることができる．

キーワード：原子構造，質量数，原子番号，核種，同位体，原子量

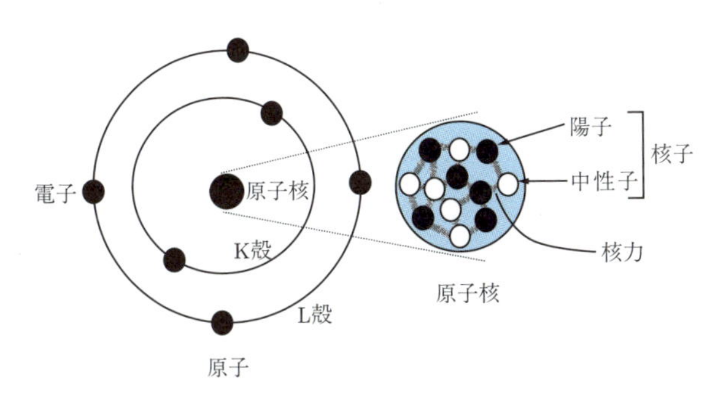

図 **1.1** 原子の構造（炭素を例に）

表 **1.1** 原子の構成粒子の質量と電荷

	記号	質量／kg	質量／u	電荷／C
陽子	p	1.6726×10^{-27}	1.007176	$+1.60218 \times 10^{-19}$
中性子	n	1.6748×10^{-27}	1.008665	0
電子	e	9.1094×10^{-31}	0.0005486	-1.60218×10^{-19}

（質量数）$A \rightarrow$ $^{12}_{6}\mathrm{C}$（元素記号）
（原子番号）$Z \rightarrow$

図 **1.2** 核種の表示方法（炭素を例に）

表 **1.2** おもな同位体の陽子・中性子数と存在比

元素	水素			炭素		酸素			塩素	
記号	$^{1}\mathrm{H}$	$^{2}\mathrm{H}$	$^{3}\mathrm{H}$	$^{12}\mathrm{C}$	$^{13}\mathrm{C}$	$^{16}\mathrm{O}$	$^{17}\mathrm{O}$	$^{18}\mathrm{O}$	$^{35}\mathrm{Cl}$	$^{37}\mathrm{Cl}$
陽子数	1	1	1	6	6	8	8	8	17	17
中性子数	0	1	2	6	7	8	9	10	18	20
存在比 %	99.98	0.015	～0	98.89	1.11	99.76	0.038	0.21	75.53	24.47

表 **1.3** 炭素の同位体の存在比

核種	原子質量／u	存在比／%	原子量
$^{12}\mathrm{C}$	12.00000	98.89	12.011
$^{13}\mathrm{C}$	13.00335	1.11	

1.1.2 原子模型と電子

原子模型は19世紀後半に多くの研究者によって提案された．これらのほとんどが，原子核のまわりを運動する電子はエネルギーを放出しながら原子核に引きつけられている模型であった．また，これらの場合，電子は均一に分布していた．このことから，これらの模型では原子から発せられる光エネルギーなどは連続スペクトルになると考えられる．しかし，実際の実験結果では，これらの原子模型との間に理論的な一致を認めることができていなかった．すなわち，実験結果では，原子が示す発光はすべて**線スペクトル**と呼ばれる鋭い特有の波長を示した．また，各元素によってそれらの線スペクトルは異なり，元素特有の発光スペクトルを示すことも知られていた．図1.3に水素原子の発光スペクトルを示した．

リュードベリ（Rydberg）は，図1.4に示した水素原子において発光スペクトルのライマン（Lyman），バルマー（Balmer），パッシェン（Paschen）などの系列のスペクトルがすべて(1.1)式で表せることを示した．

$$\overline{\nu} = \frac{1}{\lambda} = R\left(\frac{1}{{n_1}^2} - \frac{1}{{n_2}^2}\right) \tag{1.1}$$

ただし，$n_1 = 1, 2, 3, 4, \cdots$, $n_2 = n_1 + 1, n_1 + 2, n_1 + 3, \cdots$．この式から，リュードベリは$R$の値が109737 cm^{-1}であることと，この発光スペクトルの系列が規則的な特徴をもつことをあきらかにした．その後，ボーア（Bohr）がこれらの発光スペクトルの発光機構を理論的に解明した．

ボーアは，電子は半径rの軌道にある独立した粒子とし，それが同一軌道内にあるときにエネルギーが保存され，電子と原子核間の**クーロン力**（Coulomb's force）と電子の回転による遠心力とがつり合っていると説明した（図1.5）．

電子の遠心力F (1.2)式と，電子と原子核間のクーロン力F' (1.3)式は

$$F = \frac{m\nu^2}{r} \tag{1.2}$$

$$F' = \frac{Ze^2}{4\pi\varepsilon_0 r^2} \tag{1.3}$$

である．ここでe: 電子の電荷，Z: 原子核の電荷，ε_0: 真空の誘電率である．ボーアは$F = F'$として(1.4)式を導き出し，この式から速度νを(1.5)式で表した．

$$\frac{m\nu^2}{r} = \frac{Ze^2}{4\pi\varepsilon_0 r^2} \tag{1.4}$$

$$\nu = \frac{e}{2}\sqrt{\frac{Z}{\pi\varepsilon_0 m r}} \tag{1.5}$$

また，軌道の不連続性を検討するために，電子の角運動量$m\nu r$が

$$m\nu r = \frac{nh}{2\pi} \tag{1.6}$$

になることを導き出し，この式から不連続な量子nに依存し，$\frac{h}{2\pi}$のn倍になることを証明した．ここでhは**プランク定数**（Planck's constant）である．(1.5)式と(1.6)式とから(1.7)式を経て，(1.8)式を示した．

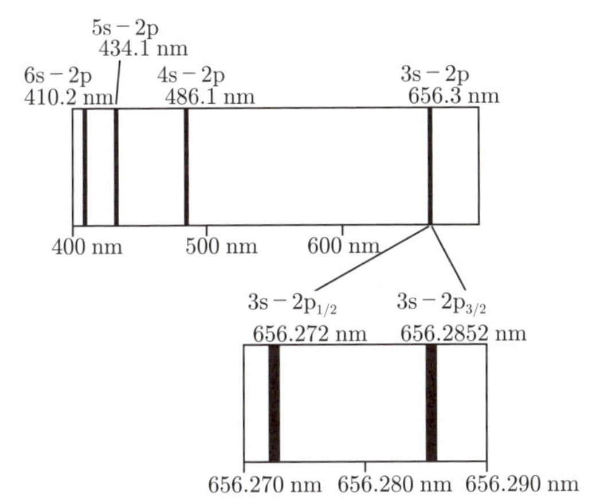

図 **1.3** 水素原子の発光スペクトル

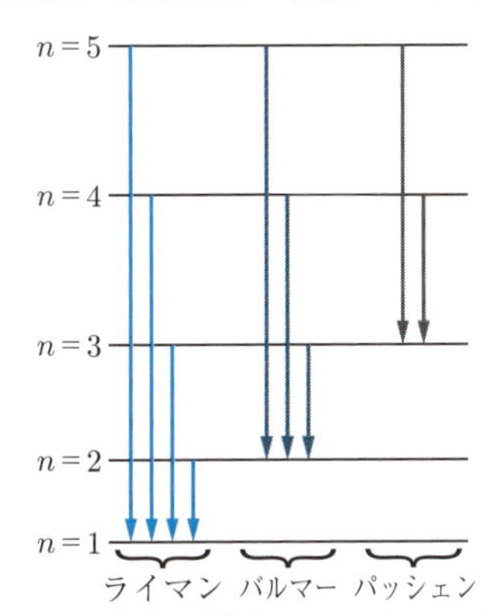

図 **1.4** 水素の発光スペクトルの解釈

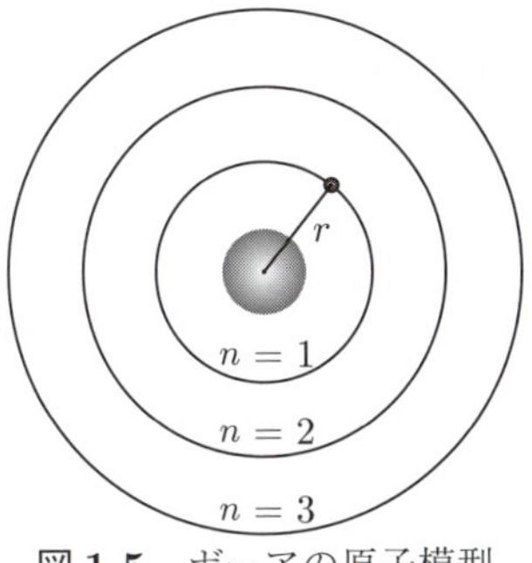

図 **1.5** ボーアの原子模型

$$m\frac{e}{2}\sqrt{\frac{Z}{\pi\varepsilon_0 mr}}\,r=\frac{nh}{2\pi} \qquad (1.7) \qquad\qquad r=\frac{n^2h^2\varepsilon_0}{\pi mZe^2} \qquad (1.8)$$

(1.8) 式は電子の存在する軌道は半径 r で表せることを示す．すなわち，電子の角運動量が $\frac{h}{2\pi}$ の整数倍であることは電子が特定の半径の円軌道上にしか存在しないことを意味する．

さらに，許容されるエネルギー E は電子の運動エネルギー T とポテンシャルエネルギー V との和であることから，E を (1.9) 式で表した．

$$E=T+V=\frac{1}{2}m\nu^2-\frac{Ze^2}{4\pi\varepsilon_0 r}=\frac{Ze^2}{8\pi\varepsilon_0 r}-\frac{Ze^2}{4\pi\varepsilon_0 r}=-\frac{Ze^2}{8\pi\varepsilon_0 r} \qquad (1.9)$$

これに (1.8) 式を代入し

$$E=-\frac{mZ^2e^4}{8n^2h^2{\varepsilon_0}^2} \qquad (1.10)$$

(1.10) 式は電子が許容されるエネルギー E を算出している．この (1.10) 式を用いて，電子が軌道2から軌道1に移動したときのエネルギー差 ΔE を求めると，(1.11) 式になる．

$$\Delta E=\left(-\frac{mZ^2e^4}{8{n_2}^2h^2{\varepsilon_0}^2}\right)-\left(-\frac{mZ^2e^4}{8{n_1}^2h^2{\varepsilon_0}^2}\right)=\frac{mZ^2e^4}{8h^2{\varepsilon_0}^2}\left(\frac{1}{{n_1}^2}-\frac{1}{{n_2}^2}\right) \qquad (1.11)$$

一方，励起したエネルギー分が特定の波長をもつ線スペクトルとして観察されたことから，光速 c を用いて $\overline{\nu}$ を表現すると

$$\Delta E=hc\overline{\nu}=\frac{mZ^2e^4}{8h^2{\varepsilon_0}^2}\left(\frac{1}{{n_1}^2}-\frac{1}{{n_2}^2}\right) \qquad (1.12)$$

$$\overline{\nu}=\frac{mZ^2e^4}{8h^3c{\varepsilon_0}^2}\left(\frac{1}{{n_1}^2}-\frac{1}{{n_2}^2}\right) \qquad (1.13)$$

となり，**リュードベリ定数** R（Rydberg constant）は，以下に示す (1.14) 式になる．

$$R=\frac{mZ^2e^4}{8h^3c{\varepsilon_0}^2} \qquad (1.14)$$

これを求めると R=109678 [cm^{-1}] となり，リュードベリが求めた R の値 109737 cm^{-1} とよい一致を示す．

ボーアの理論は，負電荷を帯びた粒子である電子が正電荷を帯びた原子核のまわりにあるエネルギー準位の異なる不連結な同軌道にのみ存在することを示している．観察された不連続な線スペクトルは励起された電子が存在する高いエネルギー準位の軌道から低いエネルギー準位の軌道へ移る際，放出されるエネルギーであることを示した（図1.4）．また，低いエネルギー準位は原子核から近い位置に存在し，エネルギー準位が高くなるにともない電子の軌道は原子核から遠い位置に存在することになる．この原子模型が現在の原子の電子構造の基礎となっている．

ボーアの原子模型が提案されて以後，ド・ブロイ（de Broglie）がすべての物質は粒子性と波動性との2つの性質をもちあわせているという理論を示した．すなわち，

質量 m，速度 ν の粒子の運動量 p を波動として扱った．

$$\lambda = \frac{h}{p} = \frac{h}{m\nu} \tag{1.15}$$

たとえば，L の長さの箱の中，あるいは原子軌道のように限られた長さの空間に波が定常的に存在するには図 1.6 に示すように $L = n\frac{\lambda}{2}$ の条件を満たす．$L = n\frac{\lambda}{2}$ を (1.15) 式に代入した関係式 $p = \frac{n\lambda}{2L}$ を運動エネルギー E（$E = \frac{m\nu^2}{2}$）に代入すると

$$E = \frac{n^2h^2}{8mL^2} \quad (n = 1, 2, 3, 4, \ldots) \tag{1.16}$$

が得られる．これは，長さ L の箱の中にある定常波は $\frac{\lambda}{2}$ の n 倍に限られること，そのエネルギー E もとびとびの値しか得ることができないことを示している．

電子は原子核との引力によって拘束された核のまわりの軌道上を運動している．そして，それは円軌道上の電子の運動も定常波に限られる．これを図 1.7 に示す．円軌道上に $n\lambda$ が収まれば定常的に波が存在できるが $n\lambda$ が収まらなければ波は打ち消し

図 1.6　長さ L の領域に閉じ込められた粒子の定常波（量子数 n とエネルギー E_n）

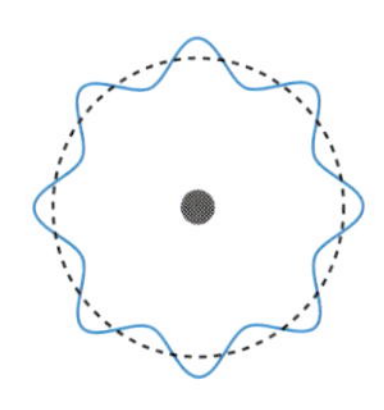

(a)　定常波

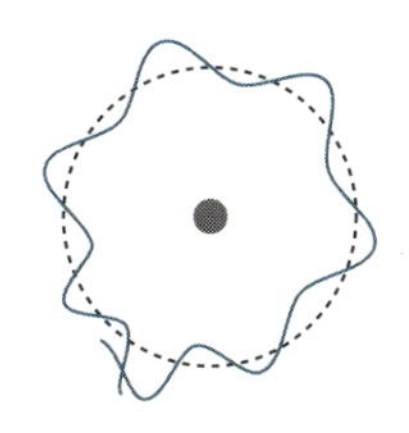

(b)　非定常波

図 1.7　円軌道上の定常波と非定常波

合い存在できないことになる．

このようにボーアの原子模型での電子の軌道およびエネルギー準位はド・ブロイの波動性によって理論付けられた．さらにシュレーディンガー（Schrödinger）はド・ブロイの考え方をもとに電子運動はすべて波動として電子軌道を証明した．これを**シュレーディンガーの波動方程式**（Schrödinger wave equation）といい，量子力学の礎となっている．

シュレーディンガーの波動方程式は一般的には (1.17) 式の形で表される．

$$H\psi = E\psi \tag{1.17}$$

H は**ハミルトン演算子**（Hamiltonian）と呼ばれ，具体的には (1.21) 式で表される内容を意味し，対象とする系の運動エネルギーと位置エネルギーを表したもので ψ に作用する．古典力学において粒子の運動状態は座標 (x, y, z) と運動量 (p_x, p_y, p_z) とによって表すことができる．そして，その系のエネルギーを座標および運動量の関数として表したものを**ハミルトン関数**と呼んでいる．

$$H(x, y, z, p_x, p_y, p_z) = \frac{1}{2m}({p_x}^2 + {p_y}^2 + {p_z}^2) + V(x, y, z) \tag{1.18}$$

ここで V は位置エネルギーを表す．そこでハミルトン関数に含まれる運動量を次のような演算子に置き換える．

$$\begin{aligned}
p_x &\to \frac{h}{2\pi i}\frac{\partial}{\partial x}, \quad {p_x}^2 \to \frac{-h^2}{4\pi^2}\frac{\partial}{\partial x}\left(\frac{\partial}{\partial x}\right) \\
p_y &\to \frac{h}{2\pi i}\frac{\partial}{\partial y}, \quad {p_y}^2 \to \frac{-h^2}{4\pi^2}\frac{\partial}{\partial y}\left(\frac{\partial}{\partial y}\right) \\
p_z &\to \frac{h}{2\pi i}\frac{\partial}{\partial z}, \quad {p_z}^2 \to \frac{-h^2}{4\pi^2}\frac{\partial}{\partial z}\left(\frac{\partial}{\partial z}\right)
\end{aligned} \tag{1.19}$$

(1.19) 式を用いて (1.18) 式を表すと

$$H = \frac{-h^2}{8\pi^2 m}\left(\frac{\partial^2}{\partial x^2} + \frac{\partial^2}{\partial y^2} + \frac{\partial^2}{\partial z^2}\right) + V(x, y, z) \tag{1.20}$$

ここで $\left(\frac{\partial^2}{\partial x^2} + \frac{\partial^2}{\partial y^2} + \frac{\partial^2}{\partial z^2}\right) \equiv \nabla^2$ とする．∇^2 は**ラプラス演算子**と呼び，3 次元の電子運動を表す．また，∇^2 は関数を各変数について 2 次微分した上で，それらを足し合わせるという操作を行う．

$$H = \frac{-h^2}{8\pi^2 m}\nabla^2 + V(x, y, z) \tag{1.21}$$

次にシュレーディンガーの波動方程式によって水素原子のまわりの電子運動を考えてみる．水素原子では原子核の電荷（$+e$）と，中心から r の距離にある 1 個の電子（$-e$）とが対象となる．電子は中心電荷による電場 $+\frac{e}{r}$ の中にあるので，その位置エネルギーは $-\frac{e^2}{r}$ となる．これが 3 次元空間で運動することを考えるとハミルトン演算子 H は次のように書ける．

$$H = \frac{-h^2}{8\pi^2 m}\nabla^2 + \frac{-e^2}{r} \tag{1.22}$$

(1.22) 式と (1.17) 式とからシュレーディンガーの波動方程式を求めてみると (1.23) 式となる．

$$\frac{-h^2}{8\pi^2 m}\nabla^2\psi - \left(E + \frac{e^2}{r}\right)\psi = 0 \tag{1.23}$$

ここで ψ は波動関数であり，$\int \psi^2\,dr = 1$ という規格化されたときに $|\psi|^2$ は，ある微小領域内の粒子の存在確率を与える．つまり，波動関数は原子核のまわりをとりまく電子の分布状態あるいは密度を表している．また，この積分の意味は全空間にわたって積分すれば，電子を見つけだす確率は 1 でなければならないということである．E は定常波のエネルギー（固有値）を示している．

原子核のまわりを回る電子の位置を示すには x, y, z 軸を中心とした直交座標 $p(x, y, z)$ よりも x 軸および z 軸をなす角 ϕ, θ および原点からの距離 r で表す極座標 (r, θ, ϕ) を用いて表現するほうが理解しやすい（図 1.8）．この直交座標と極座標との間には，次の関係式が成り立つ．

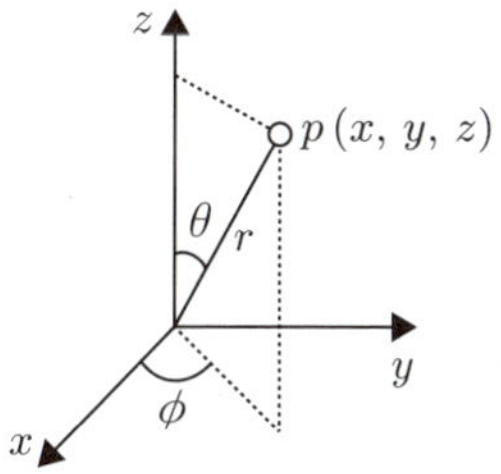

極座標

物体の主な運動には直線運動と回転運動とがあるが，電子は原子核を中心とする軌道運動と自分自身が回転する自転運動を行っていて，いずれも回転運動が中心である．直線運動では距離 r [m]，速度 v [m s^{-1}]，質量 m [kg] などが基本となるのに対し，回転運動では回転角 θ [rad]，角速度 $\omega\ (=\frac{v}{r})$ [rad s^{-1}]，質量（慣性モーメント）$l\ (=mr^2)$ [kg m^2] が用いられる．したがって，直線の運動は $p=mv$ で表されるのに対し，回転運動の運動量（これを角運動量という）は $p_\theta = l\omega$ で表される．

図 1.8　電子の 3 次元運動と角運動

$$x = r\sin\theta\cos\phi,\quad y = r\sin\theta\sin\phi,\quad z = r\cos\theta$$
$$r = (x^2 + y^2 + z^2)^{1/2} \tag{1.24}$$

したがって，波動関数 ψ は (1.25) 式となる．

$$\psi(r,\theta,\phi) = R(r)\,\Theta(\theta)\,\Phi(\phi) \tag{1.25}$$

ここで $R(r)$ は**動径関数**と呼ばれ，原点からの距離 r のみの関数である．また，$\Theta(\theta)$ と $\Phi(\phi)$ は角関数で軸方向の角運動量を表す関数である．シュレーディンガーの波動方程式を r, θ, ϕ の関数の積として解くと，水素原子の電子の状態を図 1.9 に示したように求めることができる．さらに動径関数 $R(r)$ の解として (1.26) 式が求められる．

$$R(r) = e^{-ar} \tag{1.26}$$

また，許される関数のエネルギーは (1.27) 式で表される．

$$E_n = -\frac{2\pi^2 me^4}{n^2h^2} \tag{1.27}$$

これはボーアの原子模型で得られた式であり，$n = 1, 2, 3, 4, \cdots$ のみをとる．

表 1.4 に量子数と軌道の関係を示す．水素原子の場合，主量子数 n が 1 なので，l と m_l は 0 となり，電子の軌道への広がりだけが示される．主量子数 n が 2 以上の場合には，角関数 $\Theta(\theta)$ と $\Phi(\phi)$ の解にも量子数 (l, m_l) が導入される．

主量子数 n は (1.16) 式と (1.27) 式の n と同じであり，軌道エネルギーと軌道の広がりとを決める量子数である．次に第 2 の量子数は**方位量子数** l といい，軌道の形を決める量子数である．主量子数 n と方位量子数 l を組み合わせて，軌道は **1s 軌道** ($n = 1,\ l = 0$)，**2p 軌道** ($n = 2,\ l = 1$)，**3d 軌道** ($n = 3,\ l = 2$) のように表せる．また，第 3 の量子数は**磁気量子数** m_l といい，軌道の分布の方向を決める．たとえば，2p 軌道 ($n = 2,\ l = 1$) には m_l では $+1, -1, 0$ の 3 つの軌道があり，それを x, y, z の方向で表すと $2p_x$, $2p_y$, $2p_z$ となる．さらに表には示していないが，4 つ目の量子数として**スピン量子数** m_s がある．これは同一軌道に入る 2 個の電子をスピンの自転の方向で $+\frac{1}{2}$ と $-\frac{1}{2}$ と区別し，$+\frac{1}{2}$ は右向きスピン，$-\frac{1}{2}$ は左向きスピンを表す．このように，軌道は主に 3 つの量子数 (n, l, m_l) によって規定される．

表 1.5 に水素原子の波動関数を示した．波動関数は電子の分布状態を表すので各軌道の極座標図として電子雲の形状に関する情報を与える（☞ 1.1.4）．

キーワード：線スペクトル，原子模型，粒子性と波動性，量子数と軌道，シュレーディンガーの波動方程式

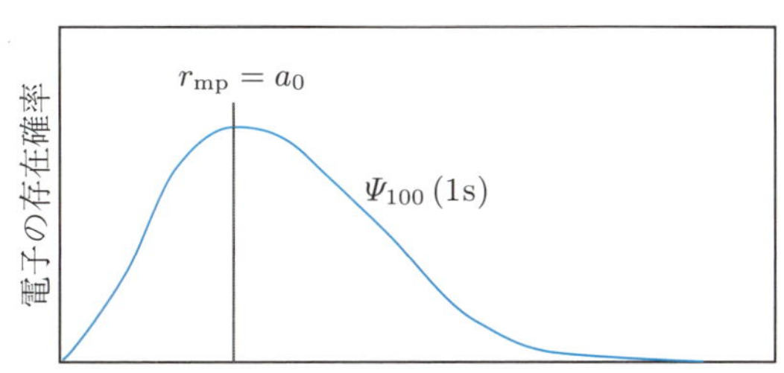

$r_{\rm mp}$はボーアの原子軌道半径 $a_0 = 53$ [pm]であり，曲線は電子の存在確率を示す．

図 1.9　1s 軌道の動径分布関数

表 1.4　量子数と軌道（主量子数 $n = 3$ まで表示）

主量子数 n	殻	方位量子数 l	軌道の記号（収容電子数）	磁気量子数 m_l	軌道の記号
1	K	0	1s　(2)	0	1s
2	L	0	2s　(2)	0	2s
		1	2p　(6)	0	$2p_z$
				+1, −1	$2p_x$, $2p_y$
3	M	0	3s　(2)	0	3s
		1	3p　(6)	0	$3p_z$
				+1, −1	$3p_x$, $3p_y$
		2	3d　(10)	0	$3d_{z^2}$
				+1, −1	$3d_{xz}$, $3d_{yz}$
				+2, −2	$3d_{xy}$, $3d_{x^2-y^2}$

表 1.5　水素原子の波動関数（2p 軌道まで）

軌道	n	l	m_l	ψ	$R(r)$	$\Theta(\theta)\Phi(\phi)$
s 軌道	1	0	0	ψ_{1s}	$2\left(\frac{1}{a_0}\right)^{3/2}e^{-r/a_0}$	$\frac{1}{2\sqrt{\pi}}$
s 軌道	2	0	0	ψ_{2s}	$\frac{1}{2\sqrt{2\pi}}\left(\frac{1}{a_0}\right)^{3/2}\left(2-\frac{r}{a_0}\right)e^{-r/a_0}$	$\frac{1}{2\sqrt{\pi}}$
p 軌道	2	1	+1	ψ_{2p_x}	$\frac{1}{2\sqrt{6}}\left(\frac{1}{a_0}\right)^{3/2}\frac{r}{a_0}e^{-r/2a_0}$	$\frac{1}{2}\sqrt{\frac{3}{\pi}}\sin\theta\cos\phi$
p 軌道	2	1	−1	ψ_{2p_y}	$\frac{1}{2\sqrt{6}}\left(\frac{1}{a_0}\right)^{3/2}\frac{r}{a_0}e^{-r/2a_0}$	$\frac{1}{2}\sqrt{\frac{3}{\pi}}\sin\theta\sin\phi$
p 軌道	2	1	0	ψ_{2p_z}	$\frac{1}{2\sqrt{6}}\left(\frac{1}{a_0}\right)^{3/2}\frac{r}{a_0}e^{-r/2a_0}$	$\frac{1}{2}\sqrt{\frac{3}{\pi}}\cos\theta$

a_0 はボーア半径

1.1.3 電子軌道とエネルギー準位

最も単純な原子である水素（☞ 4.1.1）は，1個の陽子をもつ原子核とそのまわりを回る1個の電子からできている．また，ヘリウム（☞ 4.2.2）は，2個の陽子をもつ原子核のまわりを，2個の電子がK殻を回っている．その様子を図1.10に示す．原子番号が大きな原子も，水素やヘリウムと同様，原子番号に相当する数の陽子を含んだ原子核のまわりを，原子番号と同じ個数の電子が回っている．いずれの原子においても電子は静電的な引力によって原子核に引きつけられている．原子核の近くにある電子と原子核に働く力は強く，その電子エネルギー準位は低い．また，原子核から離れている電子ほど弱い力で引きつけられており，その電子エネルギー準位は高い（図1.11 (a)）．図1.11 (b) に示したように電子はエネルギー準位の低い軌道から順番に入っていく．たとえば，電子はK殻の1s，L殻の2s，L殻とM殻の2pと3sの矢印を示したように詰まっていく．各軌道には最大でも2個の電子しか入らない．これは原子を構成している電子はスピン（自転）をしていて，この自転の状態が異なるように（スピン方向を逆にして）入るためである．図として表現する場合，スピンの方向を上下方向の矢印で表している．

図1.12に示した炭素原子の電子配置の場合，6個の電子は，1s軌道に2個，2s軌道に2個，2p軌道に2個ずつ入り，$(1s)^2(2s)^2(2p)^2$ と表示される．s軌道は1s, 2s, 3sとエネルギー準位が高くなっても2個の電子しか入らないが，p軌道には3種類の p_x, p_y, p_z の軌道があり，これが縮退しているとこれらの軌道エネルギーには差がない．そのため，これらの軌道には順次1個電子が入り，p_x, p_y, p_z のすべて入ると次に逆スピンの電子が詰まっていく．炭素原子の場合には $2p_x$ と $2p_y$ とにそれぞれ1個の電子が入ることになる．また，炭素原子よりも多電子な塩素原子について，図1.13に塩素原子の電子配置を示した．塩素原子は17個の電子をもっている．図1.13に示したようにK殻には $(1s)^2$，L殻には $(2s)^2(2p)^6$，M殻には $(3s)^2(3p)^5$ と順次，エネルギーの低い軌道から配置される．最外殻の3p軌道は $(p_x)^2$, $(p_y)^2$, $(p_z)^1$ となり，2個の対電子と1個の不対電子で構成されることがわかる．

なお，各軌道の電子数（量子数）については，s軌道には1つの軌道に2個の電子（最大2個），p軌道には3つの軌道に2個ずつの電子（最大6個），d軌道には5つの軌道に2個ずつの電子（最大10個），f軌道には7つの軌道に2個ずつの電子（最大14個）が入ることができる．

キーワード：電子軌道，エネルギー準位，量子数

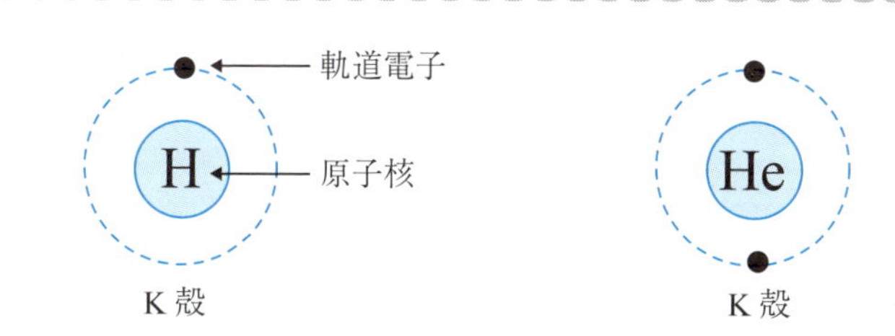

図 1.10　水素とヘリウムの電子軌道

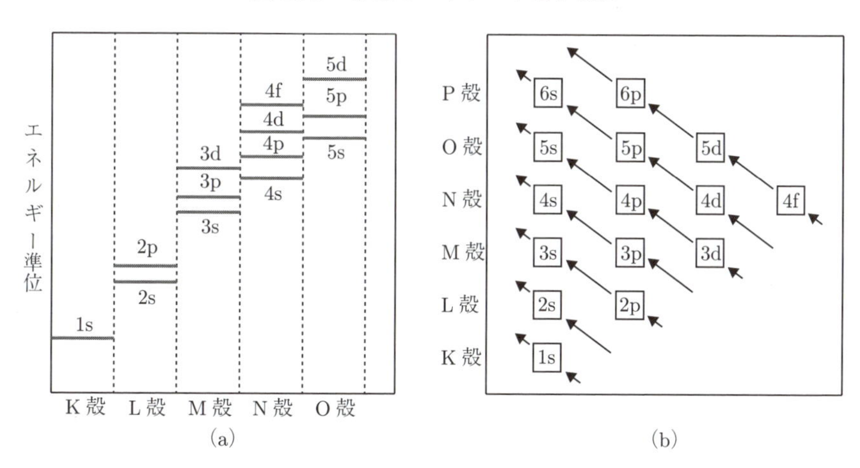

図 1.11　軌道のエネルギー準位 (a) と軌道エネルギーに入る順番を知るための図 (b)

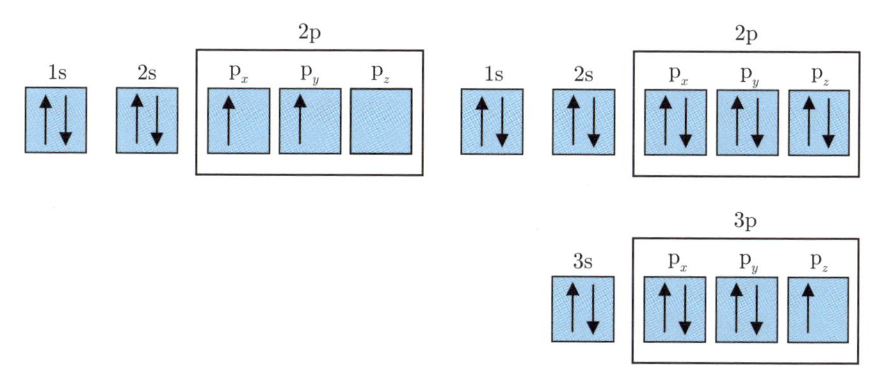

図 1.12　炭素原子の電子配置（縮退した軌道への電子の詰まり方）

図 1.13　塩素原子の電子配置

1.1.4　量子数と電子配置

多電子原子の場合，各量子数 (n, l, m_l) の増加とともに配置された軌道に電子が占有されるが，これらの電子配置を決める以下の3つの規則がある．

(1)　**構成原理**（Building-up principle）

基底状態にある原子を構成する電子は原子の全エネルギーが最も低くなる軌道を占有する．主量子数 n と方位量子数 l とが $(n+l)$ が同じ場合，n の小さい軌道から満たされる．1.1.2項の表1.4に量子数と軌道を示した．すなわち，電子は $n=1$ のK殻から満たされ，$n=2$ のL殻，$n=3$ のM殻の各軌道が満たされる．

(2)　**パウリの排他律**（Pauli exclusion principle）

1つの原子内に複数の電子があるとき，それらはすべて同じ量子数にはならず，必ず1つ以上異なる量子数をとらなければならない．したがって，固有の量子数（主量子数 n，方位量子数 l，磁気量子数 m_l，スピン量子数 m_s）をもつ．このことは，1つの軌道には3つ以上の電子は入らず，また，2個の電子が占める場合にはスピン方向は逆方向になることを意味している．

(3)　**フントの規則**（Hund's rule）

電子は**スピン多重度**（M_s）が最大になるように軌道を占有したときに最も安定な状態になる．これは電子が個々の軌道に配置される場合，同じ向き（同じスピン量子数）をもつ配置が最も安定であることを意味している．これは負に帯電している電子間にクーロン反発があるためである．同じエネルギー準位をもつ軌道が複数存在する場合，電子は負に帯電しているために互いに別の軌道に入ろうとする．

以上のことから，軌道は量子数によって規定される．また，波動関数は電子の分布状態を表すので各軌道の形に関係する．図1.14に電子の分布状態に基づいて描かれた各軌道の形を示した（☞ 1.1.2）．

これらの規則にしたがって，HからArまでの電子配置を図1.15に示した．まず

①　1sから順次入る

②　1つの軌道に2個まで入る

③　1つの軌道内の電子スピンは向きを変える

④　複数軌道ではスピン方向を揃えて入る．

このように，Hと $_{2}$He はK殻に，$_{3}$Li〜$_{10}$Ne はK殻とL殻に，$_{11}$Na〜$_{18}$Ar はK殻，L殻およびM殻にそれぞれ電子が規則とおり詰まっていくことがわかる．

キーワード：電子配置，電子の詰まり方，構成原理，パウリの排他律，フントの規則，量子数，**s**，**p**，**d** 軌道の電子分布

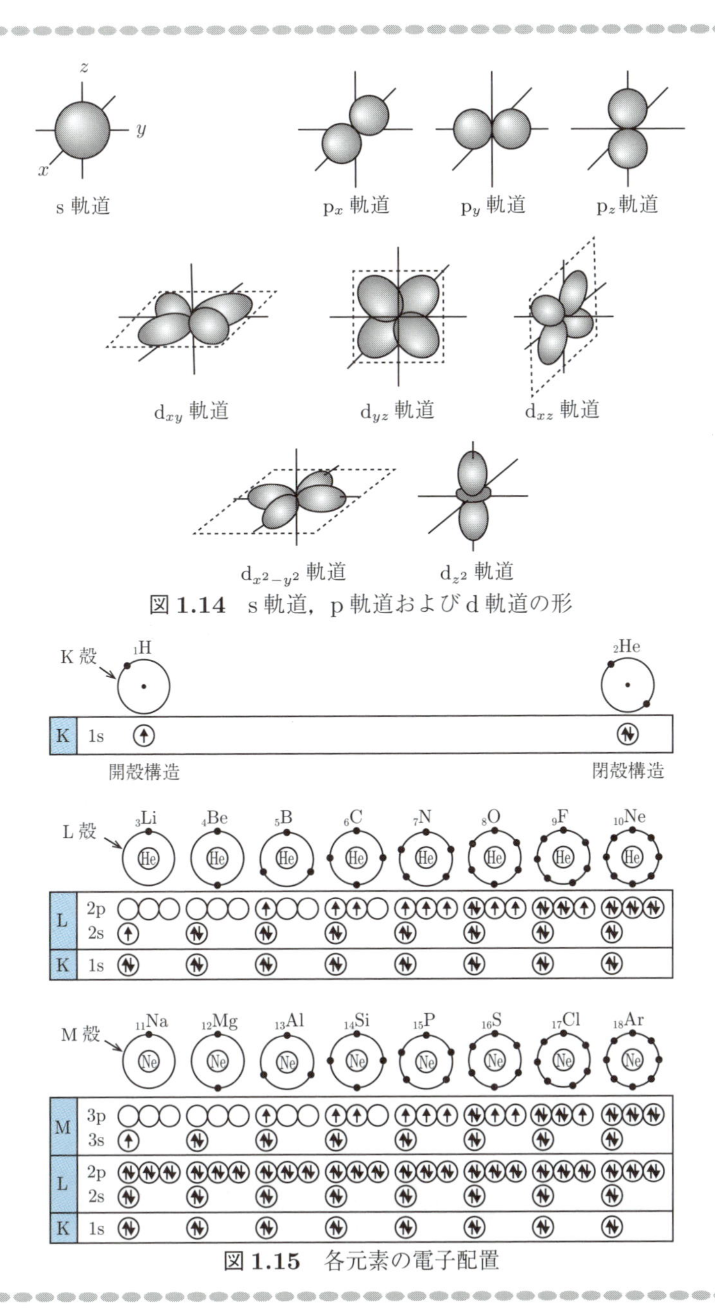

図 1.14 s 軌道，p 軌道および d 軌道の形

図 1.15 各元素の電子配置

◆コラム1：f電子軌道について

f軌道は，主量子数 $n=4$ 以上にみられる方位量子数 $l=3$ の軌道であり，磁気量子数が7つあることからエネルギー的には等価な7つの軌道からなる．各軌道は角部分に3つの節をもつ（方位量子数においてエネルギー E_n が0になる節面を3つもつ（☞1.1.2））．表1.6をみると，N殻およびO殻では主量子数 $n=4$ および5となり，方位量子数は $l=3$ の軌道をもち，それにともなって磁気量子数も増加して $m_l=7$ の等価な7つの軌道をもつことがわかる．図1.16にf軌道の電子分布の状態を示した．

キーワード：f軌道，f軌道の電子分布

表1.6 各量子数と原子軌道（$n=4$ および5）

殻	主量子数 n	方位量子数 l	磁気量子数 m_l	原子軌道
N	4	0	0	4s
		1	−1, 0, +1	4p
		2	−2, −1, 0, +1, +2	4d
		3	−3, −2, −1, 0, +1, +2, +3	4f
O	5	0	0	5s
		1	−1, 0, +1	5p
		2	−2, −1, 0, +1, +2	5d
		3	−3, −2, −1, 0, +1, +2, +3	5f

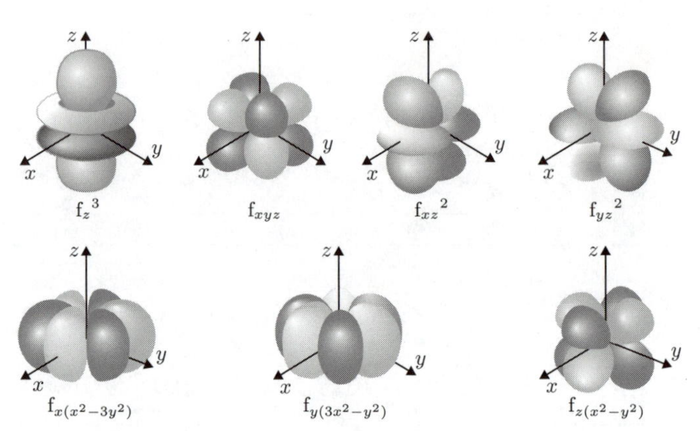

f軌道には7つの磁気量子数が存在するため7つの軌道がある．図中の色の違いは波動関数の正負の違いを表し，f軌道には3つの節がある．

図1.16 f軌道の形

◆コラム 2：電子の核電荷の遮蔽と有効核電荷

原子内の電子は原子核との間に引力が，また，電子どうしには反発力が働いている．このような状況下での電子は，個々が異なるエネルギー環境下にあるといえる．軌道上にある 1 つの電子は，それよりも内部にある電子によって原子核の正電荷が打ち消された結果，真の電荷よりも少ない核電荷を生じる．このように内側の軌道の電子によって核電荷が打ち消される現象を**遮蔽**（しゃへい）（shielding）という．特に 1 つの電子が実際に影響を受ける核電荷を有効核電荷（effective nuclear charge: Z_{eff}）という．遮蔽の大きさは**スレーター**（Slater）**の規則**によって簡単に見積もることができる（☞例題（1 章））．

原子中の主量子数 n のある 1 つの電子への遮蔽は以下のとおりである．

(1)　主量子数が n より大きい電子は無関係である．
(2)　同じ主量子数の各電子の遮蔽効果は 0.35（ただし，1s 電子のみの場合には 0.30）である．
(3)　s 電子，または p 電子の場合，主量子数が $n-1$（1 つ下）の電子による遮蔽は 0.85，主量子数が $n-2$（2 つ下）の電子による遮蔽は 1.00 である．
(4)　d 電子または f 電子の場合，(3) は適用されず，それよりも内殻の電子による遮蔽は 1.00 である．

有効核電荷は原子核の電荷から遮蔽定数を差し引くと求めることができる．また，スレーターの規則では，遮蔽効果は f 電子 ＞ d 電子 ＞ p 電子 ＞ s 電子の順に効く．このことは d および f-ブロック元素の電子配置やイオン化において，電子配置の仕方で合理的に説明できない部分が生じる（原子番号の増加と占有していく電子に規則性が認められない部分が生じる）．つまり，これらの d 軌道または f 軌道の電子が原子核から離れた位置にあることと，それらの軌道エネルギーが近接しているためであり，これは内殻電子の遮蔽効果が大きいためと説明することができる．

キーワード：核電荷の遮蔽，有効核電荷，スレーターの規則

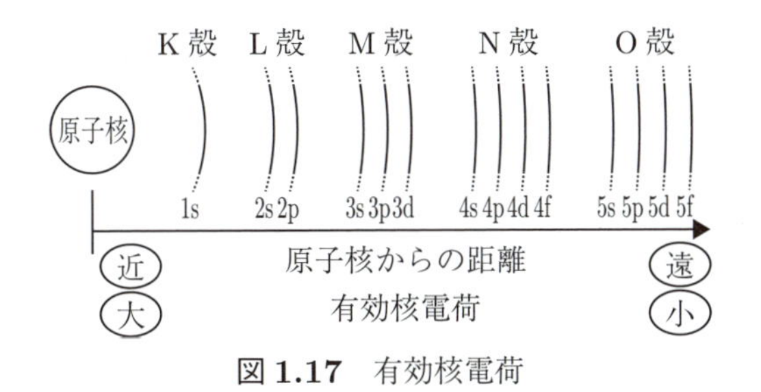

図 1.17　有効核電荷

1.1.5 周期表

1869年，メンデレエフ（Mendeleev）は元素を原子量の順番に並べると，性質の類似した元素が周期的に現れることを発表した．この法則を**周期律**（periodic law）といい，これを表形式にしたものを**周期表**（periodic table）という．メンデレエフは周期性からいくつかの未発見の元素の存在も予言したが，これら未発見であった元素は後の研究者によってその存在が実証され，周期表は高い評価を受けた．しかし，メンデレエフの周期表では数箇所が原子量の順に並んではいなかった．元素を単に原子量の順に並べる理論的な根拠はなく，経験則的な意味合いが強かった．その後，モーズリー（Moseley）の蛍光X線スペクトルの研究によって，3箇所の逆転している元素の説明と周期表のもつ意義が明らかにされた．また，1913年のボーアによる原子の構造理論が提案されてから，現在使用されている元素を核電荷の順番（原子番号順）に並べる周期表が提案された．さらに1989年にIUPAC（International Union of Pure and Applied Chemistry：国際純正および応用化学連合）によって，以前採用されていた0～8族方式から，現在の1～18族方式の分類方法に変更された．

周期表の縦の列を**族**（group）といい，横の列を**周期**（period）という（図1.18）．1族および2族は，電子が順次s軌道に配置されるので**s-ブロック元素**と呼ばれている．同様に3～12族は**d-ブロック元素**と呼ばれ，特に3族元素のうちf軌道に電子が順次配置される元素群は，**f-ブロック元素**と呼ばれる．さらに13～18族は**p-ブロック元素**と呼ばれている．d-ブロック元素の中でも，3～11族を**遷移元素**（transition elements）といい，これらは電子が完全に充填されていないd殻をもつ元素である．これらはすべて金属元素であり，電子は3d, 4d, 5d, ･･･ と順次満たされていき，スカンジウムから銅までを**第1遷移元素**，イットリウムから銀までを**第2遷移元素**，ランタンからハフニウムを**第3遷移元素**，また，f-ブロック元素を**内部遷移元素**という．図1.19に電子配置に関する周期性を示した．これは新しく電子が配置される電子殻を表したものである．1周期はK殻に，2周期はL殻に，3周期はM殻に，それぞれ新たに電子が配置されていく．しかし，4周期以後は，s-ブロックおよびp-ブロック元素はN殻，O殻，P殻と入っていくが，d-ブロック元素は，それらの内殻にあるM殻，N殻，O殻の電子殻に電子が配置される違いを示す．

キーワード：周期律，周期表，族，周期，**s, p, d** および **f-**ブロック元素，遷移元素

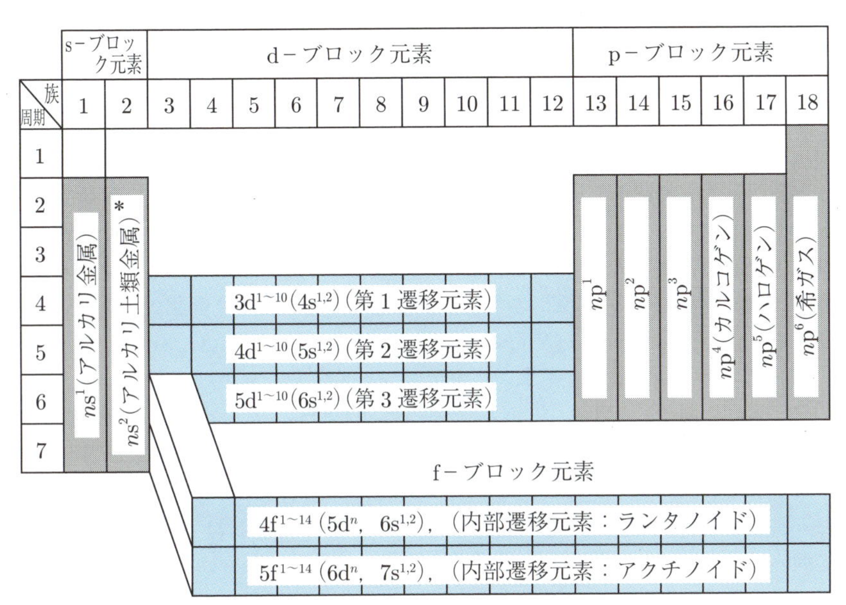

* この章では Be, Mg は便宜的にアルカリ土類金属に入れた．
詳細は2族（☞ 4.1.3）で説明する．

図 1.18　周期表の概略（長周期型）

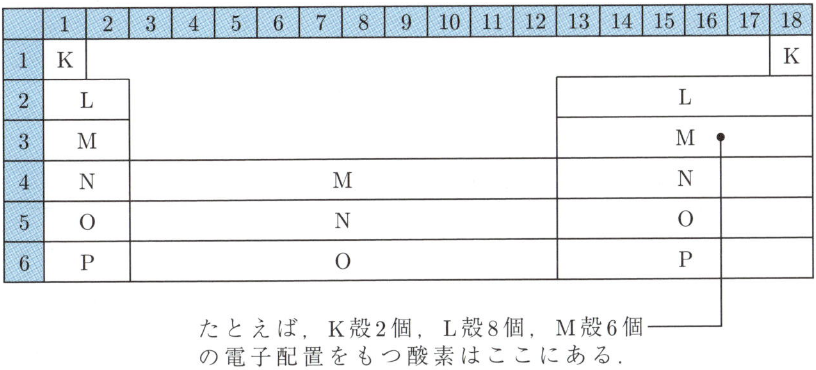

	1	2	3	4	5	6	7	8	9	10	11	12	13	14	15	16	17	18
1	K																	K
2	L												L					
3	M												M					
4	N		M										N					
5	O		N										O					
6	P		O										P					

たとえば，K殻2個，L殻8個，M殻6個の電子配置をもつ酸素はここにある．（周期3・13〜18族の M を指す）

図 1.19　電子配置の周期性（電子が新しく配置される電子殻）

1.1.6 イオン化ポテンシャルと電子親和力

原子が結合して分子を形成する際には，最外殻電子の授受や共有が必要である．このような電子の授受に際してどのくらいのエネルギーのやりとりがあるかを示す目安として，**イオン化ポテンシャル**（ionization potential）と**電子親和力**（electron affinity）とが用いられる．イオン化ポテンシャル I は，気体中の基底状態にある原子から1個の電子を無限遠に引き離して，陽イオンと自由電子とに解離させるために要するエネルギーで，**イオン化エネルギー**や**イオン化電圧**とも呼ばれる（図1.20 (a)）．このとき，最初の1個の電子を引き離すエネルギーを第1イオン化ポテンシャル I_1，2個目，3個目の電子を引き離すエネルギーはそれぞれ第2イオン化ポテンシャル I_2，第3イオン化ポテンシャル I_3 と呼ばれる．表1.7にNa, Mg, Al, Siの第1〜第6イオン化ポテンシャルを示す．イオン化ポテンシャルの大きさから，安定なイオン種はそれぞれNa^+, Mg^{2+}, Al^{3+}, Si^{4+} であることがわかる．たとえば，電気的に中性な原子から2価の陽イオンをつくるには $I_1 + I_2$ のエネルギーが必要となる．典型元素では最外殻のs，またはp軌道の電子が取り除かれる．遷移元素では，d軌道のほうが先に取り除かれることもある．I_1 と原子番号の関係を図1.21に示す．一般にイオン化ポテンシャルは，周期表の同一周期内では原子番号とともに増大し，同じ族においては原子番号の大きなものほど小さい．イオン化ポテンシャルの値は種々の方法によって精密に求められている．

電子親和力は，真空中で原子が1個の電子と結合して陰イオンを形成するときに放出されるエネルギー A である（図1.20 (b)）．イオン化ポテンシャルとは必ずしも平衡関係にあるものではないが，原子が陰イオンになる傾向の目安と考えることができる（図1.22）．つまり，電子親和力が正で大きい原子ほど陰イオンになりやすい．特に，ハロゲン原子の電子親和力は正の大きな値をとる．これは，ハロゲン原子が電子1個を取り込み，安定な希ガス電子配置になるためである．一方，BeやMgのように電子親和力の値が負となる場合もあるが，これは電子を受け入れるのにエネルギーを必要としていることを意味している．原子団やイオンに対しても同様に電子親和力を定義することができる．しかし，電子親和力を直接求めることは困難であるため，他の物理化学的実験値から間接的に求められることが多い．

キーワード：イオン化ポテンシャル，イオン化エネルギー，電子親和力

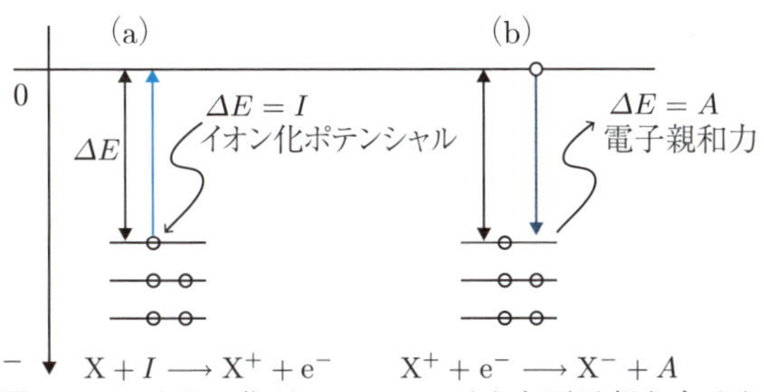

図 1.20　イオン化ポテンシャル (a) と電子親和力 (b)

表 1.7　おもな原子のイオン化ポテンシャル（単位：eV）

	I_1	I_2	I_3	I_4	I_5	I_6	イオン形態
Na	5.1	47.3	71.6				Na^+
Mg	7.6	15.0	80.1	109.2			Mg^{2+}
Al	6.0	18.8	28.4	120.0	153.7		Al^{3+}
Si	8.1	16.5	33.5	45.1	166.8	205.1	Si^{4+}

この他の元素のイオン化ポテンシャルは付表 12 に示してある.

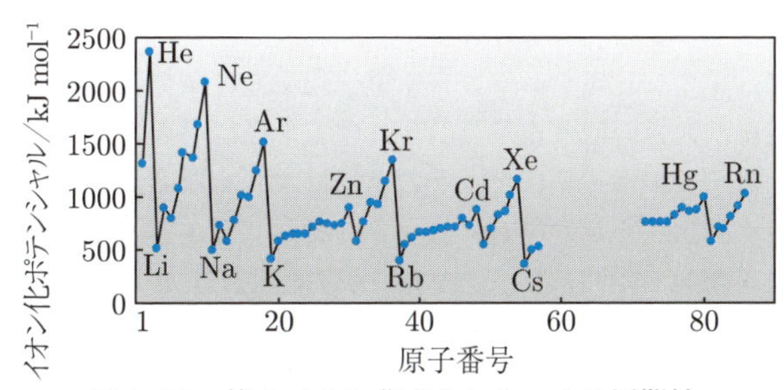

図 1.21　第 1 イオン化ポテンシャルの周期性

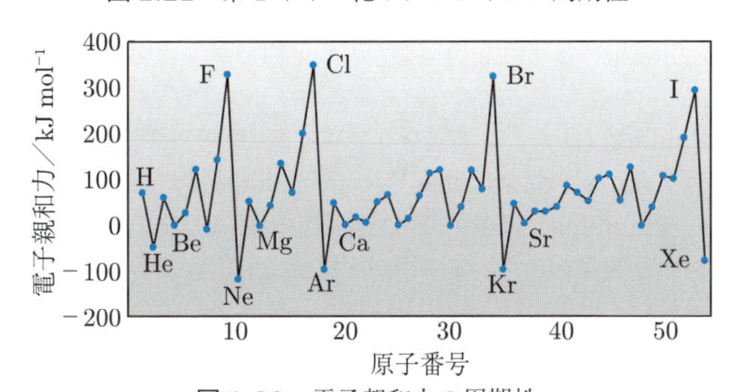

図 1.22　電子親和力の周期性

1.1.7 原子半径とイオン半径

原子周期と原子半径との関係を図1.23に示した．**原子半径**（atomic radius）は，原子核をとりまく電子数によって比例的に，または主量子数の増加にともなって順次大きくなっていくことが想定される．しかし，同じ周期では原子番号が増すほど逆に小さくなる（18族元素を除く）．これは同じ軌道内の電子遮蔽効率が低く，電子数が増加していく効果より有効核電荷の効果のほうが強くなり，原子番号が増すほどに電子軌道を収縮させるためである．なお，原子半径には，その求め方によって共有結合半径とファンデルワールス半径とがある．

遷移金属元素および13族以降の元素では，dおよびf電子の遮蔽効果がさらに低いために有効核電荷の効果が顕著になり，原子半径は著しく小さくなる．4fまたは5f電子が関与するランタノイド系またはアクチノイド系の元素では原子番号が増えるにともなって，原子半径は規則的に減少する．これを，**ランタノイド収縮**，または**アクチノイド収縮**という．一方，同じ族であれば周期表の下に行くほど原子半径は大きくなる．それは，主量子数の増加にともない遮蔽効果の高い内殻軌道とその電子の数が増加し，核電荷を強く遮蔽する．その結果，外側の軌道が膨らんでいくためである（☞コラム2）．

イオン半径は，イオン化ポテンシャルや電子親和力に関係している．同じ電子数をもつ場合，核電荷が大きいほど電子を引きつけて半径は小さくなる（☞1.2.7）．核電荷が同じ場合，電子数が増えるほど，その半径は大きくなる．陽イオンの場合，原子半径よりも小さく，陰イオンの場合には大きくなる（図1.24）．

陽イオンと陰イオンとの間には，クーロン引力と電子雲の重なりとに起因する斥力が働くため，両者はそれらの力のつり合った距離で安定に存在する．イオンを変形のない一定の大きさをもつ剛体球とみなすと，つり合った距離は両イオンの半径の和となる．これをそれぞれのイオンの**イオン半径**（ionic radius）とみなす．ゴルドシュミット（Goldschmidt）は単純な構造をもつ酸化物とフッ化物を用いて，X線回折により一連の測定を行い，実測値に基づいて多くのイオン半径を求めた（表1.8）．また，ポーリング（Pauling）はイオン半径を有効核電荷の増大と関連付けて，その値を量子力学的に計算した．その結果はゴルドシュミットの結果とも，よく一致している．一方，シャノン（Shannon）は多数の同型化合物の実測した単位格子体積とイオン半径の3乗に比例する関係と，イオン半径が配位数にも依存することを考慮して，配位数によって区別したイオン半径に関する詳細な表を発表している（☞表1.9）．

キーワード：原子半径，電子遮蔽効率，イオン半径

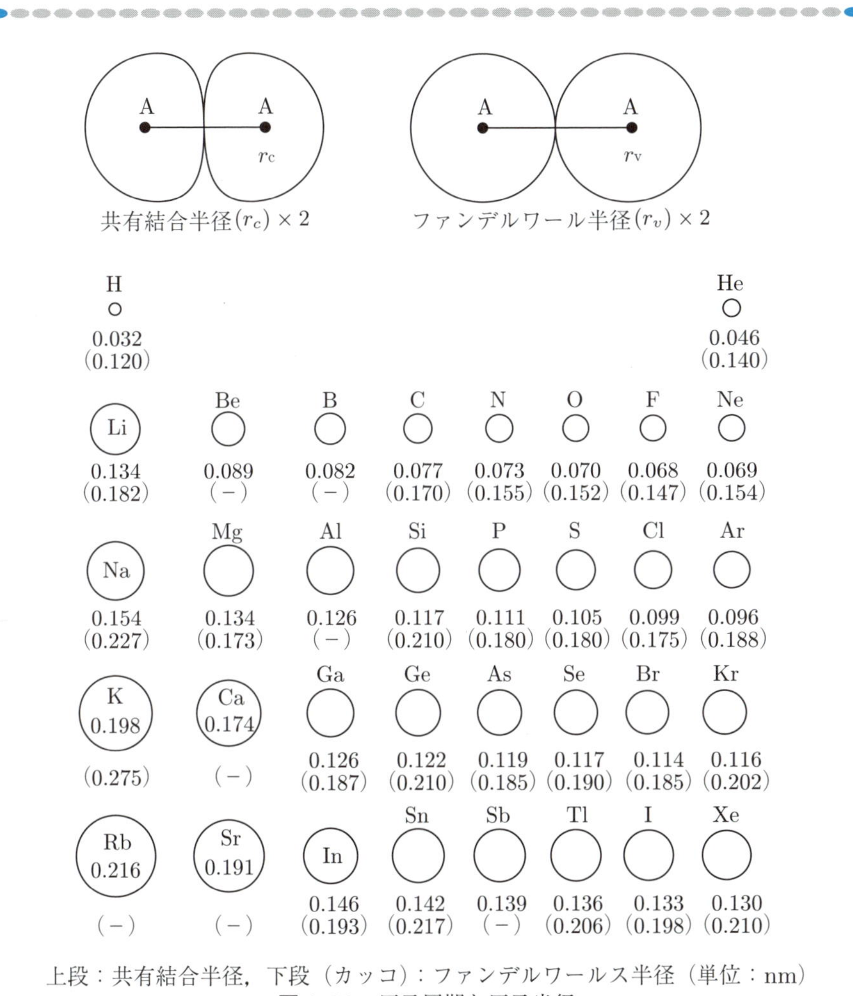

図 1.23　原子周期と原子半径

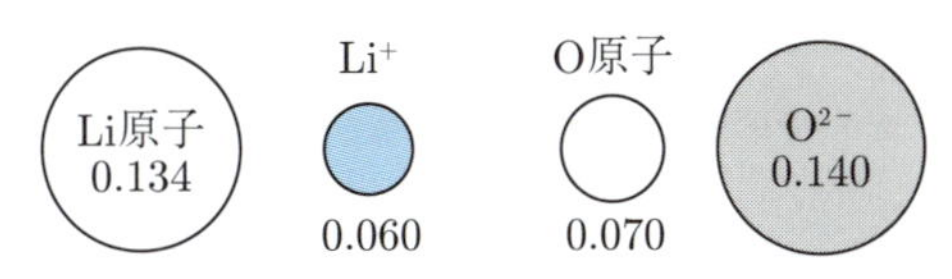

図 1.24　原子半径とイオン半径の大きさの違い（単位：nm）

表 1.8　ポーリングとゴルドシュミットのイオン半径値（単位：nm）

価数	イオン種	ポーリング	ゴルドシュミット
+1	Li^{+}	0.060	0.068
	Na^{+}	0.095	0.098
	K^{+}	0.133	0.133
	Rb^{+}	0.148	0.148
	Cs^{+}	0.169	0.167
	Cu^{+}	0.096	0.095
	Ag^{+}	0.126	0.113
	Au^{+}	0.137	
	Tl^{+}	0.144	0.151
	$NH_4{}^{+}$	0.148	
+2	Be^{2+}	0.031	0.030
	Mg^{2+}	0.065	0.065
	Ca^{2+}	0.099	0.094
	Sr^{2+}	0.113	0.110
	Ba^{2+}	0.135	0.129
	Zn^{2+}	0.074	0.069
	Cd^{2+}	0.097	0.092
	Hg^{2+}	0.110	0.093
	Pb^{2+}	0.121	0.117
	Mn^{2+}	0.080	0.080
	Fe^{2+}	0.075	0.076
	Co^{2+}	0.072	0.070
	Ni^{2+}	0.069	0.068
	Cu^{2+}		0.092
+3	B^{3+}	0.020	0.020
	Al^{3+}	0.050	0.045
	Sc^{3+}	0.081	0.068
	Y^{3+}	0.093	0.090
	La^{3+}	0.115	0.104
	Ga^{3+}	0.062	0.060
	In^{3+}	0.081	0.081
	Tl^{3+}	0.095	0.091
	Fe^{3+}	0.060	0.053
	Cr^{3+}	0.064	0.055
	Ti^{3+}	0.069	
	V^{3+}	0.066	
	Mn^{3+}	0.062	
+4	C^{4+}	0.015	0.015
	Si^{4+}	0.041	0.038
	Ti^{4+}	0.068	0.060
	Zr^{4+}	0.080	0.077
	Ce^{4+}	0.101	0.087
	Ge^{4+}	0.053	0.054
	Sn^{4+}	0.071	0.071
	Pb^{4+}	0.084	0.081
+5	N^{5+}	0.011	0.01～0.02
	P^{5+}	0.034	0.03～0.04
	V^{5+}	0.059	0.04
	As^{5+}	0.047	
	Nb^{5+}	0.070	
	Sb^{5+}	0.062	
	Bi^{5+}	0.074	
+6	O^{6+}	0.009	
	S^{6+}	0.029	
	Cr^{6+}	0.052	0.34
	Se^{6+}	0.042	0.034～0.04
	Mo^{6+}	0.062	0.03～0.04
	Te^{6+}	0.056	
+7	F^{7+}	0.007	
	Cl^{7+}	0.026	
	Mn^{7+}	0.046	
	Br^{7+}	0.039	
	I^{7+}	0.050	
−1	H^{-}	0.208	0.154
	F^{-}	0.136	0.133
	Cl^{-}	0.181	0.181
	Br^{-}	0.195	0.196
	I^{-}	0.216	0.219
−2	O^{2-}	0.140	0.145
	S^{2-}	0.184	0.190
	Se^{2-}	0.198	0.202
	Te^{2-}	0.221	0.222
−3	N^{3-}	0.171	
	P^{3-}	0.212	
	As^{3-}	0.222	
	Sb^{3-}	0.245	
−4	C^{4-}	0.260	
	Si^{4-}	0.271	
	Ge^{4-}	0.272	
	Sn^{4-}	0.294	

表 1.9　シャノンのイオン半径表（nm）

（その1）

イオン種	配位数			イオン種	配位数		
	4	6	12		4	6	12
+1　Li^{+}	0.059	0.074		Cs^{+}		0.170	0.188
Na^{+}	0.099	0.102		Ag^{+}		0.115	
K^{+}		0.138	0.160	Tl^{+}		0.150	0.176
Rb^{+}		0.149	0.173				

（その 2）

イオン種		配位数		
		4	6	12
+2	Be^{2+}	0.027		
	Mg^{2+}	0.058	0.072	
	Ca^{2+}		0.100	0.135
	Sr^{2+}		0.113	0.140
	Ba^{2+}	0.136	0.142	0.160
	Zn^{2+}	0.060	0.075	
	Cd^{2+}	0.080	0.095	0.107
	Hg^{2+}	0.096	0.102	0.114
	Mn^{2+} L		0.067	
	H		0.083	
	Fe^{2+} L		0.061	
	H	0.063	0.078	
	Co^{2+} L		0.065	
	H		0.074	
	Ni^{2+}		0.069	
	Cu^{2+}		0.073	
	Pb^{2+}		0.118	0.149

イオン種		配位数		
		4	6	12
+3	B^{3+}	0.012		
	Al^{3+}	0.039	0.053	
	Sc^{3+}		0.074	
	Y^{3+}		0.090	
	La^{3+}		0.106	0.132
	Ga^{3+}	0.047	0.062	
	In^{3+}		0.079	
	Cr^{3+}		0.088	
	Tl^{3+}		0.061	
	Mn^{3+} L		0.058	
	H		0.065	
	Fe^{3+} L		0.049	0.055
	H			0.064
	Co^{3+} L			0.052
	H			0.061
	Bi^{3+}			0.102
	Ce^{3+}			0.101
	Gd^{3+}			0.094
	Pu^{3+}			0.100

イオン種		配位数		
		4	6	12
+4	Si^{4+}	0.026	0.040	
	Ti^{4+}		0.060	
	Zr^{4+}		0.072	
	Hf^{4+}		0.071	
	Ge^{4+}	0.040	0.054	
	Sn^{4+}		0.069	
	Pb^{4+}		0.077	
	V^{4+}		0.059	
	Mn^{4+}		0.054	
	Nb^{4+}		0.069	
	Mo^{4+}		0.065	
	Ce^{4+}		0.080	
	Th^{4+}		0.100	
	U^{4+}		0.073	
	Pu^{4+}			

イオン種		配位数		
		4	6	12
+5	P^{5+}	0.017		
	V^{5+}	0.035	0.054	
	Nb^{5+}	0.032	0.064	
	Ta^{5+}		0.064	
	As^{5+}	0.033	0.050	
	Sb^{5+}		0.061	
+6	S^{6+}	0.012		
	Cr^{6+}	0.030		
	Mo^{6+}	0.042	0.060	
	W^{6+}	0.042	0.060	
	Re^{6+}		0.052	
	U^{6+}	0.048	0.075	

イオン種	配位数			
	2	3	4	6
F^-	0.128	0.129	0.131	0.133
Cl^-				(0.181)
Br^-				(0.196)
I^-				(0.220)

イオン種	配位数				
	2	3	4	6	8
O^{2-}	0.135	0.136	0.138	0.140	0.142
S^{2-}				(0.190)	
Se^{2-}				(0.202)	
Te^{2-}				(0.222)	

注）表中の L および H はそれぞれ低スピン状態および高スピン状態を表す．
（ ）内の数値はゴルドシュミットのイオン半径を表す．

1.1.8 電気陰性度

同一元素の原子で構成される化合物においては原子間の電子の偏りはないが，異なる元素の原子からなる化合物では一方の原子に電子が引きつけられ，結合に極性が生じる．このような電子を引きつける相対強度の指標が**電気陰性度**（electronegativity）である．

ポーリングはA原子とB原子とからなる2原子分子について，A–B間，A–A間およびB–B間の各結合エネルギーを E_{AB}, E_{AA} および E_{BB} として，次式(1.28)で表されるA–B間の**結合解離エネルギー** $\varDelta E_{\mathrm{AB}}$ を提案した．次式(1.28)の右辺の各項は実測が可能な値である．

$$\varDelta E_{\mathrm{AB}} = E_{\mathrm{AB}} - \sqrt{E_{\mathrm{AA}} \cdot E_{\mathrm{BB}}} \tag{1.28}$$

つまり，A原子，B原子の結合エネルギーからA–AおよびB–B結合の平均の結合エネルギーを引いた値が，2つの原子の電気陰性度の差に相当するように原子の電気陰性度 χ を決めた．AとBのそれぞれの原子の電気陰性度 χ_{A}, χ_{B} を用いると，$\varDelta E_{\mathrm{AB}}$ は次式で表される．

$$\varDelta E_{\mathrm{AB}} = k(\chi_{\mathrm{A}} - \chi_{\mathrm{B}})^2 \tag{1.29}$$

なお，k はエネルギー単位の変換係数（$96.5\,\mathrm{kJ\,mol^{-1}}$）であり，これは提案した式がeV/分子のエネルギー単位を基本としているためである．ポーリングはフッ素に対して4.0，炭素に対して2.5という基準値を定め，他の元素の電気陰性度を与えた．ポーリングによる電気陰性度を表1.10の上段に示す．

その後，オールレッド（Allred）とロコウ（Rochow）は電気陰性度が原子中の電子に影響されることを考慮して値を修正した．彼らは，化合物中で結合する原子間においては，電子と核とが静電的引力を及ぼし合い，その度合いで電気陰性度が変化すると考え，有効核電荷 Z^*（☞コラム2）と共有結合半径 r を用いて電子に及ぼす静電引力 $\frac{Z^*}{r^2}$ をポーリングの方法で求めた値に合わせ，次式を導き出した．

$$\chi = \frac{3.59\times10^{-3} Z^*}{r^2} + 0.744 \tag{1.30}$$

この方法によって求められた電気陰性度を表1.10の下段に示す．一般に周期表の左から右に進むにつれて増加し，上から下に進むほど減少する．2つの原子が同じような電気陰性度のときには共有結合し，逆に電気陰性度の差が大きいときはイオン結合する．原子間の電気陰性度の差が1.7のときにほぼ50%のイオン結合性となり，これより差が小さいときには共有結合性が増し，これより差が大きくなるとイオン結合性が増す（図1.25）．

キーワード：電気陰性度，イオン結合性，共有結合性

表 1.10　各元素の電気陰性度

上段：ポーリングの値
下段：オールレッド－ロコウの値

H																
2.1																
2.20																
Li	Be											B	C	N	O	F
1.0	1.5											2.0	2.5	3.0	3.5	4.0
0.97	1.47											2.01	2.50	3.07	3.50	4.10
Na	Mg											Al	Si	P	S	Cl
0.9	1.2											1.5	1.8	2.1	2.5	3.0
1.01	1.23											1.47	1.74	2.16	2.44	2.83
K	Ca	Sc	Ti	V	Cr	Mn	Fe	Co	Ni	Cu	Zn	Ga	Ge	As	Se	Br
0.8	1.0	1.3	1.3	1.6	1.6	1.5	1.8	1.9	1.9	1.9	1.6	1.6	1.8	2.0	2.4	2.8
0.91	1.04	1.20	1.32	1.45	1.56	1.60	1.64	1.70	1.75	1.75	1.66	1.82	2.02	2.20	2.48	2.74
Rb	Sr	Y	Zr	Nb	Mo	Tc	Ru	Rh	Pd	Ag	Cd	In	Sn	Sb	Te	I
0.8	1.0	1.2	1.4	1.6	1.8	1.8	2.2	2.2	2.2	1.9	1.7	1.7	1.8	1.9	2.1	2.5
0.89	0.99	1.11	1.22	1.23	1.30	1.36	1.42	1.45	1.35	1.42	1.46	1.49	1.72	1.82	2.01	2.21
Cs	Ba	La	Hf	Ta	W	Re	Os	Ir	Pt	Au	Hg	Tl	Pb	Bi	Po	At
0.7	0.9	1.1	1.3	1.5	1.7	1.9	2.2	2.2	2.2	2.4	1.9	1.8	1.8	1.9	2.0	2.2
0.86	0.97		1.23	1.33	1.40	1.46	1.52	1.55	1.44	1.42	1.44	1.44	1.55	1.67	1.76	1.96
Fr	Ra	Ac	Th	Pa	U	Np										
0.7	0.9	1.1	1.3	1.4	1.4	1.3										
0.86																

La（ランタノイド）	La	Ce	Pr	Nd	Pm	Sm	Eu	Gd	Tb	Dy	Ho	Er	Tm	Yb	Lu
	1.03	1.06	1.07	1.07	1.07	1.07	1.01	1.11	1.10	1.10	1.10	1.11	1.11	1.06	1.14
Ac（アクチノイド）	Ac	Th	Pa	U	Np	Pu									
	1.00	1.11	1.14	1.22	1.22	1.22									

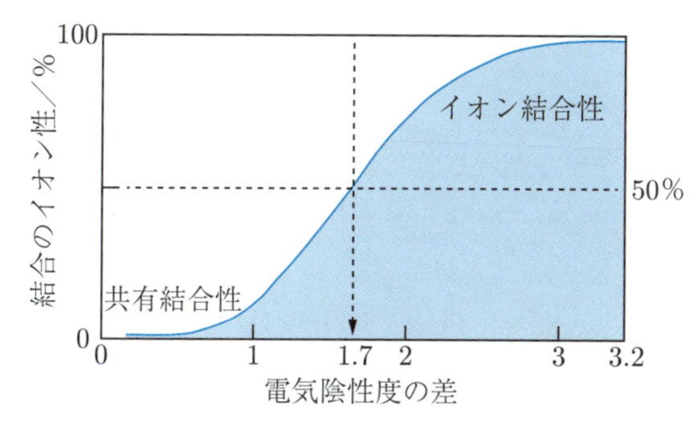

図 1.25　2 原子分子間の電気陰性度の差と結合のイオン性

1.1.9 原子核と放射性壊変

放射性壊変（radioactive decay）とは，異なる種類の素粒子を放出しながら不安定核種がより安定な核種に変化する過程のことである．α 線，β 線および γ 線は当初はその異なる浸透力によって区別されていた（図 1.26）．

α 粒子は ^{4}He 核である．重い核から放出されて Z が 2 つ少なく，原子番号が 4 つ少ない核種を与える．たとえば，^{235}U（$Z = 92$）は α 崩壊して放射性の ^{231}Th（$Z = 90$）を与える．β 粒子は電子である．その核からの放出は Z を 1 つ増やすが，原子番号は変わらない．^{14}C（$Z = 6$）は β 崩壊して安定な ^{14}N（$Z = 7$）になる．

不安定な原子核は α 線，β 線，γ 線などの放射線を発して他の核種に変化する．壊変前の核種を**親核種**，壊変後の核種を**娘核種**という．原子の中には 1 回変化した過程では不安定さが解消されず，次々に壊変が繰り返されて安定した核種になるまで続く．

ウラン，トリウム，プルトニウムなどの原子番号の大きい，重い原子の原子核は中性子などを吸収して連鎖的な誘発をされて中間程度の大きさの 2 つの元素に分裂する．この反応を**核分裂**（nuclear fission）といい，核分裂によって生じる中性子が誘発することから連鎖的に反応して，多量に生成する中性子が核分裂反応を連鎖的に進行させ大量なエネルギーを発生させる．

たとえば，^{235}U に中性子を照射すると，^{141}Ba と ^{92}Kr に分裂し，さらに 3 個の中性子が生成する（図 1.27）．これらの中性子が他の ^{235}U の核分裂反応を誘発する．ウランの同位体には ^{238}U 99.2742%, ^{235}U 0.7204%, ^{243}U 0.0054% が存在し，^{235}U だけが核分裂反応を起こす．

核分裂によるエネルギーは大きく，^{235}U の核分裂反応で放出されるエネルギーは 1 原子あたり約 200 MeV（約 3.2×10^{-11} J）となる．1 g の ^{235}U の中には 2.56×10^{21} 個の原子（原子核）を含むので，それがすべて核分裂すると約 8.2×10^{10} J のエネルギーとなる．原子力発電などでは核分裂反応を制御しながら，ゆっくりと持続的にエネルギーを取り出している．これは核分裂を誘発する中性子数を制御して反応を起こさせている（図 1.28）．

一方，軽い原子の原子核が融合してより重い原子核をつくることも可能であり，これを**核融合**（nuclear fusion）という．この核融合反応を利用して持続的なエネルギーを得るための研究が進められている．

$$^{1}_{1}\mathrm{H} + ^{3}_{1}\mathrm{H} \rightarrow ^{4}_{2}\mathrm{He} \tag{1.31}$$

キーワード：核分裂，放射性壊変，核融合

アルファ α 線	ヘリウム原子核 $^{4}_{2}$He
ベータ β 線	電子 e^-
ガンマ γ 線	高エネルギー電磁波
中性子線	中性子 n
陽子線	陽子 p

α 崩壊　$^{A}_{Z}\mathrm{W} \longrightarrow {}^{4}_{2}\mathrm{He} + {}^{A-4}_{Z-2}\mathrm{X}$
α 線

β 崩壊　$^{A}_{Z}\mathrm{W} \longrightarrow {}^{0}_{-1}\mathrm{e} + {}^{A}_{Z+1}\mathrm{Y}$
β 線

$\left({}^{1}_{0}\mathrm{n} \longrightarrow {}^{0}_{-1}\mathrm{e} + {}^{1}_{1}\mathrm{P}\right)$

γ 崩壊　$^{A}_{Z}\mathrm{W} \longrightarrow$ γ 線 $+ {}^{A}_{Z}\mathrm{W}$
準安定核

中性子線　$^{A}_{Z}\mathrm{W} \longrightarrow {}^{1}_{0}\mathrm{n} + {}^{A-1}_{Z}\mathrm{W}$
中性子線

図 **1.26**　放射線と放射性壊変

	$^{235}_{92}\mathrm{U}$	$+\ \mathrm{n} \rightarrow$	$^{141}_{56}\mathrm{Ba}$	$+\ {}^{92}_{36}\mathrm{Kr}$	$+\ 3\mathrm{n}$
原子番号（陽子数）	92	0	56	36	0
中性子数	143	1	85	56	3

図 **1.27**　ウラン $^{235}_{92}\mathrm{U}$ の核分裂反応

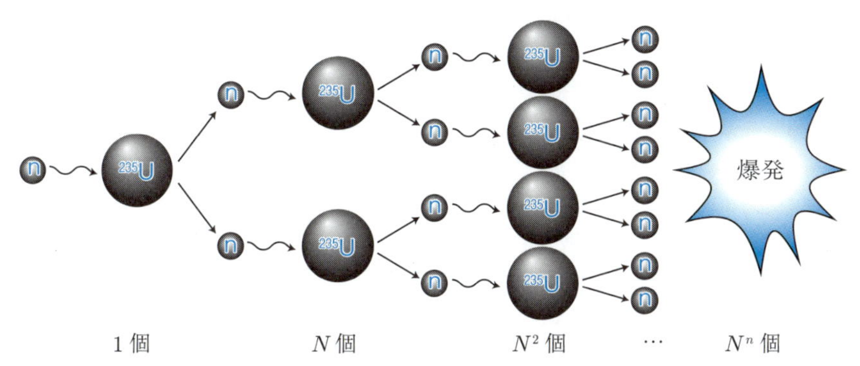

1 回の核分裂で生成する中性子はN個である．$N > 1$の場合，爆発的に反応が進行するが，$N \leqq 1$ の場合，核分裂反応を制御，抑制して反応は進行しにくくなる．

図 **1.28**　核分裂反応と中性子による制御

●1.2 化学結合●

1.2.1 化学結合

物質は2つ以上の原子が集まって形成され，物質を構成する原子間に働く相互作用を**結合**という．このように物質を構成する原子間には，電子密度が局在化したり，非局在化することによって結合を大別することができる．たとえば，分子を形成する結合には**共有結合**や**配位結合**があり，分子・原子集合体を形成する結合には，**金属結合**，**イオン結合**，**水素結合**（hydrogen bond），**ファンデルワールス力**（van der Waals' force）がある．

分子が形成される様子を理解するため，まずは希ガス元素（☞ 4.2.2）である第18族元素について考えてみよう．これらの元素の性質と電子配置を表1.11に示す．周期表（☞ 1.1.5）の上から，ヘリウム（He），ネオン（Ne），アルゴン（Ar），クリプトン（Kr），キセノン（Xe），ラドン（Rn）であり，いずれも化学的に活性が低いために他の原子とは反応しないだけでなく，その分子は，単に1個の原子からなる単原子分子として存在する．また，これらの電子構造は最外殻電子軌道が完全に満たされており，いずれも比較的大きなイオン化エネルギーを有しているため，容易にイオン化しない．

では，希ガス元素以外の元素からなる原子はいかにして安定化しているのだろうか．原子は，電子を放出したり，受容したり，共有することによって，希ガス元素と同様な安定な電子配置をもつことができる．元素は，図1.29に示したように周期表でも電子の授受によっておおまかに3つに大別できる．1つ目は電子を放出して陽イオンになりやすい元素（**電気陽性元素**）であり，2つ目は逆に電子を受け入れて陰イオンになりやすい元素（**電気陰性元素**），3つ目は電子を放出も受容もしない ns^2np^6 の閉殻構造をもつ元素（**電気中性元素**）である．これらの元素の中で，電気陽性元素どうしが陰性の電子によって結合しているのが金属であり，電気陰性元素どうしが電子を共有することによって結合しているものが酸素や塩素などである．また，電気陽性元素である Na^+ イオンと，電気陰性元素である Cl^- イオンとがクーロン力によって結合して塩化ナトリウムが生成する．これら代表的な3種類の結合方式と，それらの結合を構成する元素を表1.12にまとめた．この他にも水素結合やファンデルワールス力などがあり，その代表的な化学結合の特徴と化合物を表1.13に示す．

キーワード：化学結合，希ガス元素，電気陽性元素，電気陰性元素

表 1.11　希ガスの性質

元素	電子配置	融点／°C	沸点／°C	イオン半径／nm	イオン化電圧／eV
He	$1s^2$	−272	−269	0.093	24.58
Ne	$1s^2 2s^2 2p^6$	−249	−246	0.112	21.56
Ar	$1s^2 2s^2 2p^6 3s^2 3p^6$	−189	−189	0.154	15.76
Kr	$1s^2 2s^2 2p^6 3s^2 3p^6 3d^{10} 4s^2 4p^6$	−157	−157	0.169	14.00
Xe	$1s^2 2s^2 2p^6 3s^2 3p^6 3d^{10} 4s^2 4p^6 4d^{10} 5s^2 5p^6$	−112	−112	0.190	12.13
Rn	$1s^2 2s^2 2p^6 3s^2 3p^6 3d^{10} 4s^2 4p^6 4d^{10} 4f^{14} 5s^2 5p^6 5d^{10} 6s^2 6p^6$	−71	−62	—	10.75

これらは ns^2np^6 の電子配置になり，閉殻構造をとって安定している．

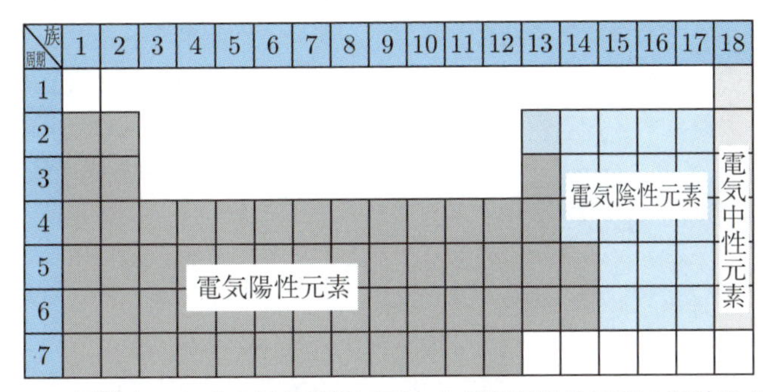

図 1.29　周期表における電気陽性元素および電気陰性元素の概略的な配置

表 1.12　化学結合の種類

元素の種類	結合様式
電気陽性元素 + 電気陰性元素	イオン結合
電気陰性元素 + 電気陰性元素	共有結合
電気陽性元素 + 電気陽性元素	金属結合

表 1.13　化学結合の特徴

化学結合の様式	特徴	代表的な化合物
イオン結合	陽イオンと陰イオンとのクーロン力	NaCl, MgO
共有結合	原子間に存在する電子を介する結合	SiO_2, H_2O
金属結合	価電子が全体に分布して結合	Cu, Mg, Na
水素結合	正に帯電した H と負に帯電した O とのクーロン力	H_2O どうし，NH_3 どうし
ファンデルワールス力	分子の電気的中心がずれて生じる電気的双極子がクーロン力で結合	黒鉛

1.2.2 共有結合

共有結合（covalent bond）は原子と原子とが価電子を共有することによって生じる．水素分子は共有結合した2個の水素原子によりなる（図1.30）．それぞれの原子は1個ずつの価電子を共有して，ヘリウムと同様の安定な構造になる．結合エネルギー的には，共有結合と配位結合とは区別がつかない場合が多いので，共有結合には配位結合が含まれる．

図1.31に塩素（Cl_2），水（H_2O），アンモニア（NH_3），二酸化炭素（CO_2），酸素（O_2），窒素（N_2）の分子構造を示す．分子間で共有している電子は×で表している．これら×で表された電子対は**共有電子対**と呼ばれ，その他は**非共有電子対**と呼ばれる．また，1対だけの共有電子対を有する結合を**単結合**，2対の共有電子対を有するものを**二重結合**，3対の場合は**三重結合**と呼ぶ．塩素分子は塩素原子の電子1個を互いに出して，1対の共有電子対を形成して結合している．水分子は水素原子の電子1個の2つと酸素原子の電子2個との間で共有電子対を2つ形成して結合している．同様にアンモニアは水素原子と窒素原子との間で3つの共有電子対を形成し結合している．また，CO_2 分子や O_2 分子の場合，2対の共有電子対を形成して2重結合で結合している．さらに N_2 分子では3対の共有電子対を形成して3重結合で結合している．

共有結合と配位結合は他の結合様式に比べて強く，分子の多くは共有結合によって形成されている．この結合によって大きな原子集合体が結晶となっているのがダイヤモンド（C），シリカ（SiO_2）などであり，沸点や融点が非常に高く，硬く，熱伝導性や電気伝導性が低いという特徴をもつ．

共有結合や配位結合の安定性を説明するために古典的な考え方としてオクテット則が用いられてきた．**オクテット則**とは「第2周期の原子が安定な分子やイオンを形成する場合，その原子の最外殻の電子は8個である」という考え方である．この根拠は，分子内の原子の最外殻電子が8個存在するということは希ガスと同じ電子配置（閉殻状態）であるので安定であろうというものである（図1.32）．

キーワード：共有結合，共有電子対，非共有電子対，単結合，二重結合，三重結合，オクテット則

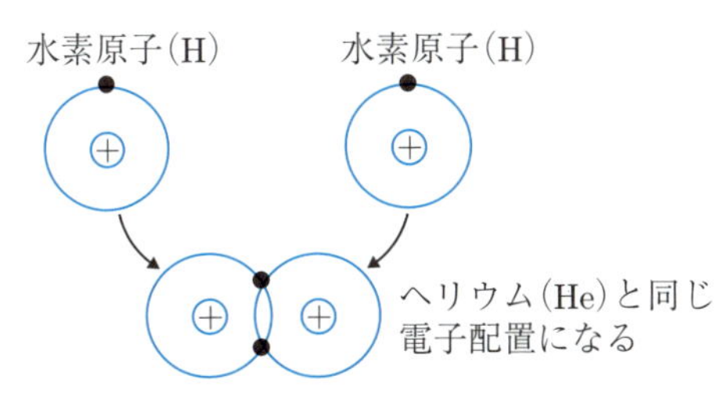

図 1.30 水素分子生成のしくみ

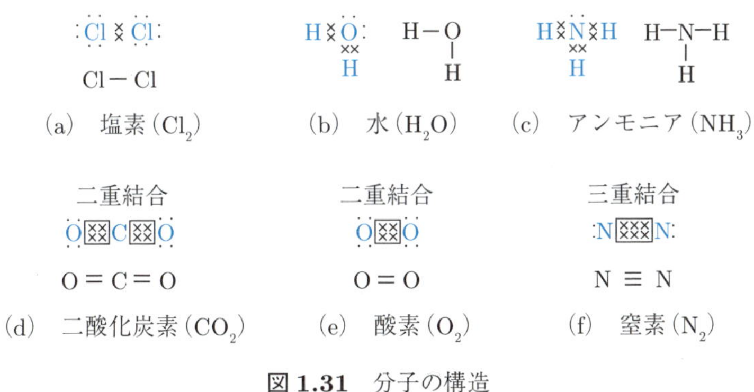

図 1.31 分子の構造

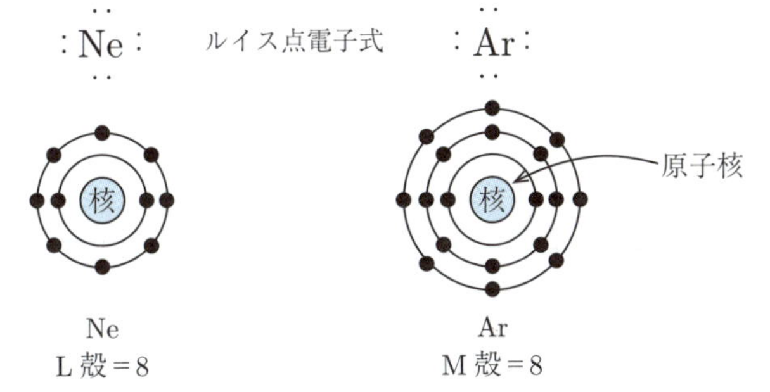

最外殻の電子配置が 8 個の場合を閉殻といい，それよりも少ない場合を開殻という.

図 1.32 閉殻構造をもつ原子の電子配置

1.2.3 混成軌道

炭素の電子配置を図 1.33 に示す（1s 軌道の電子は除く）．基底状態では 2s と 2p 軌道には 4 個の電子をもち，そのうちの 2 個が対電子をつくり，他の 2 個は不対電子となっている．このため，炭素が水素と結合して化合物をつくる場合には，2 個の水素と結合して CH_2 を形成すると考えられる．しかし，実際には，炭素と水素が結合して CH_4 が生成する．これは 2s 準位にある電子のうちの 1 個が 2p 準位に上がり，4 個の結合を形成できるような励起状態となるためである．しかも，これらの 4 個の励起状態での結合性はすべて同じとなるため**混成軌道**となる．こうして形成されるメタンは正四面体であり，4 個の C–H 結合はすべて等価である．すなわち，1 個の s と 3 個の p 軌道が水素と結合するのではなく，混成によって 4 個の等価な軌道が生じて水素と結合していると考えられる．この場合の炭素の電子配置を **sp^3 混成軌道**と呼ぶ．

- **その他の混成の例**

Be の基底状態と励起状態の電子配置を図 1.34 に示す．基底状態にある 2s 軌道の 2 個の電子のうちの 1 つが 2p 軌道に励起される．しかし，励起状態においては，1 個の 2s 軌道と 1 個の 2p 軌道が存在するのではなく，2 個の等価な軌道が生成している．こうして生じた 2 つの **sp 混成軌道**に，それぞれ Cl の p 軌道が重なって $BeCl_2$ となり，その分子形はダンベル形となる（図 1.35）．

また，**sp^2 混成軌道**の例として，B と Cl の結合について考えてみる．B の励起状態の電子配列を図 1.36 に示す．また，BCl_3 の分子構造を図 1.37 に示す．B の 3 個の sp^2 軌道と 3 個の Cl の p 軌道が重なり，これらの結合は平面上で互いに 120° をなして正三角形となる．

さらに，アンモニア分子について考えてみよう（☞コラム 3）．中心原子である窒素は 5 個の電子をもち，1 組の孤立電子対と p 軌道上の 3 個の不対電子からなる．その不対電子は水素の電子と共有して 3 組の対電子となるため，アンモニアは四面体になる．また，窒素原子から電子を 1 個取り去った N^+ イオンは炭素原子と同様の電子配置となり，sp^3 混成軌道をつくる．つまり，これに 4 個の水素原子が結合する場合，その 4 つの結合には区別がなくなり，アンモニウムイオンは正四面体となる．

この他，sp, sp^2, dsp^2, d^2sp^3 など，d 軌道をも含めたさまざまな混成軌道があるが，図 1.38 に混成の種類とその軌道の形を示す．

キーワード：混成軌道，基底状態，励起状態，不対電子

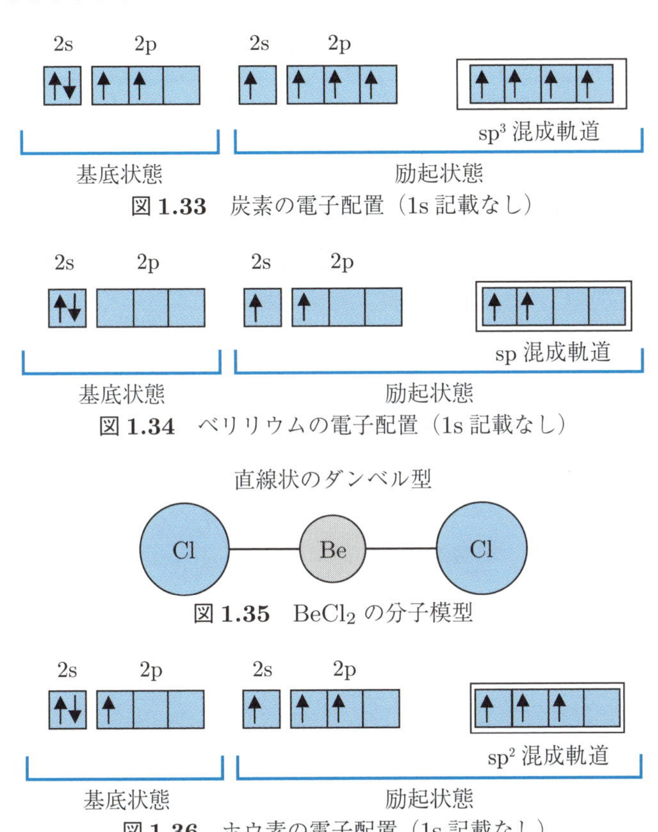

図 1.33　炭素の電子配置（1s 記載なし）

図 1.34　ベリリウムの電子配置（1s 記載なし）

図 1.35　$BeCl_2$ の分子模型

図 1.36　ホウ素の電子配置（1s 記載なし）

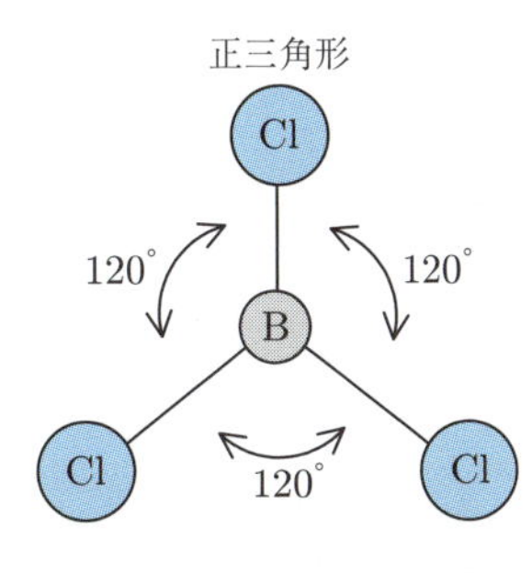

図 1.37　BCl_3 の分子模型

混成の種類	形	混成の種類	形
sp 直線		sp^3d 三角両錐	
sp^2 正三角形		d^2sp^3 sp^3d^2 正八面体	
sp^3 正四面体		dsp^2 正四角形	

図 1.38　混成の種類と軌道の形

1.2.4　分子軌道法 1（VB 法）

量子力学を基に原子間の結合と分子の安定性を定量的に表現する方法に分子軌道法がある．これには**原子価結合法**（valence bond method: **VB 法**）と**分子軌道法**（molecular orbital method: **MO 法**）とがある．これらは原子間の原子軌道が重なり合って分子を形成するという考え方で，共有結合を説明するには有用な考え方である．

VB 法を用いて H_2 分子を形成する際の考え方を図 1.39 に示す．2 個の H 原子が接近すると，原子軌道（1s 軌道）が重なり合って H_2 分子を形成するとき，原子核と原子核，および電子と電子に反発力が生じると同時に，原子核には相手側の電子と引力が生じる．VB 法では，この引力が反発力よりも大きくなるために H_2 分子が形成されると考える．

図 1.40 は H_2 分子における原子核どうしの距離（**核間距離**）と H_2 分子の結合エネルギーを計算した結果である．これは図 1.39 に示した H_2 分子に働く 4 つのクーロン力の総和とシュレーディンガーの波動方程式を用いて求めることができる．主に引力が関係する軌道エネルギー曲線には極小値が現れ，このときに H_2 分子が安定に形成される．

次に VB 法で H_2O 分子の形について説明する（図 1.41）．H_2O 分子を構成する O 原子の電子配置は

$$[\mathrm{He}](2\mathrm{s})^2(2\mathrm{p}_x)^1(2\mathrm{p}_y)^1(2\mathrm{p}_z)^2$$

とすると，2 個の H 原子の 1s 軌道 $(1\mathrm{s})^1$ 電子は中心原子の O 原子の直交する $2\mathrm{p}_x$ 軌道と $2\mathrm{p}_y$ 軌道にそれぞれ重なり合いを生じて結合性軌道を形成する．この結果から，H_2O 分子の H–O–H の結合角は 90° になることがわかる．しかし，実際の H–O–H の結合角は 104.5° になり，ずれが生じる．これは H 原子が正電荷を帯びることから H 原子間に反発力が生じて結合角が広がる．また，中心原子の O 原子の s 軌道と p 軌道とによって，sp^3 混成軌道（正四面体の形を形成する）を形成するためとも考えられる．

キーワード：原子価結合法，分子形態，反発力と引力

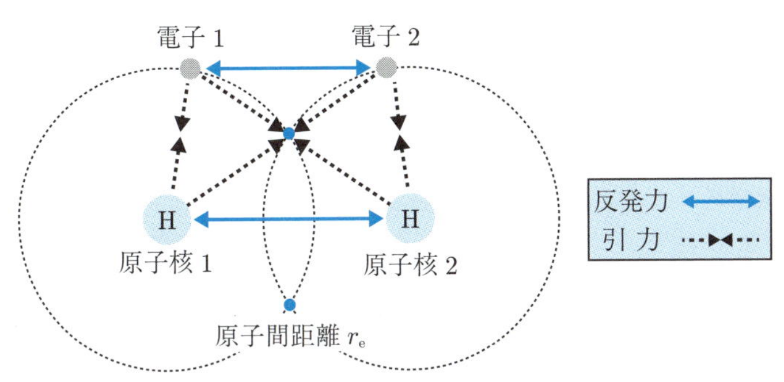

図 **1.39**　H_2 分子形成時の反発力と引力

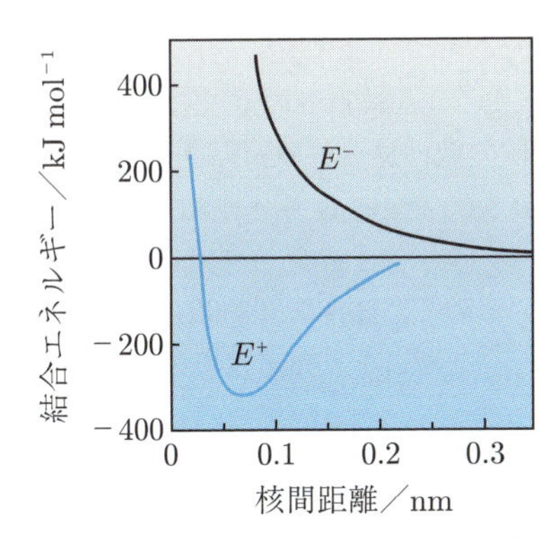

図 **1.40**　H_2 分子のエネルギー曲線

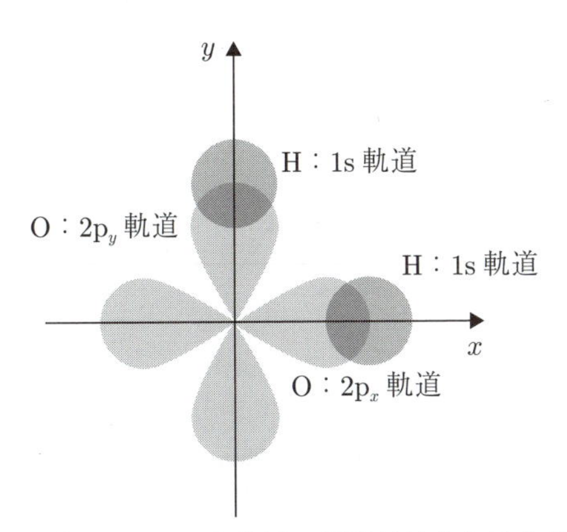

図 **1.41**　H_2O 分子の電子対結合と結合角

1.2.5 分子軌道法 2（MO 法）

図 1.42 に H_2 分子についての **MO 法**の考え方を示した．2 個の H 原子から H_2 分子が形成される（図 1.42 (a)）．その際に 2 つの 1s 軌道が結びつき，新たに 2 つの分子軌道が形成される（図 1.42 (b)）．この 2 つの分子軌道は大きく性質が異なる．H 原子の 1s 軌道のエネルギー準位よりも低く形成される分子軌道は 2 つの H 原子の原子軌道が重なり合い，その結合を強め合う**結合性軌道**（**σ 分子軌道**）である．一方，H 原子の 1s 軌道のエネルギー準位よりも高い準位に形成される分子軌道は，2 つの H 原子に働く反発力であり，結合を不安定にする**反結合性軌道**（**σ^* 分子軌道**）である．また，これらの軌道関数を二乗した電子密度分布では，結合性軌道は原子核間の電子密度が高くなっているが，反結合性軌道では逆位相で弱め合うことによって電子の存在確率が 0 になる節面をもつ（図 1.42 (c)）．図 1.43 に H_2 分子における分子軌道の形成を示した．H_2 分子の分子軌道への電子の詰まり方は，H 原子の 1s 軌道の電子 2 個ともエネルギー準位の低い結合性軌道に入る．このことから，H_2 分子はバラバラな結合のない状態よりも，2 つの H 原子が結合して H_2 分子として安定することがわかる．一方，図 1.44 に He_2 分子の分子軌道について MO 法で示した．He 原子は電子を 2 つずつ持っているので，He_2 分子軌道には結合性 σ 軌道に 2 つとさらに反結合性 σ^* 軌道にも 2 つ入るために不安定となり，He_2 分子の形成は期待できないことがわかる．

2 原子分子における結合性を示すのに結合次数が使われる（表 1.14）．

$$\text{結合次数} = \frac{1}{2}\{(\text{結合性軌道の電子数}) - (\text{反結合性軌道の電子数})\} \qquad (1.32)$$

この結合次数は，0 は結合を期待できない，1 は単結合，2 は二重結合，3 は三重結合を意味する．

キーワード：分子軌道法，結合性軌道，反結合性軌道，結合次数

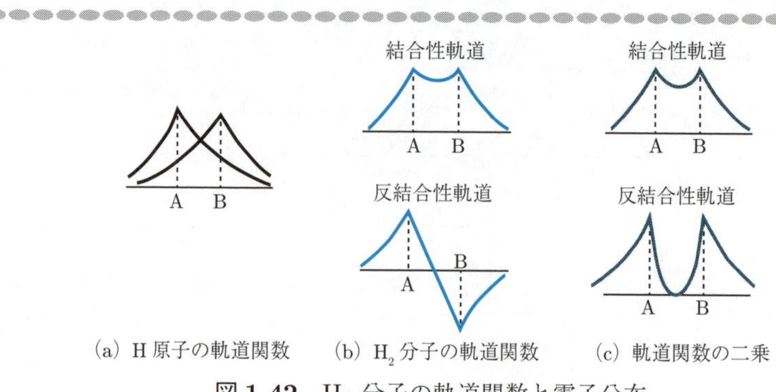

図 1.42 H_2 分子の軌道関数と電子分布

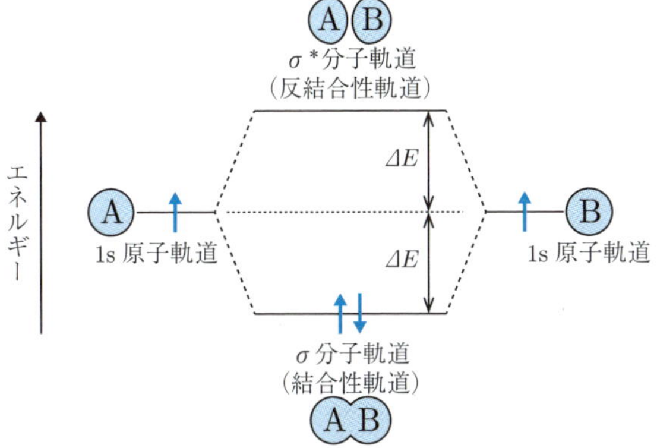

図 **1.43**　H_2 分子の分子軌道

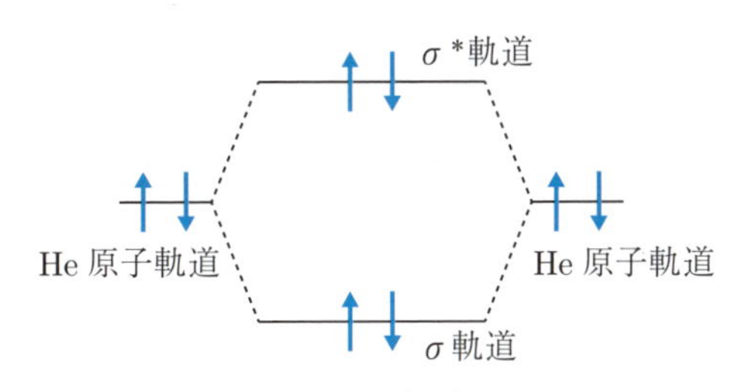

He_2 分子軌道

結合次数 $= \frac{1}{2}(2-2) = 0$

図 **1.44**　He_2 分子の分子軌道

表 1.14　主な 2 原子分子の電子配置と結合次数

分子	電子配置	電子数		結合次数
		結合軌道	反結合軌道	
H_2	$(1s\sigma)^2$	2	0	1
He_2	$(1s\sigma)^2(1s\sigma^*)^2$	2	2	0
N_2	$(1s\sigma)^2(1s\sigma^*)^2(2s\sigma)^2(2s\sigma^*)^2$ $(2p\pi)^4(2p\pi^*)^0(2p\sigma)^2(2p\sigma^*)^0$	10	4	3
O_2	$(1s\sigma)^2(1s\sigma^*)^2(2s\sigma)^2(2s\sigma^*)^2$ $(2p\pi)^4(2p\pi^*)^2(2p\sigma)^2(2p\sigma^*)^0$	10	6	2
F_2	$(1s\sigma)^2(1s\sigma^*)^2(2s\sigma)^2(2s\sigma^*)^2$ $(2p\pi)^4(2p\pi^*)^4(2p\sigma)^2(2p\sigma^*)^0$	10	8	1
Ne_2	$(1s\sigma)^2(1s\sigma^*)^2(2s\sigma)^2(2s\sigma^*)^2$ $(2p\pi)^4(2p\pi^*)^4(2p\sigma)^2(2p\sigma^*)^2$	10	10	0

◆**コラム3：配位結合**

配位結合は一般に共有結合に含まれる．この配位結合は**供与結合**ともいわれ，酸素や窒素のように孤立電子対をもつ原子と他の空の軌道をもつ原子がその空軌道を介して電子対を共有することで生じる結合である．これは酸・塩基のところで紹介するルイス酸とルイス塩基との結合ともいえる（☞ 2.1.3）．

たとえば，アンモニアとプロトンとの結合をオクテット則を用いて説明する（図 1.45）．アンモニア（NH_3）の窒素は5つの価電子をもち，3つの水素原子と共有結合して閉殻状態（オクテット：最外殻が8個の電子で満たされている状態）となっている．アンモニアの窒素には1つの非共有電子対が存在し，これが電子対を供与できるルイス塩基となることができる．これに電子対をもたないプロトンがルイス酸となり，配位結合してアンモニウムイオン（NH_4^+）が形成して安定化する．また，配位結合を形成した後のアンモニウムイオンの4つのH–N結合には区別がなくなる．水（H_2O）の場合も同様に考えられ，H_2Oの酸素は6つの価電子をもち，2つの水素原子と共有結合を形成してオクテットとなる（図 1.46）．この酸素は2つの非共有電子対をもち，そのうち1つとプロトンが配位結合してヒドロニウムイオン（H_3O^+）となり安定化する．ここで酸素の2つの非共有電子対にプロトンがさらに結合する可能性が考えられるが，すでにH_3O^+となって正電荷をもつためにさらなるプロトンとの結合は生じない．

キーワード：配位結合，共有結合，アンモニウムイオン，ヒドロニウムイオン

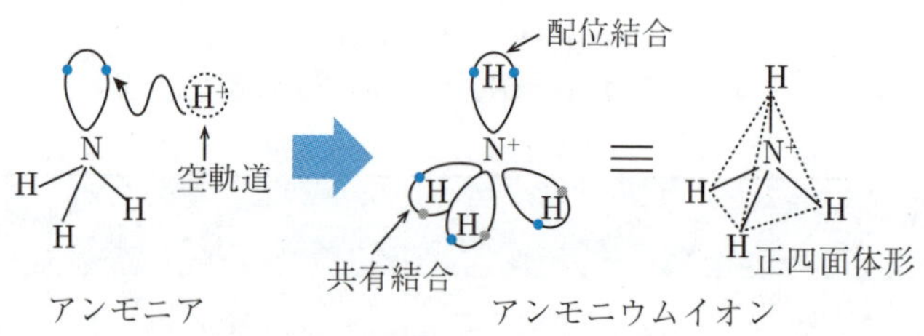

図 1.45 アンモニウムイオン（NH_4^+）の配位結合

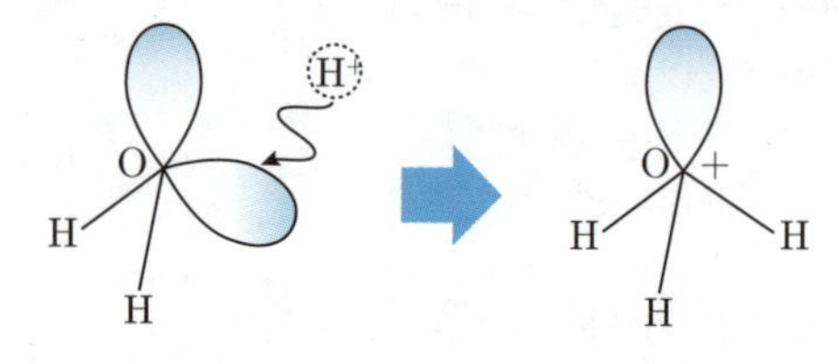

図 1.46 ヒドロニウムイオン（H_3O^+）の配位結合

◆コラム 4：2 原子分子の分子軌道

H_2, N_2, O_2, F_2 などは 2 原子分子として存在する．これらのうち，図 1.47 に示したように O_2 分子の分子軌道を説明する．O 原子は $(1s)^2(2s)^2(2p)^4$ の電子配置をとる．2 つの O 原子は，1s と 2s 軌道からは，1s 軌道は $(1s\sigma)^2$ と $(1s\sigma^*)^2$，2s 軌道からは $(2s\sigma)^2$ と $(2s\sigma^*)^2$ の分子軌道が形成される．これらの 1s 軌道と 2s 軌道の電子は σ^* 分子軌道まで満たされているので，直接的に結合には関与しない．次に，縮退した 2p 軌道 $(2p_x, 2p_y, 2p_z)$ からは，$2p_x$ 軌道どうしが結合すると考えると，$2p\sigma$ と $2p\sigma^*$，$2p\pi_y$ と $2p\pi_y{}^*$，$2p\pi_z$ と $2p\pi_z{}^*$ が形成される（結合に関与しない電子は π 電子となる）．これらの電子は基底状態ではエネルギーの低い順から $2p\sigma$ に 2 個，$2p\pi$ に 4 個，$2p\pi_y{}^*$ に 1 個，$2p\pi_z{}^*$ に 1 個，それぞれ入る（三重項状態）．この反応次数は 2 となり，O_2 分子は二重結合していることが説明できる．この O_2 分子は光などの励起によって $2p\pi_y{}^*$ と $2p\pi_z{}^*$ の反結合性軌道の電子配置スピン状態がわかり，たとえば，$2p\pi_y{}^*$ にスピン方向を逆にして 2 つ入る場合や，$2p\pi_y{}^*$ と $2p\pi_z$ とにスピン方向を逆にして 2 つ入る**一重項酸素**と呼ばれる活性な O_2 分子（**活性酸素**）になることも理解できる．さらに同様に N_2 分子の場合には結合次数が 3 となり三重結合し，一方の F_2 分子では結合次数が 1 となり単結合していることも理解できる（図 1.48）．

キーワード：**2 原子分子，分子軌道，結合次数**

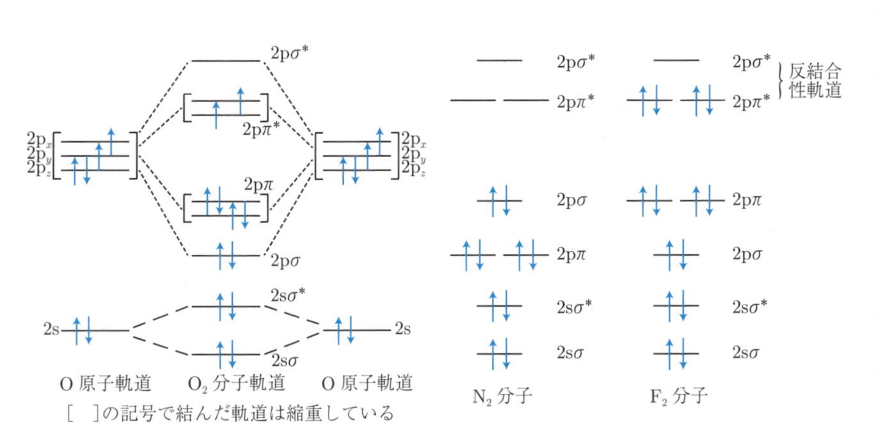

図 1.47　酸素分子の分子軌道と電子配置（1s 軌道を省略している）

図 1.48　N_2 と F_2 の 2 原子分子の電子配置図（2s, 2p の分子軌道だけを表示）

1.2.6 結合の極性とイオン性

同じ原子2つで形成された分子（**等核2原子分子**）において，共有された電子対はいずれの原子からも同じ強さで引きつけられている．そのため，電子対は2原子間の中央に位置する．このような等核2原子分子は電気的な偏りがないことから，分極のない**無極性分子**と呼ばれている．

一方，異なる2つの原子で形成された分子（**異核2原子分子**）はそれぞれの原子の電気陰性度が異なることから，共有電子対は高い電気陰性度をもつ原子側に位置する．図1.49に示したように高い電気陰性度をもつ原子は負電荷（δ^-）を帯び，低い電気陰性度をもつ原子は電子が引っ張られて正電荷（δ^+）を帯びる．この状態が**分極**であり，その結合を**極性結合**という．このような極性結合をもつ分子を**極性分子**といい，化学反応などの分子間に相互作用を起こして重要な役割を果たす．分極した1対の原子間には電気双極子が形成される．**電気双極子**は正負の等しい $\pm q$ が距離 r をもって離れていることをいう．r には大きさと方向があるのでベクトル $\boldsymbol{r}$ で表すと $q\boldsymbol{r}$ となり，これを**双極子モーメント** $\boldsymbol{\mu}$ という．

2原子分子の場合，2原子の電気陰性度の差が大きいほど実測される双極子モーメントも大きいことがわかっている．一方，2原子分子以上の多原子分子の場合，分子全体としての双極子モーメントは各結合のそれぞれの双極子モーメントのベクトルの和となる（図1.50）．たとえば，CO_2, BCl_3, SiF_4 などは各結合には結合モーメントをもつが，分子全体の双極子モーメントはお互いに打ち消されて $\mathbf{0}$ となる．このような分子を**無極性分子**という．しかし，分子形状の対称性が低い H_2O や NH_3 ではそれぞれ1.87 Dと1.47 Dとなり，双極子モーメントをもっている．表1.15に多原子分子中のA–B結合の電気陰性度の差と実験で得られた結合モーメントを示した．一般的にHFやHClのようなハロゲン化水素のように電気陰性度の差が大きいものほど結合モーメントは大きくなることが知られているが，H_2O, NH_3, NF_3 などの分子の場合，その分子の中心原子にある非共有電子対が，分子全体の多極子モーメントや結合モーメントに大きく関与しているため，必ずしも大きくはない．特に H_2O 分子の場合には中心原子のO原子に2つの非共有電子対をもつことから，その効果がO–Hの結合モーメントに大きく影響しているといわれている．

キーワード：極性分子，等核2原子分子，異核2原子分子，双極子モーメント

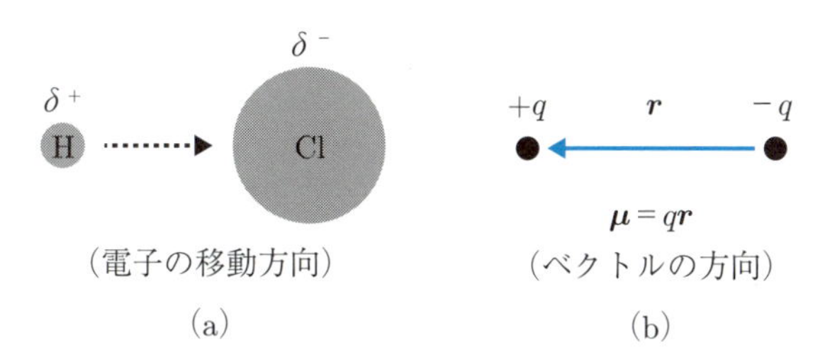

図 1.49　電気陰性度の異なる原子の極性結合 (a) と双極子モーメント (b)

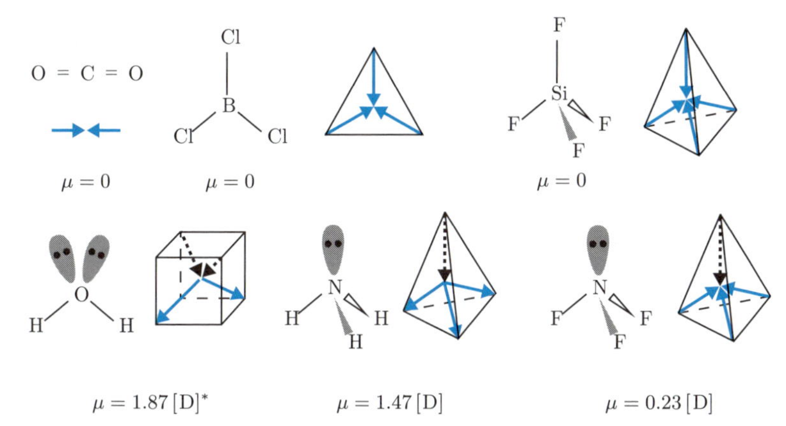

*D（デバイ）は双極子モーメントの大きさを表す単位．$1\,[\mathrm{D}] = 3.336 \times 10^{-30}\,[\mathrm{C\,m}]$．たとえば，HCl が H^+ イオンと Cl^- イオンになっている場合，双極子モーメントは電子の電荷量 e と原子間距離 r_{HCl} とを掛け合わせた値となる．

図 1.50　分子の形と分子の双極子モーメント

表 1.15　A–B 結合の電気陰性度の差と結合モーメント

	$\Delta\chi_{\mathrm{A-B}}$	μ_{obs}		$\Delta\chi_{\mathrm{A-B}}$	μ_{obs}
H–O	1.24	1.53	C–O	0.89	0.74
N–F	0.94	0.17	C=O	0.89	2.3
H–N	0.84	1.31	C–H	0.35	~0.4

結合モーメント μ_{obs} とは各結合部の双極子モーメント．

1.2.7 イオン結合

イオン化ポテンシャルが小さい周期表の1族や2族の元素に，電子親和力が大きい16族や17族の元素を近づけると，電気陰性度の差により**陽イオン**（cation）と**陰イオン**（anion）とになる（図1.51）．反対符号をもつこれらのイオンは静電的引力（クーロン力）によって結合し，**イオン結合**（ionic bond）という．

イオン結合性化合物は多数のイオンからなり，反対符号の電荷をもつイオン間には引力が，同符号の電荷をもつイオン間には斥力がそれぞれ作用する（図1.52）．このような引力・斥力の他に，イオン結晶の配列の仕方は陰・陽構成イオンの割合，電荷，イオン半径などによって決まる（☞ 3.1.6）．また，イオン結合の強さは格子エネルギーで表され，これは**ボルン－ハーバーサイクル**から計算できる．たとえば，NaClの生成をこれで考えると図1.53のように，**ヘスの法則**（Hess's law）によって格子エネルギーUは$-786\ \mathrm{kJ\,mol^{-1}}$と算出される．一方，イオン結合は相反する2種類の陽イオンと陰イオンからなると考えると，イオン間の静電相互作用は簡単な静電モデルで扱うことができる．この場合，静電エネルギーE_{C}と反発エネルギーE_{R}とを合わせたものが，結晶1 molを形成するのに必要な全エネルギーUとなり，Uは次式(1.33)で求められる（右頁下の補足参照）．

$$U = -\frac{AN(Z^{+})(Z^{-})e^{2}}{(4\pi\varepsilon_0 r_0)(1-n^{-1})} \tag{1.33}$$

nは**ボルン指数**と呼ばれ，イオンの電子配置によって異なる．たとえば，He型の場合には$n=5$，Ne型では$n=7$，Ar型では$n=9$，Kr型では$n=10$，Xe型では$n=12$となり，両イオンのnが異なる場合には平均値を用いる．こうして求めたNaClの格子エネルギーは$-757\ \mathrm{kJ\,mol^{-1}}$となり，ボルン－ハーバーサイクルから求めた値とほぼ一致する．以下に，イオン結合性結晶の性質を示す．

(1) 硬くて脆い（結合を切るには大きな力が必要であるが，力によってイオン配列がずれると，異種イオン間の引力が同種イオン間の反発力に変わる）．
(2) 高融点の物質が多い（結合を切るのに大きな熱エネルギーが必要）．
(3) 固体状態における電気伝導性は非常に低いが，溶融状態では高導電性になる（固体では，イオンが格子点に強く束縛されて動けない）．
(4) 極性の高い溶媒に溶けやすい（イオンが極性の高い溶媒分子と溶媒和することによって，エネルギー的に安定化する）．

キーワード：イオン結合，静電的引力，格子エネルギー，ボルン－ハーバーサイクル

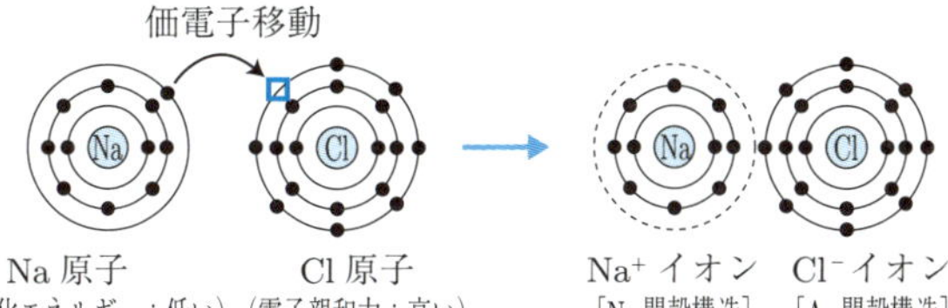

図 1.51　価電子移動によるイオン化とイオン結合の形成

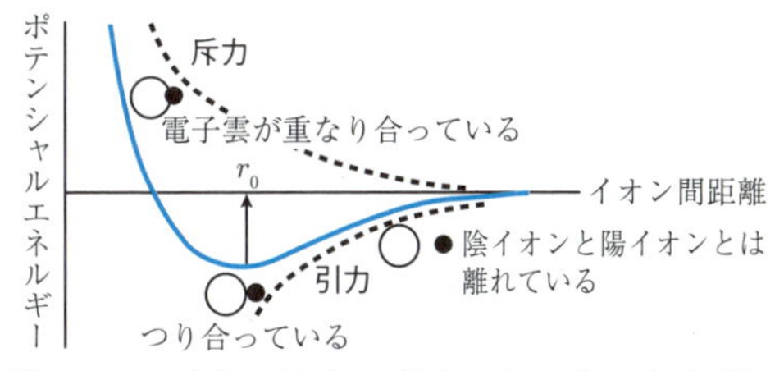

図 1.52　イオン結合のポテンシャルエネルギー

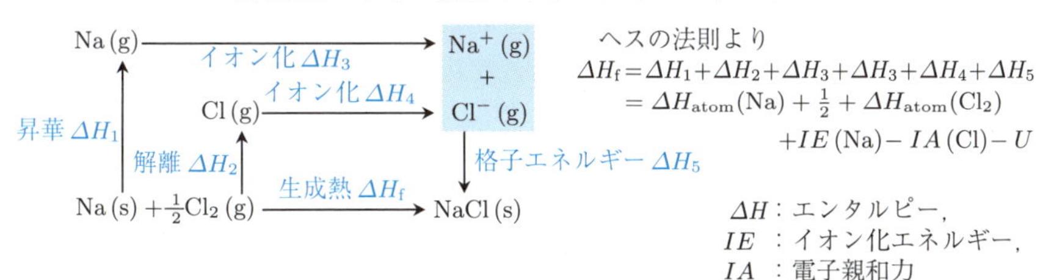

図 1.53　NaCl のボルン－ハーバーサイクル

●ボルン－ランデの式の補足●

イオンとイオンとが極端に接近すると相互に強い反発力が働く．そこで結晶 1 mol を形成するのに必要な全エネルギー U は式 (a) となる．

$$U = E_C + E_R = \frac{-AN(Z^+)(Z^-)e^2}{4\pi\varepsilon_0 r + NBr^{-n}} \qquad \text{(a)}$$

ここで，A: マデルング定数，N: アボガドロ数，Z: イオンの電荷，e: 素電荷，ε_0: 真空中の誘電率，n: ボルン指数である．イオンの斥力と引力とがつり合うところ（r_0: 最接近イオン間距離）では，U は最小値を示す（図 1.52）．

$$\left(\frac{dU}{dr}\right)_{r=r_0} = \frac{AN(Z^+)(Z^-)e^2}{4\pi\varepsilon_0 r^2 - nNBr^{-(n-1)}} = 0 \qquad \text{(b)}$$

式 (b) から B が求められ，r_0 での格子エネルギー U_{r_0} を導くことができる．

$$B = \frac{A(Z^+)(Z^-)e^2 {r_0}^{n-1}}{4\pi\varepsilon_0 n} \qquad \text{(c)} \qquad U_{r_0} = \frac{(n^{-1}-1)(AN(Z^+)(Z^-)e^2)}{4\pi\varepsilon_0 r_0} \qquad \text{(d)}$$

1.2.8 金属結合

周期表に記載されている118種の元素のうち，約80%が金属元素である．特に身近な金属には，鉄，銅，アルミニウム，金，銀，チタンなどがある．金属は電気伝導性や金属光沢などの特異な性質をもち，金属における結合が，他の共有結合やイオン結合とは異なっていることを示している．

金属結合は，金属中の原子から放出された価電子（最外殻電子）が規則的に配列した多数の金属イオンに共有されることによって生じる（図1.54）．この価電子は金属結晶中を自由に動き回れるので**自由電子**（free electron）と呼ばれ，自由電子数が多いほど金属結合は強くなる．アルカリ金属の場合，自由電子数が少ないことから，柔らかく，密度が低く，低融点となる．自由電子を多くもつ遷移金属元素は硬く，大きな密度と，高い融点が特徴であり，その結合エネルギーは共有結合に匹敵する．

金属結合を共有結合の特殊な結合として説明することもできる（図1.55）．各原子から放出された1個の電子は2原子間で共有されて分子ができる．また，共有された電子は隣接した他の原子との間に移動して，新たに同様な共有された分子ができると考えられる．すなわち，金属原子間には非局在化した電子による結合が形成されることになる．

次に分子軌道とバンド構造を説明する．図1.56に示すようにバンド構造を利用してNa金属の結合を説明する．Na金属の場合，Na原子の3s軌道には1個の電子が存在する．しかし，エネルギー準位の隣接している3p軌道には電子はない．これらの軌道が分子軌道を形成し，バンドを形成するとそれぞれの分子軌道は互いに重なり合い広いバンド構造を形成する．図1.56に示すように，バンド中の電子は結合性軌道のバンドにおける空の領域を利用して自由に動けると説明できる．

金属結合をもつ化合物の性質は以下の通りである．

(1) 延性・展性に優れる（結合に方向性がない）．
(2) 電気・熱の良導体である（自由電子の存在）．
(3) 密度が高い（最密充填構造）．
(4) 沸点や融点が高い（強い金属結合）．
(5) 不透明で金属光沢を示す（輻射線の吸収による価電子の励起）．

キーワード：金属結合，自由電子，バンド構造

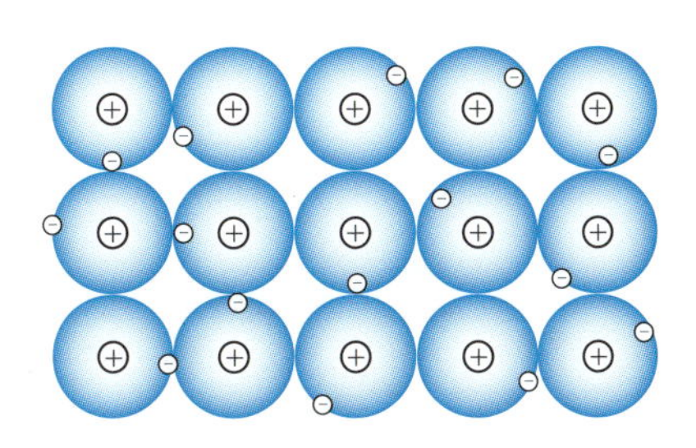

図 1.54　金属結合のモデル

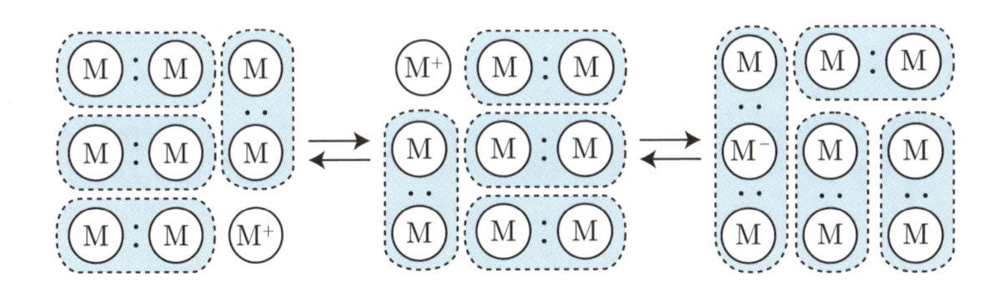

図 1.55　非局在化した共有結合による金属原子の結びつき

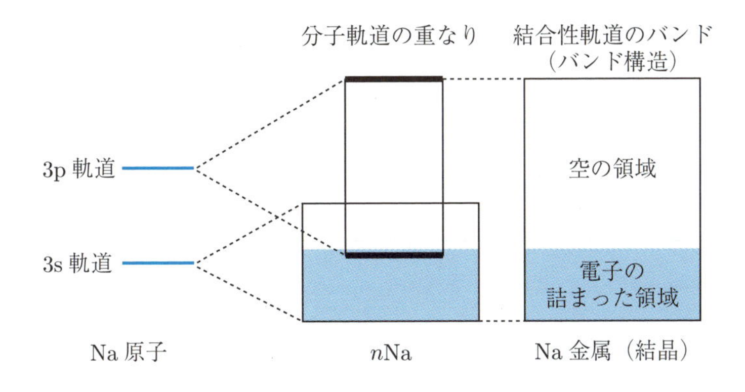

図 1.56　Na 原子の軌道と Na 金属のバンド構造

1.2.9　その他の結合

原子の結合には共有結合，イオン結合，金属結合の他に，もう少し弱い結合が存在する．これには以下に示すファンデルワールス力や水素結合がある．

ファンデルワールス力は3つの分子間相互作用に分けられる（図1.57）．

(1)　極性分子は分子内に δ^+ と δ^- の部分があり，双極子を形成している．この双極子を**永久双極子**という．極性分子間には永久双極子に基づく静電的な相互作用を生じる．これを**双極子－双極子相互作用**といい，5～20 kJ mol^{-1} 程度の分子間相互作用のエネルギーをもち，最も強いファンデルワールス力である．

(2)　無極性分子と極性分子との間にもファンデルワールス力が生じる．無極性分子は周囲の極性分子から静電気的な影響を受けて分極する．この無極性分子に生じた分極を**誘起双極子**という．その結果，無極性分子と極性分子との間には誘起双極子と永久双極子に基づく**双極子－誘起双極子相互作用**が生じる．これは双極子－双極子相互作用よりも弱い．

(3)　無極性分子間にもファンデルワールス力が生じる．ロンドン（London）によって「電子の電荷分布は時間平均では球対称であるが，瞬間的にはゆらぎのために球対称を崩して双極子を形成する」．これを**瞬間双極子**という．無極性分子間にはファンデルワールス力として，**瞬間双極子－誘起双極子相互作用**が生じる．この相互作用のエネルギーは 0.1～5 kJ mol^{-1} 程度の低い値を示す．また，これらの力を**ロンドン力**または**分散力**ともいう．

次に**水素結合**について説明する．F, O, N のような電気陰性度の大きな元素を含む水素化合物では H 原子はほとんど正に帯電する．このような H 原子はとなりの分子の非共有電子対の電子を強く引きつけるため，著しく接近する．図1.58に示すように H 原子と非共有電子対との間では電子のやりとりが行われ，水素結合を生じる．表1.16に示すように，水素結合は 4～50 kJ mol^{-1} のエネルギーをもっている．また，水素化合物の沸点は分子どうしがバラバラになりにくくなることから，高くなる（図1.59）．

キーワード：ファンデルワールス結合，水素結合

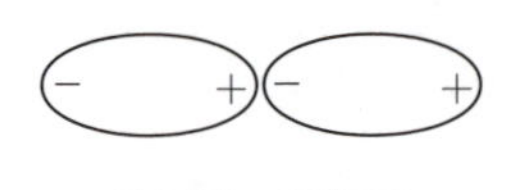

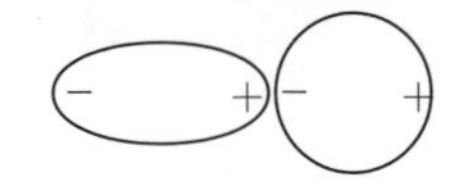

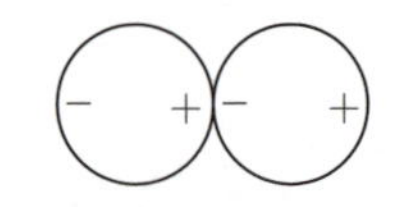

図1.57　ファンデルワールス力に寄与する3つの相互作用

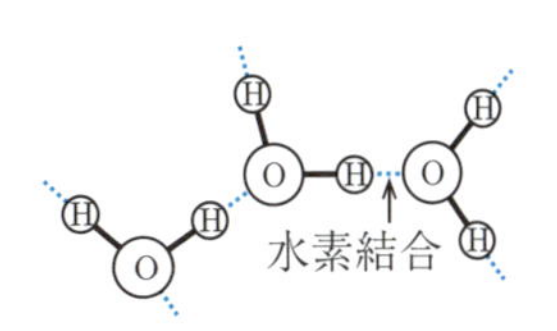

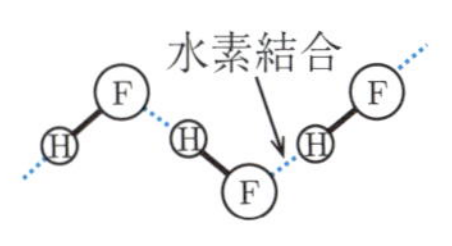

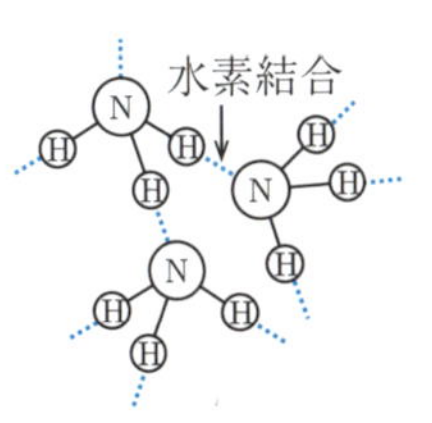

図 1.58 水素結合の様子

表 1.16 水素結合の種類と特徴

結合種	結合距離／nm	結合エネルギー／kJ mol^{-1}	例
O–H···O	0.248〜0.290	8〜34	H_2O, ROH など
O–H···X	0.292〜0.318	6〜15	H_2O／HCl
O–H···S	0.320〜	17〜21	チオエーテル
O–H···N	0.268〜0.279	6〜38	アミン／H_2O
F–H···F	0.245〜0.249	29	HF
N–H···O	0.281〜0.304	17〜21	RNH_2, 尿素
N–H···N	0.294〜0.315	6〜17	RNH_2

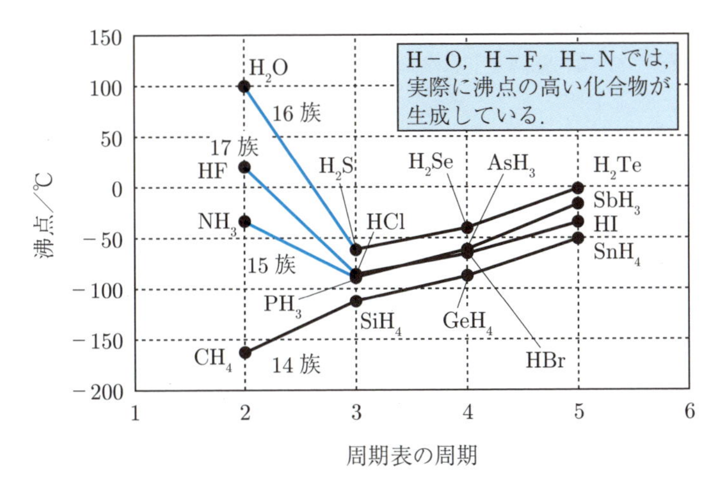

図 1.59 水素化合物の沸点

例題（1章）

[1-1]　水素のイオン化エネルギーを求めなさい．

（解答）

電子が半径 r の円周上を速度 ν で等速運動をしている場合，原子のエネルギー E は

$$E = -\frac{Z^2 me^4}{8n^2 {\varepsilon_0}^2 h^2}$$

であり，Z, m, e, n, ε_0, h はそれぞれ，原子番号，電子の質量，電荷，主量子数，プランク定数である．基底状態（$n = 1$）にある水素原子（$Z = 1$）のエネルギーはそれぞれの値を代入すると

$$\begin{aligned} E &= -\frac{1^2 \times (9.1094 \times 10^{-31}\ [\mathrm{kg}]) \times (1.602 \times 10^{-19}\ [\mathrm{C}])^4}{8 \times 1^2 \times (8.854 \times 10^{-12}\ [\mathrm{F\,m^{-1}}])^2 \times (6.626 \times 10^{-34}\ [\mathrm{J\,s}])^2} \\ &= -2.177 \times 10^{-18}\ [\mathrm{J}] \\ &= -1310.8\ [\mathrm{kJ\,mol^{-1}}] \end{aligned}$$

E は負であるが，これは無限に離れた場合のエネルギーを 0 としているからである．つまり，水素原子に 1310.8 $\mathrm{kJ\,mol^{-1}}$ のエネルギーを与えると電子を原子核から離せることになり，これが水素のイオン化エネルギーである．

[1-2]　Mg（$Z = 12$）および Si（$Z = 14$）の最外殻電子が受ける有効核電荷 Z^* をそれぞれ求めよ．

（解答）

原子中の主量子数 n のある 1 つの電子への遮蔽についての詳細はコラム 2 に示した．

次に各原子について，軌道を [1s][2s2p][3s3p][3d][4s4p][4d][4f][5s5p] のように分類する．

$$\text{有効核電荷 } Z^* = \text{原子核の電荷 } Z - \text{遮蔽定数 } s$$

Mg の電子軌道をグループ分けする．$[(1s)^2][(2s)^2(2p)^6][(3s)^2]$

スレーターの規則にしたがって計算する．

$$Z^* = 12 - ((0.35 \times 1) + (0.85 \times 8) + (1.00 \times 2)) = 2.85$$

Mg の最外殻電子が受ける有効核電荷は 2.85 となる．

Mg と同様に Si についても，Si の電子軌道をグループ分けする．$[(1s)^2][(2s)^2(2p)^6]$ $[(3s)^2(3p)^2]$

$$Z^* = 14 - ((0.35 \times 3) + (0.85 \times 8) + (1.00 \times 2)) = 4.15$$

Si の最外殻電子が受ける有効核電荷は 4.15 となる．

2 無機溶液の化学

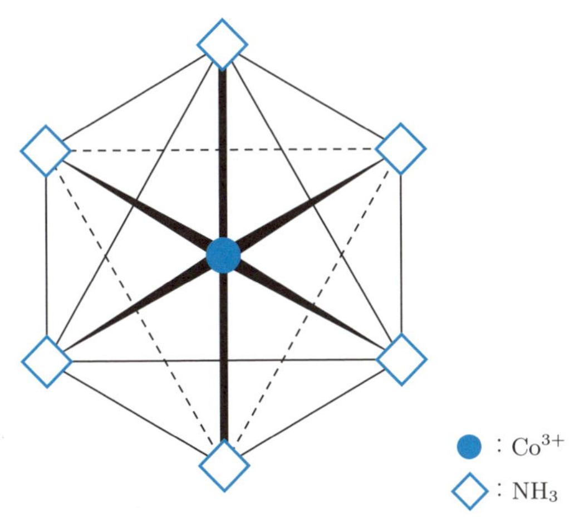

$[Co(NH_3)_6]^{3+}$ 錯体の立体構造

●2.1 酸と塩基●

2.1.1 水と溶解

水の相平衡図を図 2.1 に示す．水と氷は 1 気圧（1.01325×10^5 Pa）では 0°C で平衡になり，圧力が高くなるにともない水と氷とが共存する温度は低くなる．氷と水と水蒸気の 3 相が平衡状態で共存する点を **3 重点**という．この 3 重点は 0.008°C, 6.106×10^2 Pa で，これ以下の温度，圧力では氷を温めても水にはならず直接水蒸気となる（昇華）．水は 1 気圧においては 100°C で沸騰して水蒸気となる．さらに圧力を高めていくと，沸点は上昇して 374.2°C で臨界状態となる（臨界圧力：220.9×10^5 Pa）．

水分子の構造を図 2.2 に示す．水（H_2O）は結合角（原子価角）$\angle HOH = 104.5°$, OH 間の結合距離 0.096 nm（96 pm）である．H_2O は O 原子と H 原子の電気陰性度に差があるために極性分子であり，双極子モーメント μ は 6.2×10^{-30} C m である．水は気体状態でも H_2O として存在し，分子形は折れ線型である．

図 2.3 に水分子の分子軌道による構造を示す．中心原子の O は sp^3 混成軌道をとり，H 原子の 1s 軌道と重なり合って結合を形成する．この場合，O 原子の 4 つの sp^3 混成軌道のうち，2 つの軌道は非共有電子対によって占められている．この非共有電子対間の反発力が分子形状に大きく影響するために，H_2O の結合角は sp^3 混成軌道の結合角 109.5° より小さくなる．

水の固体である氷の構造を図 2.4 に示す．氷は水分子が規則正しく配列し，結晶を構成する．氷は六方晶系に属し，水分子間距離は 0.275 nm（275 pm）程度で 1 個の水分子に 4 個の水分子が水素結合し，中心の水分子は正四面体的な構造をとる．氷は隙間の多い構造をしており，水素結合が切れたりゆがんだりしていることが多い．このことから，氷の密度は 0.917 g cm^{-3} で水の密度 1.0 g cm^{-3} に比べて密度が低いので，氷は水に浮く．水は水の構造で示したように極性分子で，他の多くの極性分子と水素結合を形成しやすく，多くの物質に特異的に付加したり反応したりする性質をもっている．また，この極性の強さのためいろいろな分子やイオンと結合することができるので，これらの分子やイオン結晶を溶解することができる．

キーワード：水の相平衡図，水分子の構造，氷の構造

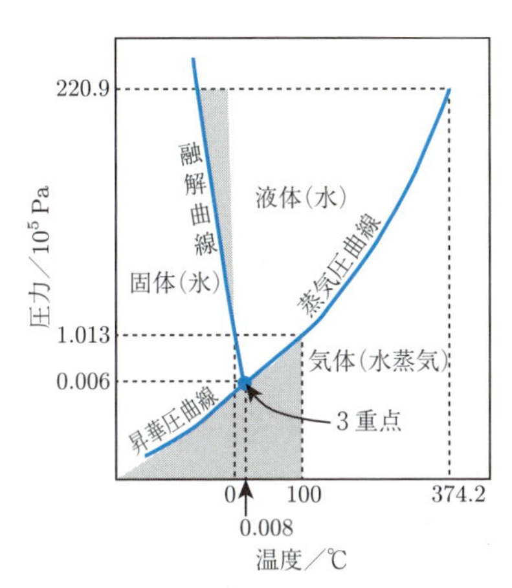

図 2.1　水（H_2O）の相平衡図

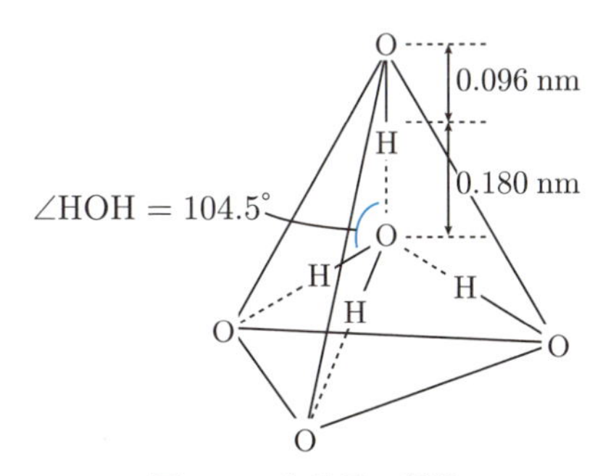

図 2.2　水分子の構造

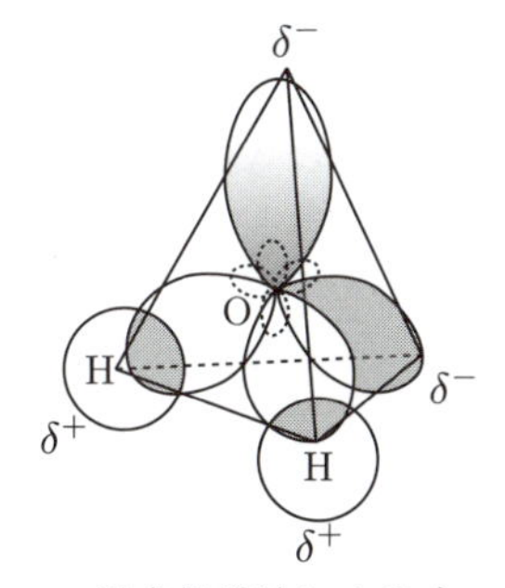

図 2.3　混成軌道法による水の構造

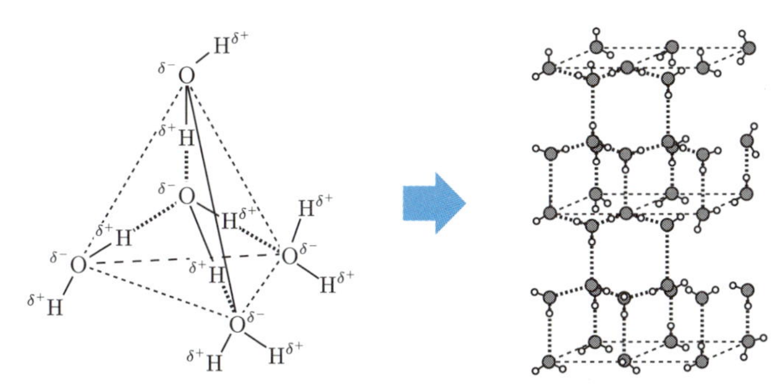

図 2.4　水の分子間水素結合と氷の構造

2.1.2 イオンの水和

イオン結晶が水に入ると結晶中の陽イオンと陰イオンの間には水分子が入りこみ，両イオン間の電気的引力を弱める（図2.5）．そして，両イオンは熱運動によって引き離され，水溶液中にイオンの形で離れていく．これらのイオンはただちに水分子の異電荷部分を引き寄せて結合し，安定化する．この安定化現象は**水和**（hydration）と呼ばれている．水和したイオンは**水和イオン**（aqua ion）という．水分子は極性分子と水分子との間の強い相互作用によって極性分子の溶解を起こす．ここで水分子の異電荷部分とは，O原子のほうが δ^- でH原子が δ^+ となる．

極性分子の水への溶解とイオンの解離反応については，以下のように説明される．まず，極性溶媒の水に溶質の極性分子が共存すると図2.6 (a) に示したように δ^+ へは水分子の非共有電子対の部分が，δ^- へは水分子のH原子の部分が，溶質分子の両双極子への間に静電的な引力が働き，多くの水分子を結合した状態となる．図2.6 (b) のように，水分子から溶質分子にある程度の電子対を受けとり，溶質分子中の δ^+ と δ^- との相互作用は弱まる．また，溶質分子を取り囲む水分子の影響で溶質分子の δ^+ と δ^- の電荷の中心は離れる．図2.6 (c) は，溶質分子と水分子との静電的な相互作用はさらに強くなり，その分子は陽イオンと陰イオンに分裂する．分裂したイオンは水分子との結合力が強く，水和した状態で分散している．

水和数とはイオン1個あたりに結合している水分子の数をいう．イオンの水和モデルには**フランク－ウェン**（Frank–Wen）**の水和モデル**がある．図2.7にフランク－ウェンの水和モデルを示す．このモデルのA領域では，水はイオン－双極子相互作用によってイオンに強く結合している．この領域の水は**1次水和水**といい，イオン半径の小さい場合には4つ程度，大きい場合には6つ程度の水和水を結合している．B領域は，1次水和水に静電気的引力によって結合している水分子であり，中心から遠くなるにともないイオンの電場は弱くなり，配向性や構造性は低い．この領域の水は**2次水和水**という．C領域はバルク層の水である．

キーワード：極性分子，水和イオン，水和モデル

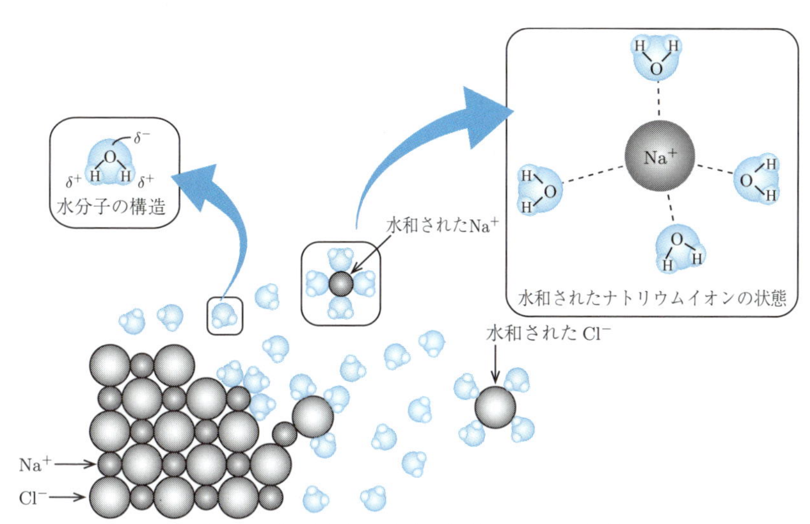

図 **2.5** 塩化ナトリウム NaCl の水への溶解

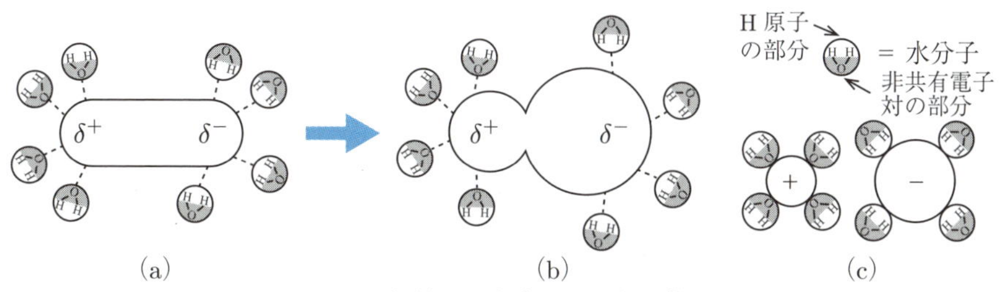

図 **2.6** 極性分子と水分子の相互作用

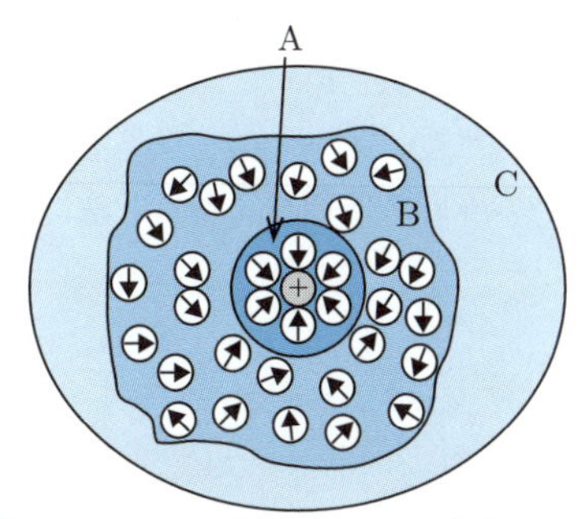

図 **2.7** フランク－ウェンの水和モデル

2.1.3 酸と塩基

酸と塩基の定義を表 2.1 に示す．**アレニウス**（Arrhenius）**の定義**は古典的な考え方であるが，これにしたがうと，(2.1) 式，(2.2) 式からもわかるように，塩酸や硫酸は水溶液中で水素イオン（H^+）を放出するので酸である．

$$HCl \rightleftarrows H^+ + Cl^- \quad (2.1) \qquad H_2SO_4 \rightleftarrows 2H^+ + {SO_4}^{2-} \quad (2.2)$$

しかし，二酸化硫黄（SO_2）や二酸化炭素（CO_2）は水に溶解しても水溶液中には水素イオンが放出されないので，酸ではないということになる．同様に，アンモニア（NH_3）も塩基でないことになる．しかし，このような矛盾も**ブレンステッド－ロウリー**（Brønsted–Lowry）**の定義**を用いると合理的に説明される．たとえば，(2.3) 式のようなアンモニアの電離反応を考えてみよう．

共役酸

$$NH_3 + H_2O \rightleftarrows {NH_4}^+ + OH^- \tag{2.3}$$

共役塩基

アンモニアは H_2O からプロトン（H^+）を奪って ${NH_4}^+$ となり，H_2O は NH_3 にプロトン（H^+）を与えて OH^- になる．すなわち，NH_3 は塩基であり，H_2O は酸であると考えられる．また，この式において右から左への反応を考えると，${NH_4}^+$ は酸であり，OH^- は塩基ということになる．このような場合には，${NH_4}^+$ は NH_3 の**共役酸**であり，OH^- は H_2O の**共役塩基**であるといわれ，水は単なる溶媒として扱うことはできない．塩化水素についても同様に考えると，(2.4) 式のように H_3O^+ は H_2O の共役酸であり，Cl^- は HCl の共役塩基であるといわれる．

共役酸

$$HCl + H_2O \rightleftarrows H_3O^+ + Cl^- \tag{2.4}$$

共役塩基

この定義によると，塩基はすべて非共有電子対をもっており，これがプロトンを共有して結合を生じていることになる．この点に注目したのがルイス（Lewis）であり，表 2.1 に示したように電子対の授受によって酸と塩基を定義した．また，図 2.8 にはこれの酸・塩基の例を示す．**ルイスの定義**によると，次式のようなプロトンをもたない SO_3 も酸と考えられる．

$$SO_3 + H_2O \rightleftarrows H_2SO_4 \tag{2.5}$$

また，次のような錯イオンの生成反応を考えてみると，中心金属イオンは酸であり，配位子は塩基ということになる．

$$Co^{3+} + 6NH_3 \rightleftarrows [Co(NH_3)_6]^{3+} \tag{2.6}$$

キーワード：アレニウスの定義，ブレンステッド－ロウリーの定義，ルイスの定義

表 2.1　酸・塩基の定義

酸・塩基の種類	内容	矛盾点
アレニウスの定義	酸：水溶液中で水素イオン（H^+）を生じる物質 塩基：水溶液中で水酸化物イオン（OH^-）を生じる物質	NH_3 は OH^- をもっていないので塩基ではない
ブレンステッド－ロウリーの定義	酸：プロトンを与える物質 塩基：プロトンを受け取る物質	NaOH は塩基ではない．酸と塩基との反応の多くは，中和反応* と考えられなくなる．
ルイスの定義	酸：1 対の電子対を受け取る物質 塩基：1 対の電子対を与える物質	なし

* 酸と塩基とが反応して塩を生成し，酸・塩基ともにそれぞれ特徴を失う過程を中和という．たとえば，NaOH と HCl の反応式は (a)，または (b) と表され，これが中和反応の代表例である．

$$NaOH + HCl \rightarrow NaCl + H_2O \qquad (a)$$

$$H^+ + OH^- \rightarrow H_2O \qquad (b)$$

つまり，中和反応は水を生成することが特徴である．

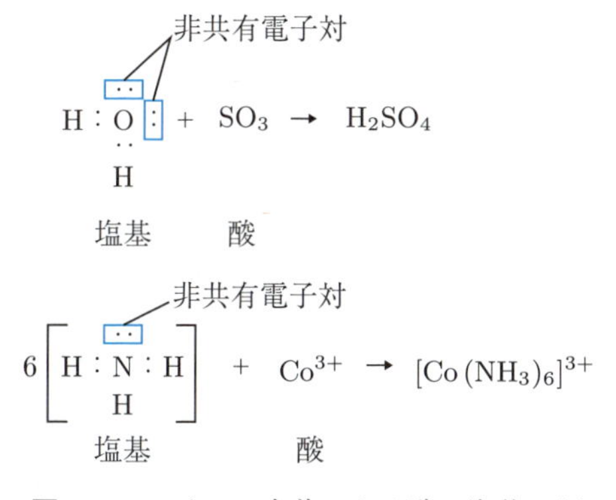

図 2.8　ルイスの定義による酸・塩基の例

2.1.4　酸と塩基の電離

ブレンステッドの定義における酸・塩基の強弱は，プロトンを供与する能力，またはプロトンを受容する能力の大小で表される．たとえば，弱酸 HA（濃度 C [$\mathrm{mol\,L^{-1}}$]，電離度 α）の水溶液中では次式の平衡が成り立ち，その平衡定数 K_a は次のように表される．電離度が小さい場合 $\alpha = \sqrt{\frac{K_\mathrm{a}}{C}}$，したがって $[\mathrm{H_3O^+}] = [\mathrm{A^-}] = C\alpha = \sqrt{K_\mathrm{a}C}$，(2.8) 式から $\mathrm{pH} = \frac{1}{2}(\mathrm{p}K_\mathrm{a} - \log C)$ となる．

$$\mathrm{HA + H_2O \rightleftarrows H_3O^+ + A^-} \tag{2.7}$$

$$K_\mathrm{a} = \frac{[\mathrm{H_3O^+}][\mathrm{A^-}]}{[\mathrm{HA}]} = \frac{C\alpha^2}{1-\alpha} \quad （希薄な酸水溶液では [\mathrm{H_3O^+}] = 1） \tag{2.8}$$

リン酸のように解離するプロトンが 2 個以上存在する塩基酸では逐次解離する（図 2.9）．

$$\mathrm{H_3PO_4 + H_2O \rightleftarrows H_3O^+ + H_2PO_4{}^-}, \quad K_\mathrm{a1} = \frac{[\mathrm{H_3O^+}][\mathrm{H_2PO_4{}^-}]}{[\mathrm{H_3PO_4}]}$$

$$\mathrm{H_2PO_4{}^- + H_2O \rightleftarrows H_3O^+ + HPO_4{}^{2-}}, \quad K_\mathrm{a2} = \frac{[\mathrm{H_3O^+}][\mathrm{HPO_4{}^{2-}}]}{[\mathrm{H_2PO_4{}^-}]}$$

$$\mathrm{HPO_4{}^{2-} + H_2O \rightleftarrows H_3O^+ + PO_4{}^{3-}}, \quad K_\mathrm{a3} = \frac{[\mathrm{H_3O^+}][\mathrm{PO_4{}^{3-}}]}{[\mathrm{HPO_4{}^{2-}}]}$$

一方，塩基の強さは，弱塩基を B（濃度 C [$\mathrm{mol\,L^{-1}}$]，電離度 α）で表すと次式の平衡が成り立ち，その平衡定数 K_b は次のように表せる．

$$\mathrm{B + H_2O \rightleftarrows BH^+ + OH^-} \tag{2.9}$$

$$K_\mathrm{b} = \frac{[\mathrm{BH^+}][\mathrm{OH^-}]}{[\mathrm{B}]} = \frac{C\alpha^2}{1-\alpha} \tag{2.10}$$

$$[\mathrm{OH^-}] = C\alpha = \sqrt{K_\mathrm{b}C}, \quad [\mathrm{H_3O^+}] = \frac{K_\mathrm{w}}{[\mathrm{OH^-}]} = \frac{K_\mathrm{w}}{\sqrt{K_\mathrm{b}C}}$$

$$\mathrm{pH} = \mathrm{p}K_\mathrm{w} - \frac{1}{2}(\mathrm{p}K_\mathrm{b} - \log C)$$

K_a，K_b，K_w の逆数の常用対数を解離定数 $\mathrm{p}K_\mathrm{a}$，$\mathrm{p}K_\mathrm{b}$，$\mathrm{p}K_\mathrm{w}$ と表記する．$\mathrm{p}K_\mathrm{a}$ と $\mathrm{p}K_\mathrm{b}$ の値の一例を表 2.2，表 2.3 に示す．なお，K_w の詳細はコラム 5 に示す．

$$\mathrm{p}K_\mathrm{a} = -\log K_\mathrm{a}, \quad \mathrm{p}K_\mathrm{b} = -\log K_\mathrm{b}, \quad \mathrm{p}K_\mathrm{w} = -\log K_\mathrm{w} \tag{2.11}$$

酸・塩基の強さは上の解離定数で表されるが，$\mathrm{p}K_\mathrm{a}$ が大きい値ほど，強い酸である．たとえば，ハロゲン酸の強さは以下の順に強い酸である．

$$\mathrm{HF < HCl < HBr < HI} \tag{2.12}$$

この強さの順序は，ハロゲン元素の陰イオンへのなりやすさとその大きさによって決まる．一方，$\mathrm{p}K_\mathrm{b}$ が大きいほど強い塩基である．

キーワード：解離定数，平衡定数，加水分解

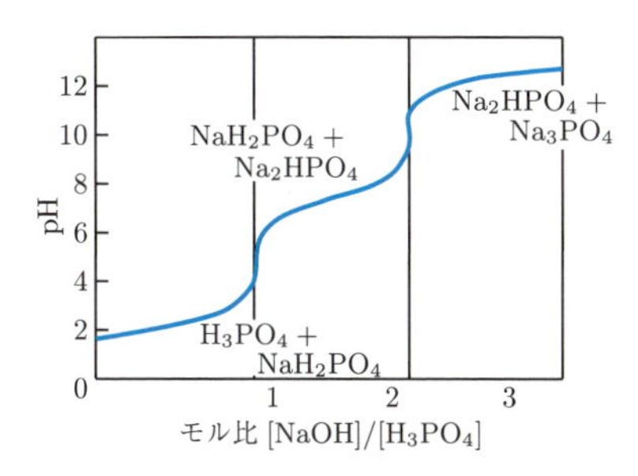

図 2.9　リン酸の滴定曲線

表 2.2　酸の強さ（水溶液 25°C）

酸	pK_a	酸	pK_a
H_3BO_3	9.24	H_2O_2	11.65
HBr	−9.0	H_3PO_4（pK_{a1}）	2.15
H_2CO_3（pK_{a1}）	6.35	H_3PO_4（pK_{a2}）	7.2
H_2CO_3（pK_{a2}）	10.33	H_3PO_4（pK_{a3}）	12.35
HCl	−8.0	H_2SO_4	1.99
HF	3.17	CH_3COOH	4.56
HI	−10.0	$C_6H_8O_7$（pK_{a1}）	2.9
HNO_2	3.15	$C_6H_8O_7$（pK_{a2}）	4.35
HNO_3	−1.8	$C_6H_8O_7$（pK_{a3}）	5.7

表 2.3　塩基の強さ（水溶液 25°C）

塩基	pK_b
NH_3	4.75
$C_6H_4NH_2$（アリニン）	9.35
$C_7H_6O_2$（安息香酸）	9.8
HCOOH（ギ酸）	10.45
$NH_2(CH_2)_2NH_2$（エチレンジアミン）（pK_{a1}）	6.1
$NH_2(CH_2)_2NH_2$（pK_{a2}）	4.1
$C_{15}H_{10}O_4$（グリシン）（pK_{a1}）	11.6
$C_{15}H_{10}O_4$（pK_{a2}）	4.4
C_5H_5N（ピリジン）	8.6
C_6H_5OH（フェノール）	4.2

◆コラム5：水の電離平衡

水はH^+（プロトン）の供与と受容の両方の性質をもっているので，電離平衡は

$$H_2O + H_2O \rightleftarrows H_3O^+ + OH^- \tag{2.13}$$

このように水は自己解離してオキソニウムイオンと水酸化物イオンを生じる．この平衡定数は

$$K = \frac{a_{H_3O^+}a_{OH^-}}{{a_{H_2O}}^2} \tag{2.14}$$

水a_{H_2O}は大量にあるとして一定とみなし，活量のかわりに濃度で表すと

$$K_w = [H_3O^+][OH^-] \tag{2.15}$$

となる．K_wは**水のイオン積**といい，一定温度では一定の値を示す．25°Cでは

$$K_w = [H_3O^+][OH^-] = 1.0 \times 10^{-14}\ [(\mathrm{mol\,L^{-1}})^2] \tag{2.16}$$

$$pH + pOH = 14$$

ここで，$pH = -\log a_{H_3O^+} = -\log[H_3O^+]$

$$pOH = -\log a_{OH^-} = -\log[OH^-] \tag{2.17}$$

純粋な水は25°Cで$[H_3O^+] = [OH^-] = 10^{-7}$ $[\mathrm{mol\,L^{-1}}]$であるので$[H_3O^+] > 10^{-7}$では酸性，$[H_3O^+] < 10^{-7}$で塩基性である．

キーワード：電離平衡，水のイオン積，プロトン，水酸化物イオン

表2.4　水のイオン積

温度（°C）	0	10	20	25	30	40	50
K_w（$\times 10^{-14}$）	0.11	0.29	0.68	1	1.47	2.92	5.47

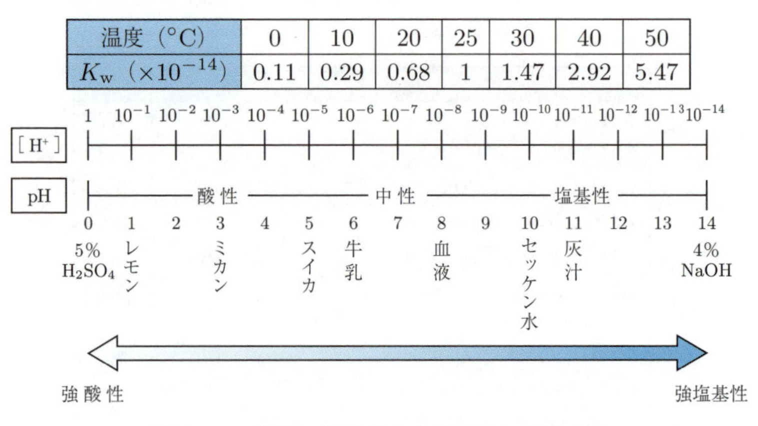

図2.10　酸性・塩基性と水素イオン指数pH

◆**コラム 6：緩衝溶液**

弱酸とその塩または弱塩基とその塩からなる水溶液の pH は少量の酸や塩基を加えてもほとんど変化しない．このような作用を**緩衝作用**（buffer action）といい，この作用をもつ溶液を**緩衝溶液**（buffer solution）という．

まず，弱酸とその塩の水溶液の場合を CH_3COOH と CH_3COONa として考えてみよう．この水溶液では次の平衡が成立している．

$$CH_3COOH + H_2O \rightleftarrows CH_3COO^- + H_3O^+ \tag{2.18}$$

これに CH_3COONa を加えると CH_3COONa は完全に電離するので，CH_3COO^- の濃度が大きくなり上の平衡式は左辺へ反応が進行して H_3O^+ 濃度は減少する．このように，弱酸の水溶液にその塩を加えると共通イオンの存在によって弱酸の電離は抑制される．この場合，弱酸濃度 $[CH_3COOH]$ は近似的に酸の全濃度 C_a に等しく $[CH_3COO^-]$ は塩濃度 C_s にも等しい．この系の弱酸の K_a は次のようになる．

$$K_a = \frac{[H_3O^+][CH_3COO^-]}{[CH_3COOH]} = [H_3O^+]\frac{C_s}{C_a} \tag{2.19}$$

$$[H_3O^+] = K_a\frac{C_a}{C_s}, \quad pH = pK_a + \log\frac{C_s}{C_a}$$

この混合溶液に酸を加えると水素イオンは CH_3COO^- と反応して CH_3COOH を生じ，$[H_3O^+]$ はほとんど変化しない．

$$H_3O^+ + A^- \rightleftarrows HA + H_2O \tag{2.20}$$

一方，塩基を加えても水酸化物イオンは CH_3COOH と反応する．

$$OH^- + HA \rightleftarrows A^- + H_2O \tag{2.21}$$

弱塩基とその塩の場合でも，ここには示さないが類似な平衡反応が成立し，緩衝作用が生じる．弱酸とその塩，および弱塩基とその塩の比を変えることにより所定の pH の緩衝溶液を調製できる．

キーワード：緩衝溶液，緩衝作用

表 2.5　緩衝溶液

	pH
フタル酸－フタル酸ナトリウム	2.2～ 3.8
酢酸－酢酸ナトリウム	3.7～ 5.6
リン酸二水素ナトリウム－リン酸一水素ナトリウム	5.0～ 6.3
アンモニア水－塩化アンモニウム	8.0～11.0

2.1.5 HSAB則

アーランド（Ahrland）らは，ある種の金属イオンはハロゲン化物に対して

$$F^- > Cl^- > Br^- > I^-$$

の順に反応し，また他のある種の金属イオンは逆の

$$I^- > Br^- > Cl^- > F^-$$

の順に反応しやすいことを明らかにした．

これらのことをピアソン（Pearson）はこれらの反応のしやすさを一般化して**硬い酸，軟らかい酸**と名付けた．この酸・塩基の硬さと軟らかさの概念を“Hard and Soft Acids and Bases”とし，頭文字をとって**HSAB則**として表した．

HSAB則は酸および塩基性の相性を硬い，軟らかいという表現を使用して，硬い酸は硬い塩基と相性がよく，軟らかい酸は軟らかい塩基と相性がよいと表したのである．実際には硬い（hard），中間の（borderline），軟らかい（soft）の3つに分類して酸・塩基を分けている．

硬い酸の代表としてはアルカリ金属イオン，アルカリ土類金属イオン，電荷の高い軽金属イオンが挙げられ，軟らかい酸としては重い遷移金属イオン，低原子価金属イオンが挙げられる．HSAB則によれば硬い酸と塩基，軟らかい酸と塩基は互いに反応しやすいが，硬い酸と軟らかい塩基，軟らかい酸と硬い塩基は反応しにくい．このことは硬い酸・塩基の反応が主に静電気的相互作用（イオン－イオン，イオン－双極子相互作用）によるものであり，軟らかい酸・塩基の反応は塩基から酸への電子対供与による配位結合的相互作用に起因しているとされている．

キーワード：**HSAB則，硬い酸・塩基，軟らかい酸・塩基**

表2.6 イオン・分子の性質による分類

硬い酸	イオン半径が小さく正電荷が大きく高エネルギー状態に励起される外殻電子をもたないイオンや分子
軟らかい酸	イオン半径が大きく正電荷が小さいか，ゼロで励起されやすい外殻電子をもつイオンや分子
硬い塩基	分極されにくく電気陰性度が高く，また酸化されにくいイオンや分子
軟らかい塩基	分極されやすく電気陰性度が小さく，また酸化されやすいイオンや分子

表 **2.7** “硬い”および“軟らかい”による酸の分類

硬い酸	H^+, Li^+, Na^+, Mg^{2+}, Ca^{2+}, Al^{3+}, Fe^{3+}, Si^{4+}, BF_3, $B(OH)_3$, CO_2, SO_3
中間の酸	Fe^{2+}, Cu^{2+}, Zn^{2+}, SO_2, R_3C^+
軟らかい酸	Ag^+, Cu^+, Au^+, Hg^+, 金属, BH_3, RS^+, $RCH_2{}^+$, I^+, I_2, Br^+, Br_2, ニトロベンゼン

注）R は一般にアルキルを表す．

表 **2.8** “硬い”および“軟らかい”による塩基の分類

硬い塩基	NH_3, RNH_2, H_2O, OH^-, F^-, Cl^-, ROH, RO^-, CH_3COO^-, $SO_4{}^{2-}$, $CO_3{}^{2-}$, $NO_3{}^-$, $PO_4{}^{3-}$
中間の塩基	アニリン，ピリジン，Br^-, $NO_2{}^-$, $SO_3{}^{2-}$, N_2, N^{3-}
軟らかい塩基	R_3P, $(RO)_3P$, RSH, RS^-, H^-, R^-, SCN^-, CN^-, S^{2-}, $S_2O_3{}^{2-}$, I^-, ベンゼン，エタン

注）R は一般にアルキルを表す．

●硬さと軟らかさを示す尺度●

これらの尺度は中性原子から電子を取り去るのに必要なイオン化ポテンシャル I と電子を受け入れるのに必要な電子親和力 A（☞ 1.1.8）の差が“硬さ”の大きさ η に比例する．

$$\eta = \frac{1}{2}(I - A) \tag{a}$$

η が大きい場合，隣接原子からの電場の影響が大きくても分極が起こりにくく，イオン性相互作用が大きくなる．一方，η が小さい場合，隣接原子から電場の影響を受けて分子やイオンの分極が起こりやすく，軟らかい分子，イオンになる．

2.1.6 塩の加水分解

(1) **強酸と強塩基の塩**

強酸と強塩基の反応，たとえば HCl と NaOH との反応はほとんど完全に右辺に進行し，次式となる．水が生成し，塩の加水分解は起こらずに中性を示す．

$$\underbrace{(H_3O^+ + Cl^-)}_{HCl} + \underbrace{(Na^+ + OH^-)}_{NaOH} \rightleftarrows 2H_2O + Na^+ + Cl^- \qquad (2.22)$$

(2) **弱酸と強塩基の塩**

弱酸と強塩基の反応として CH_3COONa を考える．

$$CH_3COONa \rightleftarrows CH_3COO^- + Na^+ \qquad (2.23)$$

となり，この塩は水溶液中で完全に電離していると考えられる．CH_3COOH と共役な CH_3COO^- は強い塩基であるので水からプロトンを奪い，溶液はアルカリ性を示す．図 2.11 に酢酸の滴定曲線を示す．

$$CH_3COO^- + H_2O \rightleftarrows CH_3COOH + OH^- \qquad (2.24)$$

$$K_h = \frac{[CH_3COOH][OH^-]}{[CH_3COO^-]} = \frac{[CH_3COOH][OH^-][H^+]}{[CH_3COO^-][H^+]} = \frac{K_w}{K_a} \qquad (2.25)$$

ここで，K_h は加水分解定数，K_w は水のイオン積，K_a は酢酸の解離定数である．CH_3COONa の濃度を C [mol L^{-1}]，平衡に達したときに加水分解を受けた度合いとして加水分解度を x とすると

$$[CH_3COO^-] = C(1-x), \quad [CH_3COOH] = [OH^-] = Cx \qquad (2.26)$$

$$K_h = \frac{Cx^2}{1-x} \qquad (2.27)$$

となる．ここで $x \ll 1$ とすれば

$$x \approx \sqrt{\frac{K_h}{C}} = \sqrt{\frac{K_w}{K_a C}} \qquad (2.28)$$

$$[H^+] = \frac{K_w}{[OH^-]} = \frac{K_w}{Cx} = \sqrt{\frac{K_a K_w}{C}} \qquad (2.29)$$

$$pH = \frac{1}{2}pK_w + \frac{1}{2}pK_a + \frac{1}{2}\log C \qquad (2.30)$$

これらのことから，塩の全濃度が小さいほど，また弱酸の K_a が小さいほど CH_3COONa の加水分解反応が進行することがわかる．

(3) **強酸と弱塩基の塩**

強酸と弱塩基の塩の場合として NH_4Cl を考える．電離によって生じる $NH_4{}^+$ イオンは弱塩基の NH_3 に共役な強い酸となり，水にプロトンを与えて溶液は酸性を示す．

$$NH_4{}^+ + H_2O \rightleftarrows H_3O^+ + NH_3 \qquad (2.31)$$

$$K_h = \frac{[H_3O^+][NH_3]}{[NH_4{}^+]} = \frac{K_w}{K_b} = \frac{Cx^2}{1-x} \qquad (2.32)$$

$x \ll 1$ とすると

$$x \approx \sqrt{\frac{K_w}{K_b C}} \tag{2.33}$$

$$[H^+] = Cx \approx \sqrt{\frac{K_w C}{K_b}} \tag{2.34}$$

$$pH = \frac{1}{2}pK_w - \frac{1}{2}pK_b - \frac{1}{2}\log C \tag{2.35}$$

塩の全濃度が小さいほど，また K_b が小さいほど加水分解が進行する．

(4) 弱酸と弱塩基の塩

弱酸と弱塩基の塩 CH_3COONH_4 について考える．

$$CH_3COONH_4 \rightleftarrows CH_3COO^- + {NH_4}^+ \tag{2.36}$$

解離によって生じた CH_3COO^- と ${NH_4}^+$ は加水分解して次の反応が生じる．

$$CH_3COO^- + {NH_4}^+ + H_2O \rightleftarrows CH_3COOH + NH_4OH \tag{2.37}$$

$$K_h = \frac{[CH_3COOH][NH_4OH]}{[CH_3COO^-][{NH_4}^+]} = \frac{[CH_3COOH][NH_4OH]}{[CH_3COO^-][{NH_4}^+]} \times \frac{[H^+][OH^-]}{[H^+][OH^-]} = \frac{K_w}{K_a K_b} \tag{2.38}$$

CH_3COO^- と ${NH_4}^+$ が同程度の加水分解を生じる場合，$[CH_3COO^-]$, $[{NH_4}^+]$, $[CH_3COOH] = [NH_4OH]$ となり

$$K_h = \frac{[CH_3COOH][NH_4OH]}{[CH_3COO^-][{NH_4}^+]} \approx \frac{[CH_3COOH]^2}{[CH_3COO^-]^2} = \frac{K_w}{K_a K_b} \tag{2.39}$$

$$[H^+] = \frac{[CH_3COOH]}{[CH_3COO^-]}K_a = \sqrt{\frac{K_w}{K_a K_b}} \cdot K_a = \sqrt{\frac{K_a K_w}{K_b}} \tag{2.40}$$

$$pH = \frac{1}{2}pK_w + \frac{1}{2}pK_a - \frac{1}{2}pK_b \tag{2.41}$$

となる．$K_a > K_b$ では弱酸性，$K_a = K_b$ では中性，$K_a < K_b$ では弱塩基性を示す．

キーワード：塩の加水分解，解離定数

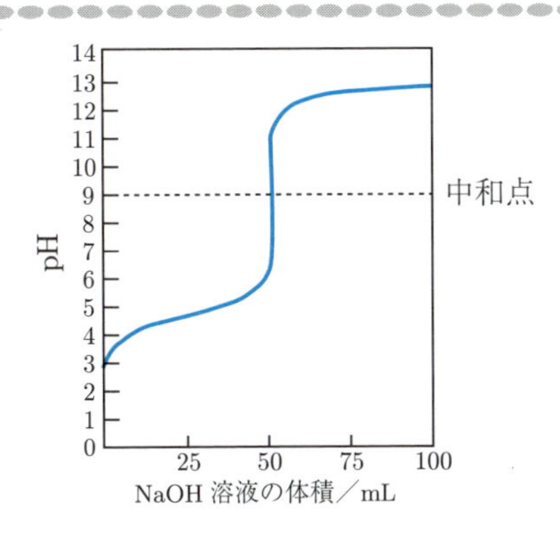

図 2.11 酢酸の滴定曲線

2.1.7　溶解度積

難溶性の電解質

MA がその飽和水溶液と接しているとき次式の解離平衡が成立している．

$$\mathrm{MA}\ (\text{固体}) \rightleftarrows \mathrm{M}^+\ (\text{液体}) + \mathrm{A}^-\ (\text{液体}) \tag{2.42}$$

平衡定数は次のようになる．

$$K = \frac{a_{\mathrm{M}^+} a_{\mathrm{A}^-}}{a_{\mathrm{MA}}} \tag{2.43}$$

ここで固体の活量（☞ 2.2.2）は1であり，これらの溶液は希薄溶液であることから活量を濃度として置くことができる．

$$K_{\mathrm{S}} = [\mathrm{M}^+][\mathrm{A}^-] \tag{2.44}$$

K_{S} は**溶解度積**といい，温度と電解質によって決まる定数である．

共通イオン効果

難溶性塩の溶解度はその溶液中に共通イオンが存在することにより，著しく減少する．このような現象を**共通イオン効果**という．たとえば，AgCl を例に挙げて説明する．

AgCl の純水に対する溶解度を S_0 とすると

$$K_{\mathrm{AgCl}} = [\mathrm{Ag}^+][\mathrm{Cl}^-] = {S_0}^2 = 1.8 \times 10^{-10}$$

$$S_0 = 1.3 \times 10^{-5} \tag{2.45}$$

AgCl と共通イオンの Cl をもつ KCl の x [$\mathrm{mol\,L^{-1}}$] 溶液に対する AgCl の溶解度を S とすると

$$K_{\mathrm{AgCl}} = [\mathrm{Ag}^+][\mathrm{Cl}^-] = S(S + x) \tag{2.46}$$

$S \ll x$ であれば，$S + x \approx x$ となることから

$$S = \frac{{S_0}^2}{x} = \frac{1.8 \times 10^{-10}}{x} \tag{2.47}$$

x が 1.0×10^{-3} とすると $S = 1.8 \times 10^{-7}$ となり，溶解度は著しく減少する．このことは共通イオンが存在することによって電解質の溶解性は低くなるということで，化学分析の沈殿生成などに利用されている．

一方，難溶性塩の溶解度は沈殿物を構成しているイオンと無関係な電解質の存在により一般に増加する．このような現象を**異種イオン効果**という．これは異種イオンの増加で構成しているイオンの活量が減少することから，溶解度積は逆に増加するためである．

キーワード：溶解度積，共通イオン効果，異種イオン効果

表 **2.9**　主な物質の溶解度積（水溶液 25°C）

電解質	溶解度積	電解質	溶解度積
AgCl	1.77×10^{-10}	HgS	4.0×10^{-53}
AgBr	6.3×10^{-13}	CuS	3.5×10^{-38}
AgI	2.3×10^{-16}	CdS	7×10^{-28}
Hg_2Cl_2	1.1×10^{-18}	PbS	11×10^{-29}
Ag_2CrO_4	4×10^{-12}	CoS	3.1×10^{-23}
$PbCrO_4$	1.77×10^{-14}	NiS	3.1×10^{-23}
$CaCO_3$	5×10^{-9}	$Fe(OH)_3$	3.8×10^{-38}
$BaCO_3$	8×10^{-9}	$Al(OH)_3$	1.9×10^{-21}
$BaSO_4$	1.08×10^{-10}	$Mg(OH)_2$	5.5×10^{-12}
$PbSO_4$	1.8×10^{-8}		

●結晶の析出と溶解度曲線●

液相から結晶の析出について，図 2.12 に示すように安定，準安定および不安定とに領域を分けることができる．安定領域は不飽和であり，結晶析出は起こらない領域である．準安定領域は結晶の成長は起こるが新たな核発生は起こらない領域と考えられ，不安定領域は新たな結晶核の発生が起こる領域である．安定領域と準安定領域の間にある溶解度曲線は計算によって求めることができるが，準安定領域と不安定領域の間にある過溶解度曲線は実験的に求める．図 2.12 で pH を上昇させることで結晶が析出する例を示す．点 A から pH を上昇させると溶解度曲線を超えて準安定領域となる．準安定領域では，溶液内に結晶がない場合には過飽和状態であるにも関わらず結晶の析出は起こらない．さらに過溶解度曲線を過ぎた点 B で核発生が起こるとともに準安定領域では結晶が成長し，溶液の濃度は点 C 付近まで低下する．

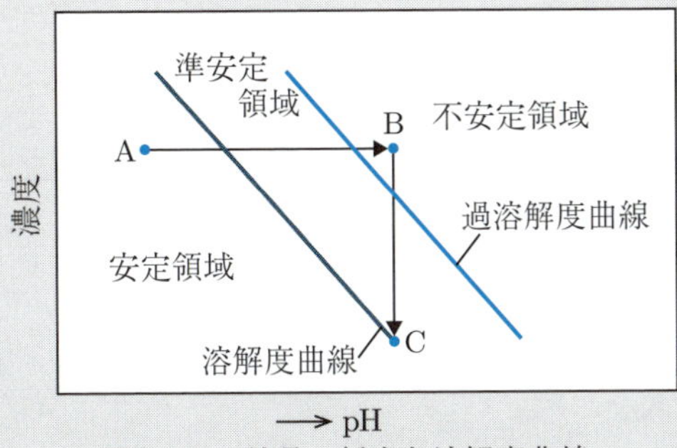

図 **2.12**　結晶の析出と溶解度曲線

2.2 酸化還元と電気化学

2.2.1 酸化と還元

ある原子が電子を放出して**酸化数**（原子価と等価）が増加すると，原子は**酸化**されたという．逆に，ある原子が電子を獲得して酸化数が減少すると，原子は**還元**されたという．酸化と還元とは対になっていて同時に起こる．反応系の1つの成分が電子を奪われて酸化されれば，電子を得て還元される他の成分が存在する．この場合，化学系全体の反応を**酸化還元反応**（**レドックス**（redox）**反応**），その化学系を**酸化還元系**という．たとえば，イオン化傾向（☞ 2.2.3）の大きい金属 M_1 とイオン化傾向の小さい金属のイオン $M_2{}^+$ が共存する溶液中では，次の反応が進行する．

$$M_1 + M_2{}^+ \rightarrow M_1{}^+ + M_2 \tag{2.48}$$

このとき M_1 は酸化され，$M_2{}^+$ が還元されたことになる．

硫酸銅溶液に亜鉛板を浸すと，亜鉛は亜鉛イオンとなって溶出し，銅が亜鉛の表面に付着する（図 2.13）．

$$\mathrm{Zn + CuSO_4 \rightarrow ZnSO_4 + Cu} \tag{2.49}$$

化学反応において電子の交換があれば，その反応に関与する元素の酸化状態は変化している．Zn は 0 から +2 の酸化状態に変化し，Cu は +2 から 0 の状態に変化しているので，反応式 (2.49) は (2.50) 式のようにも表すこともできる．

$$\mathrm{Zn + Cu^{2+} = Zn^{2+} + Cu} \tag{2.50}$$

ここで反応式 (2.50) は2つの**半反応**，つまり酸化と還元から成り立っていると考えられる．

$$\mathrm{Zn = Zn^{2+} + 2e^-} \quad （酸化） \tag{2.51}$$

$$\mathrm{Cu^{2+} + 2e^- = Cu} \quad （還元） \tag{2.52}$$

Cu^{2+} は Zn を酸化するので**酸化剤**であり，逆に Zn は Cu^{2+} を還元するので**還元剤**である．酸化剤，還元剤の例をそれぞれ表 2.10，表 2.11 に示す．

$$\mathrm{A + B^+ \rightleftarrows A^+ + B} \tag{2.53}$$

なお，上式のような可逆反応において A だけに着目する場合や，電子の移動をともなう電極反応などは次式などと表される．

$$\mathrm{A^+ + e^- \rightleftarrows A} \quad または \quad \mathrm{A + e^- \rightleftarrows A^-} \tag{2.54}$$

式の左辺から e^- を除いたものを**酸化体**，右辺のものを**還元体**ということもある．

キーワード：酸化，還元，酸化数，酸化還元反応，レドックス反応

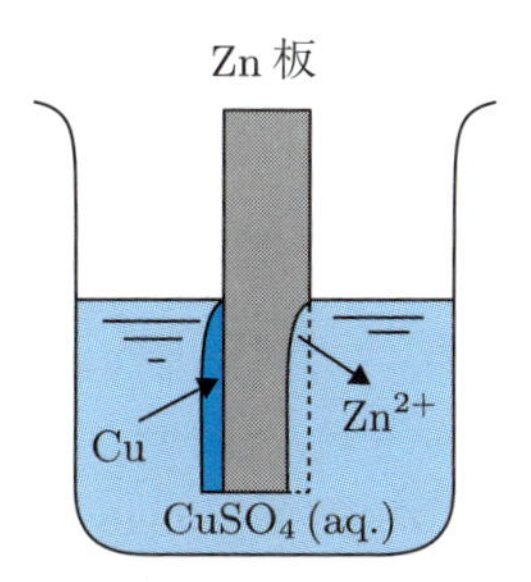

図 **2.13** 硫酸銅 (II) 溶液に亜鉛板を浸したときの変化

表 **2.10** 酸化剤とその性質

酸化剤	名称	生成物
$KMnO_4$	過マンガン酸カリウム	MnO_2 または Mn^{2+}
$K_2Cr_2O_7$	二クロム酸カリウム	Cr^{3+}
$KClO_3$	塩素酸カリウム	Cl^-
O_2	酸素	O^{2-}
Cu^{2+}	銅 (II) イオン	Cu
$HgCl_2$	塩化水銀 (II) または塩化第二水銀	Hg_2Cl_2 または Hg
HNO_3	硝酸	NO, NO_2, N_2, NH_3
Ag^+	銀イオン	Ag

表 **2.11** 還元剤とその性質

還元剤	名称	生成物
H_2S	硫化水素	S または SO_2
H_2	水素	H^+
HI	ヨウ化水素	I_2
H_2SO_3	亜硫酸	$SO_4{}^{2-}$
C	炭素	CO_2
Mg	マグネシウム	Mg^{2+}
Zn	亜鉛	Zn^{2+}

2.2.2　ネルンストの式

電池反応を次のような一般式で表すと

$$aA + bB + \cdots \rightleftarrows mM + nN + \cdots \tag{2.55}$$

この電池の起電力 E は次の**ネルンストの式**で表すことができる．

$$E = E^\circ - \frac{RT}{nF} \ln \frac{{a_M}^m \cdot {a_N}^n \cdots}{{a_A}^a \cdot {a_B}^b \cdots} \tag{2.56}$$

ここで，E° は標準起電力，R は気体定数（$8.3144\,\mathrm{J\,mol^{-1}\,K^{-1}}$），$T$ は絶対温度（K），n は移動する電子数，F はファラデー定数（$96485\,\mathrm{C\,mol^{-1}}$），$a$ は各化学種の**活量**（activity）である．25°C ではネルンストの式は次のようになる．

$$E = E^\circ - \frac{0.0591}{n} \log \frac{{a_M}^m \cdot {a_N}^n \cdots}{{a_A}^a \cdot {a_B}^b \cdots} \tag{2.57}$$

この電池反応の反応式の平衡定数を K とすると，次式が成り立つ．

$$E^\circ = \frac{0.0591}{n} \log K \tag{2.58}$$

$$\log K = 16.9nE^\circ \tag{2.59}$$

この E° の値から電池の平衡定数 K を見積もることができる．

さらに電池反応を熱力学的に説明すると，電池反応で電子 1 個が移動し，その起電力が E [V] である電池に外部負荷がかけられ 1 F（ファラデー）の電荷が流れたとき，外部に取り出される電気エネルギーは FE となる．これはギブスエネルギー ΔG に対応する．

$$-\Delta G = nFE \quad (n \text{ は電子数}) \tag{2.60}$$

上式とネルンストの式から，(2.62) 式となる．

$$E^\circ = -\frac{\Delta G^\circ}{nF} \tag{2.61}$$

E° は反応物および生成物のすべてが活量 1 の標準状態にあるときの起電力であり，**標準起電力**という．なお，ここで ΔG° は標準ギブスエネルギーである．

活量は理想溶液と実際の溶液とのずれを修正するためにルイスによって導入された一種の濃度である．強電解質は希薄水溶液中では陽イオンと陰イオンに完全に電離しているが，濃度が高くなるにともない陽イオンと陰イオンとの間に静電的相互作用によって，一部は未電離のように振る舞う．その結果として溶液内にあるイオンに有効濃度が存在するようになる．イオン種 i の活量 a_i は (2.62) 式となる．

$$a_i = f_i c_i \tag{2.62}$$

ここで c_i はイオン種 i の濃度，f_i はその活量係数である．一般的な電解質の希薄溶液（$10^{-4}\,\mathrm{mol\,L^{-1}}$ 以下）では，活量係数はほぼ 1 とみなすことができる．

キーワード：ネルンストの式，起電力，電池反応

◆コラム 7：ファラデーの法則と化学電池

電解液と電極との界面で電気化学反応が進行するとき，電気量と反応する化学物質の質量との間には**ファラデーの法則**が成立する．

(1)　電流がセル中を通過するとき，電極上に析出する，または溶解する化学物質の質量は通過する電気量に比例する．

(2)　同じ電気量によって析出，または溶解する異なった物質の質量はその物質の化学当量に比例する．

(3)　電子または陽子 1 mol (6.022×10^{23} 個) のもつ電気量は 1 F とし，96485 C の電気量に相当する．

$$\frac{1.602\times10^{-19}\ [\mathrm{C}]}{1\ [個]} \times \frac{6.022\times10^{23}}{1\ [\mathrm{mol}]} = 96485\ [\mathrm{C\,mol^{-1}}] \qquad (2.63)$$

電気量を表す単位のアンペア [A] は $[\mathrm{C\,s^{-1}}]$ のことであり，1 秒あたりに流れた電気量 [C] を表す．また，電位差を表す単位ボルト [V] は $[\mathrm{J\,C^{-1}}]$ のことで正極と負極との電位差を起電力といい，起電圧 E [V] は，q [C] の電子が移動したときに生じたエネルギー量 E° [J] $= E$ [V] $\times\, q$ [C] と計算される．たとえば，1.5 V の起電力の電池は 1 C あたり 1.5 J のエネルギーを出力できることになる．

キーワード：ファラデーの法則，電気量，起電力，化学電池

表 2.12　いろいろな電池

一般的な名称		負極	正極	電解質溶液	電圧／V	主な用途
一次電池	マンガン乾電池	Zn	MnO_2	NH_4Cl, $ZnCl_2$	1.5	玩具・家電などの単 1～単 5 形，角形電池
一次電池	アルカリ乾電池	Zn	MnO_2	KOH, NaOH など	1.5	玩具・家電・電子機器などの単 1～単 5 形，角形，ボタン型電池
一次電池	酸化銀電池	Zn	Ag_2O	KOH, NaOH など	1.55	時計・玩具・カメラ・電子機器などのボタン型電池
二次電池	鉛蓄電池	Pb	PbO_2	希硫酸	2.0	自動車・バックアップ電源
二次電池	ニッカド電池	Cd	NiOOH	KOH	1.2	玩具・パソコン・家電・電子機器
二次電池	ニッケル水素電池	水素吸蔵合金	ニッケル酸化物	KOH, NaOH	1.2	パソコン・携帯電話・ヘッドホンステレオ・電気自動車・ハイブリッドカー
二次電池	リチウムイオン電池	Li, C	リチウム複合酸化物	有機電解質溶液	3.0～3.6	パソコン・家電・携帯電話・電気自動車

2.2.3 イオン化傾向

金属が液体，とくに水と接するときに陽イオンになる度合いを**イオン化傾向**といい，**標準電極電位** E° で定量的に評価できる．金属では標準電極電位 E° の値が正で大きいほどイオン化傾向が小さく，反応性に乏しい．標準電極電位 E° が負で大きい値の金属ほどイオン化傾向が大きく，活性である．表 2.13 にある 2 つの電極反応を組み合わせると，標準電極電位 E° が小さい金属は酸化され，下位にある金属は還元される．水に対するイオン化傾向を大きなものから順に並べた金属元素の序列を**電気化学列**あるいは**イオン化列**といい，次のとおりである．

$$\mathrm{Li, Cs, Rb, K, Ba, Sr, Ca, Na, La, Mg, Be, Al, Zn, Cr^{III}, Fe^{II},}$$
$$\mathrm{Cd, Co^{II}, Ni, Sn^{II}, Pb, Fe^{III}, (H), Cu^{II}, Hg^{I}, Ag, Pd, Pt, Au}$$

この序列は周期表や原子のイオン化ポテンシャルなどから予想される順位とは一致しない．これはイオン化ポテンシャルの他に金属の格子エネルギーやイオンの水和エネルギーが関与しているからである．金属 M_1 が電解質溶液と接するとき，(2.64) 式で表されるように溶液中に存在する他の金属イオン ${M_2}^+$ と置換するか，あるいは (2.65) 式で表されるように M_1 が希酸に溶けて水素を発生するかどうかは，主に金属のイオン化傾向によって決まる．また，M_1 のイオン化傾向が M_2 や H のイオン化傾向より大きいほど右へ進む反応が起こりやすく，イオン化傾向の大きい金属は一般に酸化されやすい．

$$\mathrm{M_1 + {M_2}^+ \rightarrow {M_1}^+ + M_2} \tag{2.64}$$

$$\mathrm{M_1 + H^+ \rightarrow {M_1}^+ + H} \tag{2.65}$$

身の周りの金属として代表的な金（Au），銅（Cu），鉄（Fe）およびアルミニウム（Al）の酸化還元電位を図 2.14 に示した．これらを比べた場合，酸化還元電位は

$$\mathrm{Au\ (+1.498\ V) > Cu\ (+0.337\ V) > Fe\ (-0.440\ V) > Al\ (-1.662\ V)}$$

となる．すなわち，これらの順に金属から酸化物になりやすくなっていくことがわかる．このことは Au や Cu は比較的容易に金属として取り出すことができるが，Fe や Al を金属として取り出すには多くの困難を必要とする．

キーワード：標準電極電位，イオン化傾向，電気化学列

表 2.13 25°C における標準電極電位

反応	$E°$／V	反応	$E°$／V
$Li^{+}+e^{-}=Li$	−3.045	$Cu^{2+}+2e^{-}=Cu$	+0.337
$K^{+}+e^{-}=K$	−2.925	$Fe(CN)_6{}^{3-}+e^{-}=Fe(CN)_6{}^{4-}$	+0.360
$Ba^{2+}+2e^{-}=Ba$	−2.906	$I_3{}^{-}+2e^{-}=3I^{-}$	+0.536
$Na^{+}+e^{-}=Na$	−2.714	$O_2+2H^{+}+2e^{-}=H_2O_2$	+0.682
$Mg^{2+}+2e^{-}=Mg$	−2.363	$Fe^{3+}+e^{-}=Fe^{2+}$	+0.771
$Al^{3+}+3e^{-}=Al$	−1.662	$Ag^{+}+e^{-}=Ag$	+0.799
$Zn^{2+}+2e^{-}=Zn$	−0.763	$Br_2+2e^{-}=2Br^{-}$	+1.065
$Cr^{3+}+3e^{-}=Cr$	−0.744	$O_2+4H^{+}+4e^{-}=2H_2O$	+1.229
$Fe^{2+}+2e^{-}=Fe$	−0.440	$Cr_2O_7{}^{2-}+14H^{+}+6e^{-}=2Cr^{3+}+7H_2O$	+1.330
$Cr^{3+}+e^{-}=Cr^{2+}$	−0.408	$Cl_2+2e^{-}=2Cl^{-}$	+1.360
$Cd^{2+}+2e^{-}=Cd$	−0.403	$PbO_2+4H^{+}+2e^{-}=Pb^{2+}+2H_2O$	+1.455
$Ni^{2+}+2e^{-}=Ni$	−0.250	$Au^{3+}+3e^{-}=Au$	+1.498
$Sn^{2+}+2e^{-}=Sn$	−0.136	$MnO_4{}^{-}+8H^{+}+5e^{-}=Mn^{2+}+4H_2O$	+1.510
$Pb^{2+}+2e^{-}=Pb$	−0.126	$Ce^{4+}+e^{-}=Ce^{3+}$	+1.610
$2H^{+}+2e^{-}=H_2$	0.000	$MnO_4{}^{-}+4H^{+}+3e^{-}=MnO_2+2H_2O$	+1.690
$Sn^{4+}+2e^{-}=Sn^{2+}$	+0.150	$H_2O_2+2H^{+}+2e^{-}=2H_2O$	+1.776
$Cu^{2+}+e^{-}=Cu^{+}$	+0.153	$Co^{3+}+e^{-}=Co^{2+}$	+1.808
$AgCl+e^{-}=Ag+Cl^{-}$	+0.222	$F_2+2e^{-}=2F^{-}$	+2.870
$Hg_2Cl_2+2e^{-}=2Hg+2Cl^{-}$	+0.268		

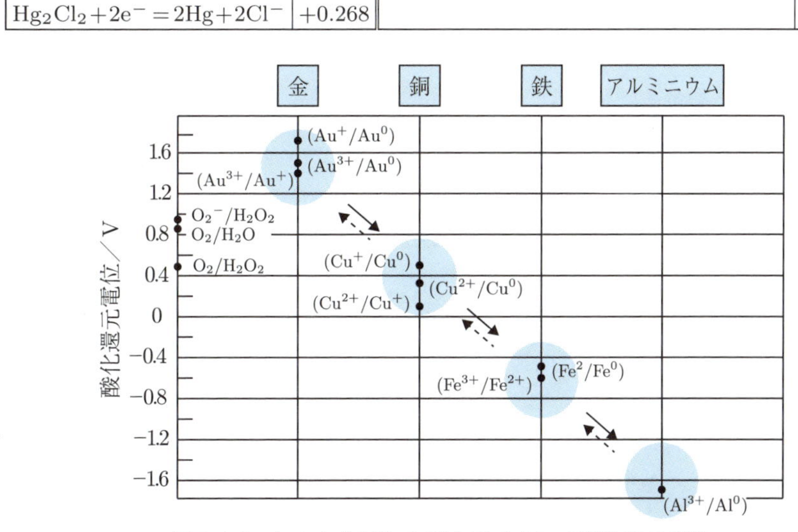

図 2.14 おもな金属および金属イオンの酸化還元電位

2.2.4 標準電極電位

前項（☞ 2.2.3）で示したように，酸化還元反応は2つの半反応の組合せと考えるとわかりやすい．この半反応の絶対的な電位を測定することはできない．しかし，半反応を構成する半電池を組み合わせて電池をつくれば，その起電力を測定することはできる．つまり，ある1つの半電池を基準として他の半電池の相対的な電位を示せばよい．その基準に標準状態の水素電極反応が用いられる（(2.66) 式）．

$$\frac{1}{2}\mathrm{H_2(g)} \rightleftarrows \mathrm{H^+ + e^-} \tag{2.66}$$

$$\mathrm{Pt, H_2\ (1\,atm)\ |\ H^+\ (}a_{\mathrm{H^+}} = 1) \tag{2.67}$$

ここで，標準状態は1気圧の水素ガスと活量 $1\ \mathrm{mol\,kg^{-1}}$ の水素イオンを考える．図2.15に示すように，水素イオンの活量が1である溶液に白金黒の付いた白金電極を浸し，これに1気圧の水素ガスを通気接触させた電極（(2.67) 式）を**標準水素電極電位**と呼び，標準状態における電位を0とする．この標準水素電極電位を基準として，求めた各種反応の電極電位は前項（☞ 2.2.3）の表2.13に示したとおりである．この表の電位が高い反応ほど還元反応が起こりやすいことを表している．たとえば，亜鉛を電極とした硫酸亜鉛水溶液と，銅を電極としてた硫酸銅水溶液とからなるダニエル電池を考えてみよう．それぞれの電極においては (2.68) 式，(2.69) 式の反応が起こり，全体としては (2.70) 式で示されるような反応が起こっている．

$$\text{亜鉛電極における反応：} \mathrm{Zn \rightarrow Zn^{2+} + 2e^-} \tag{2.68}$$

$$\text{銅電極における反応：} \mathrm{Cu^{2+} + 2e^- \rightarrow Cu} \tag{2.69}$$

$$\text{全体反応：} \mathrm{Zn + Cu^{2+} \rightarrow Zn^{2+} + Cu} \tag{2.70}$$

この場合の起電力は，それぞれの電極電位の差から約 1.1 V（$= 0.337 - (-0.763)$）と求められる．しかし，水素電極は取り扱いが難しく，実際の測定においては表2.14に示したようなさまざまな基準電極が用いられている．また，これらの電極電位は反応の方向を示す目安にもなる．たとえば $\mathrm{MnO_4{}^-}$ を含む水溶液中に塩素ガスを吹き込む反応では，(2.71) 式，(2.72) 式の反応を考えればよい．これらの反応の電位はそれぞれ +1.51 V, +1.36 V であるため，実際には (2.71) 式ではなく (2.73) 式で示されるような酸化反応が起こり，塩素ガスは溶液中に溶解することになる．

$$\mathrm{MnO_4{}^- + 8H^+ + 5e^- \rightarrow Mn^{2+} + 4H_2O} \tag{2.71}$$

$$\mathrm{Cl_2 + 2e^- \rightarrow 2Cl^-} \tag{2.72}$$

$$\mathrm{Mn^{2+} + 4H_2O \rightarrow MnO_4{}^- + 8H^+ + 5e^-} \tag{2.73}$$

キーワード：酸化還元反応，標準電極電位，基準電極，ダニエル電池，活量

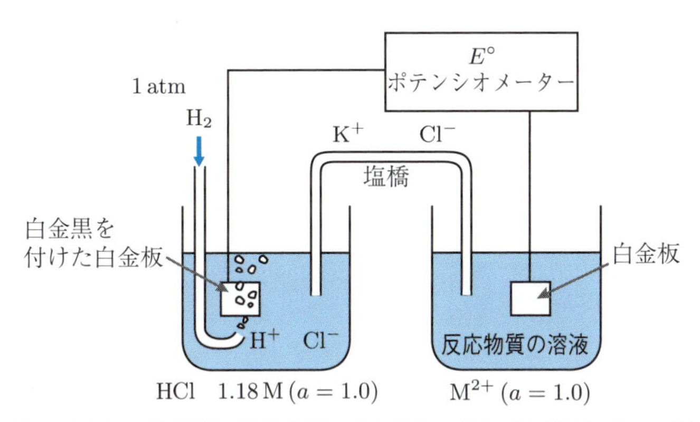

左側は水素電極．右側に反応物質の溶液（活量１）を入れる（例Fe^{2+}（活量１）＋Fe^{3+}（活量１））．反応物質に固体が含まれているときにはPt板の代わりにその固体を電極にする（例：Zn（電極）＋Zn^{2+}（活量１））．

図 2.15　各物質の標準単極電位の決め方

表 2.14　各種基準電極とその電極電位の値

名称	電極の構成	25°C の電極電位／V（標準水素電極基準）
標準水素電極（SHE）*	H_2（$p = 1$ [atm]）$\mid$ H^+（$a_{H^+} = 1$）	0.000**
塩化銀電極	Ag $\mid$ AgCl, KCl（$a_{Cl^-} = 1$）	0.2223
飽和カロメル電極（SCE***）	Hg $\mid$ Hg_2Cl_2, KCl（飽和）	0.2412
1 M カロメル電極（SCE***）	Hg $\mid$ Hg_2Cl_2, KCl（1 M）	0.2801
1/10 M カロメル電極（M/10 SCE***）	Hg $\mid$ Hg_2Cl_2, KCl（1/10 M）	0.3337
酸化水銀電極	Hg $\mid$ HgO, NaOH（1 M）	0.1135
硫酸水銀電極	Hg $\mid$ Hg_2SO_4, H_2SO_4（0.5 M）	0.6152

* SHE：Standard Hydrogen Electrode
** 標準水素電極電位の値はすべての温度で 0.000 と定められている．
*** SCE：Saturated Calomel Electrode

2.2.5 電気分解とメッキ

電気エネルギーを用いて行う反応を**電気化学反応**という．この電気化学反応には電気分解と電気メッキがある．

電気分解は電気エネルギーを用いて電解質・分子などを原子に分解する操作である（図2.16）．同じ物質でもその状態が異なれば，反応も異なることが知られている．たとえば，塩化ナトリウムを融点以上の温度に加熱して液体の溶融塩状態にして，それに陰陽両電極を挿入して電流を流し電気分解する．その結果，陰極では Na^+ イオンが移動し，電子を受け取って金属ナトリウム Na になる．一方の陽極では，Cl^- イオンが移動して，電子を放出し塩素ガス Cl_2 になり発生する．

しかし，塩化ナトリウムを水に溶解した塩化ナトリウム水溶液中で電気分解すると，溶融塩の場合とは異なる．陽極では Cl^- イオンが移動し塩素ガス Cl_2 が発生する．一方の陰極では Na^+ イオンと H^+ イオンが移動するがイオン化傾向の違いで H^+ イオンが電子を受け取り H_2 となり水素ガスが発生する．

電気メッキは電気エネルギーを利用してある金属の表面に他の金属の被膜を析出させる技術である（図2.17）．たとえば，金属AのA$^+$ イオンを含む溶液中に陰陽両電極を挿入し，陽極に金属Aを，陰極に金属Bを接続する．Aは陽極に電子を渡し，A$^+$ イオンとなって溶液中に溶け出す．一方，陰極ではBにA$^+$ イオンが接触し，電子を受け取って金属Aとなり，Bの表面に析出することになる．さらに，無電解メッキを利用することによって，プラスチックにもメッキを施すことができる（図2.18）．

キーワード：電気分解，電気メッキ

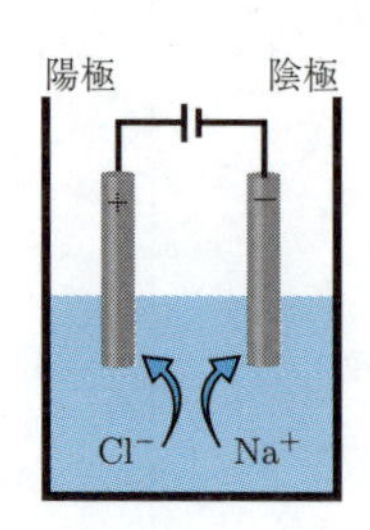

陽極　$2Cl^- \longrightarrow Cl_2 + 2e^-$
陰極　$2Na^+ + 2e^- \longrightarrow 2Na$

(a)　溶融食塩

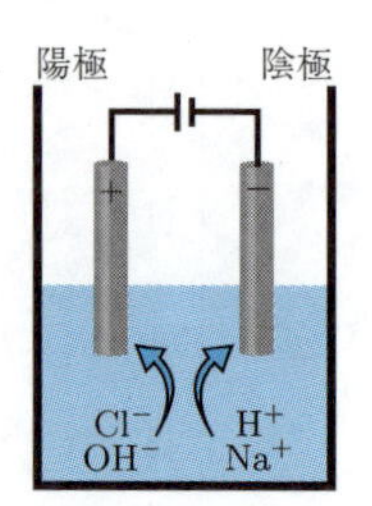

陽極　$2Cl^- \longrightarrow Cl_2 + 2e^-$
陰極　$2H^+ + 2e^- \longrightarrow H_2$

(b)　食塩水

図2.16　電気分解

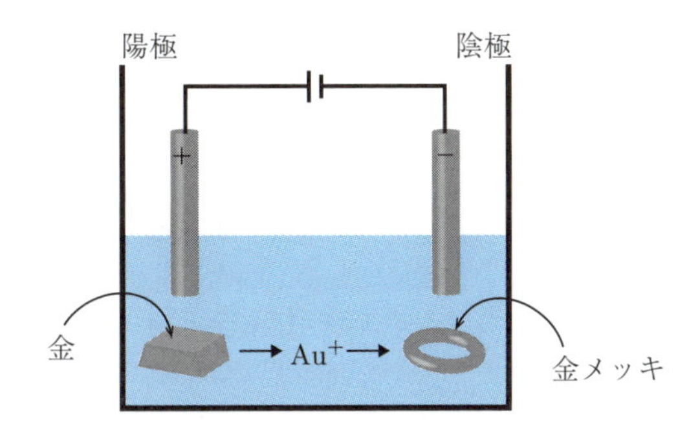

陽極　M ⟶ $M^{n+} + ne^-$
陰極　$M^{n+} + ne^-$ ⟶ M

図 2.17　電気メッキ

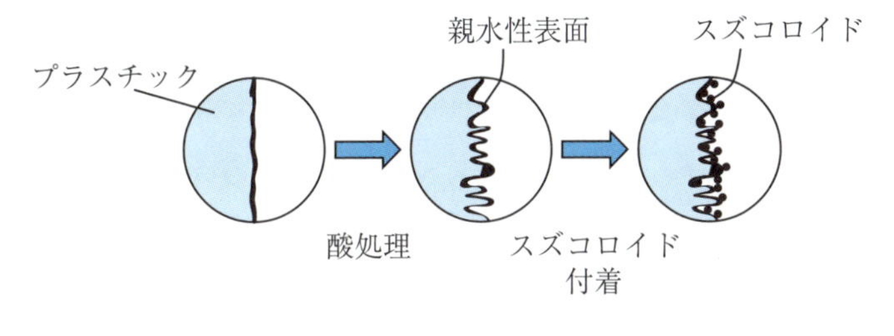

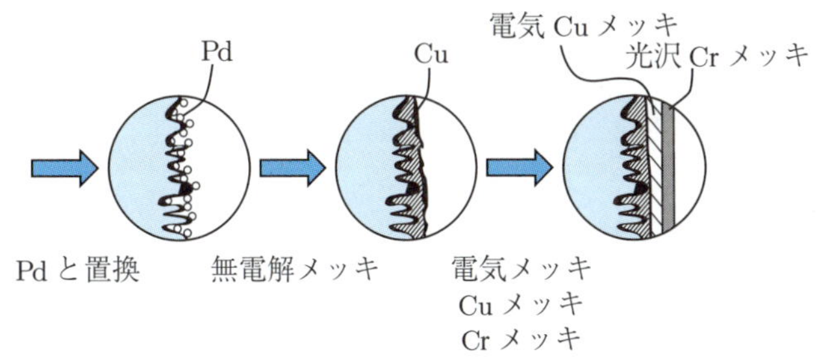

導電性のないプラスチックにもメッキを施すことができる．まずはプラスチック素材の表面を酸処理し，表面を荒らして親水性にする．これにスズイオンを含んだスズコロイドを付着させる．これをパラジウム(Pd)と置換する．パラジウムを利用して銅の無電解メッキを行う．銅によって表面に導電性を付与されたプラスチックは電気メッキを用いて Cu メッキと Cr メッキを行って金属光沢をもつプラスチックメッキ材料になる．

図 2.18　プラスチックメッキ

●2.3　錯体の化学●

2.3.1　錯体とその構造

錯体（complex）では，通常，陽イオンが陰イオンまたは中性分子に取り囲まれている．この陽イオンを取り囲んでいるグループを**配位子**（ligand）という．しかし，共有結合性分子やイオン結合性分子と配位化合物を明確に区別することができない．それで狭義的に錯体を定義するならば**ルイス酸**（Lewis acid）の金属原子あるいはイオンを中心とし，それに**ルイス塩基**（Lewis basic）である他の原子，イオン，分子などが配位結合した金属錯体である（図2.19）．

錯体の命名法はIUPACによって制定されている配位化合物の命名法の統一的な規則にしたがって行われる．

(i)　名称の順序および化学式

名称の順序は英語表記の配位子名のアルファベット順になっている．また[ ]（カギカッコ）の中に入れて表す錯体の化学式では，中心金属原子の後に配位子を置き，陰イオン性配位子を先にする．次に，陽イオン性配位子，中性配位子を示す．

[中心原子－陰イオン性配位子－陽イオン性配位子－中性配位子]

それぞれの配位子が2種類以上のときはそれぞれのグループ内でアルファベット順に示す．

(ii)　数詞

金属や配位子の数は表2.15に示すギリシャ数詞を用いる．ジ，トリ，テトラなどが含まれる化合物や複雑な原子団にはビス（bis），トリス（tris），テトラキス（tetrakis）などを用いる．

(iii)　中心金属と酸化数

中心金属の酸化数はその酸化数をローマ数字で示す．錯体が陰イオンの場合金属の名称の語尾に－酸塩となる –ate をつける．

(iv)　配位子の名称

表2.16に配位子の例を示した．**配位数**（coordination number）は中心金属をとりまく配位数の数を表し，それらの空間的な配位構造によって幾何学的な構造が決まる．

キーワード：錯体，配位子，命名法

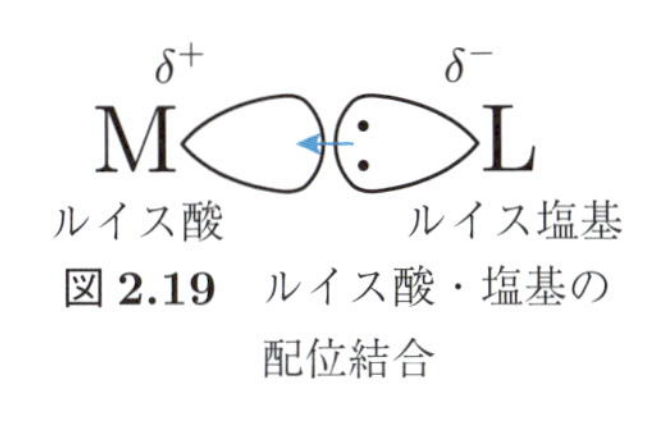

図 2.19 ルイス酸・塩基の配位結合

表 2.15 化合物命名の際に用いられる数詞

2	di	ジ	bis	ビス
3	tri	トリ	tris	トリス
4	tetra	テトラ	tetrakis	テトラキス
5	penta	ペンタ	pentakis	ペンタキス
6	hexa	ヘキサ	hexakis	ヘキサキス
7	hepta	ヘプタ	heptakis	ヘプタキス
8	octa	オクタ	octakis	オクタキス
9	nona	ノナ	nonakis	ノナキス
10	deca	デカ	decakis	デカキス
11	undeca	ウンデカ	undecakis	ウンデカキス
12	dodeca	ドデカ	dodecakis	ドデカキス

表 2.16 主な錯体の配位数と立体構造

配位数	立体構造		錯体例	
2	直線型	—M—	$[Cu(NH_3)_2]^+$, $[Ag(NH_3)_2]^+$	$K[Au(CN_2)]$ ジシアノ金 (I) 酸カリウム
3	平面三角形型	M	$[HgI_3]^-$	$[Cu\{SP(CH_3)_3\}_3]ClO_4$ トリス（トリメチルホスフィン硫化物）銅 (I) 過塩素酸塩
4	正四面体型	M	$[Ni(CO)_4]$	$K_2[Co(NCS)_4]$ テトラ（イソチオシアナト）コバルト (II) 酸カリウム
	平面正方形型	M	$[Ni(CN)_4]^{2-}$, $[PtCl_2(NH_3)_2]$	$K_2[PdCl_4]$ テトラクロロパラジウム (II) 酸カリウム
5	三方両錐型	M	$[CuCl_5]^{3-}$	$[ZnCl_2(tpy)]$ ジクロロ $(2, 2', 2''$-テルピリジン) 亜鉛 (II)
	正方錐型	M	$[Ni(CN)_5]^{3-}$	$[InCl_5]^{2-}$ ペンタクロロインジウム (III) イオン
6	正八面体型	M	$[Cr(H_2O)_6]^{3+}$, $[Co(NH_3)_6]^{3+}$	$K_3[Fe(C_2O_4)_3]$ トリス（オキサラト）鉄 (III) 酸カリウム
	三角柱型	M	$(NH_4)_3[Sb(ox)_3] \cdot 4H_2O$	$[Re(S_2C_2Ph_2)_3]$ トリス (CIS-スチルベン-α, β-ジチオラト) レニウム (IV)

2.3.2 錯体の異性現象

(1) 立体異性

錯体の立体異性体には空間的配位子の配列が異なるものでジアステレオ異性（diastereo-isomerism）とエナンチオ異性（enantio-isomerism）がある．

• **ジアステレオ異性**　これには官能基間の距離が異なる幾何異性体の **cis-trans** 異性体と **mer-fac** 異性体とがある．cis-trans 異性体は正方形四配位錯体によくみられる．2個の単座配位子をもつ白金錯体 (II) の cis-trans 異性体を図 2.20 に示す．また，正方形III配位錯体でも4個の単座配位子をもつ $[Pt(NO_2)(NH_3)(NH_2OH)(py)]Cl$ の場合には3つの組合せの異性体をもつ例もある．mer-fac 異性には6配位錯体の正八面体，平面六角形，正三角柱構造にみられる．たとえば，正八面体錯体において3個の2種の単座配位子や3個の二座配位子で構成されている場合，縦方向の3頂点を結ぶタイプの meridional（mer）型と八面体の三角形の面を3個の同種配位子で囲むタイプの facial（fac）型の異性体が存在する（図 2.21）．

• **エナンチオ異性**　エナンチオ異性は6配位錯体に多くみられ，広義的に光学異性体である．つまり，重ね合わせることのできない鏡像体であり，**鏡像異性体**ともいわれる．$[CoCl(NH_3)(en)_2]Br$ にはシス型にエナンチオ異性体がある（図 2.22 (a)）．また，$[Co(en)_3]X$ 錯体もエナンチオ異性体であり（図 2.22 (b)），多くの研究が知られている．

(2) イオン化異性

同一組成であるが，溶液中では異なったイオンを生じる異性体である．たとえば，$[CoCl(NH)_5]SO_4$ と $[CoSO_4(NH)_5]Cl$ などがある．また，配位水と結晶水の違いで，$[Cr(H_2O)_6]Cl_3$，$[Cr(H_2O)_5Cl]Cl_2 \cdot H_2O$，$[Cr(H_2O)_4Cl_2]Cl \cdot 2H_2O$ の水和異性もある．

(3) 配位異性

錯陽イオンと錯陰イオンを含む錯体で全体の組成は同一であるが，金属に配位する配位子が異なる異性体である．

(4) 結合異性

単座配位子で配位する原子が2個含まれているとき，配位結合している原子によって異性が生じる．

キーワード：錯体の異性体，立体異性体，イオン化異性体，配位異性体，結合異性体

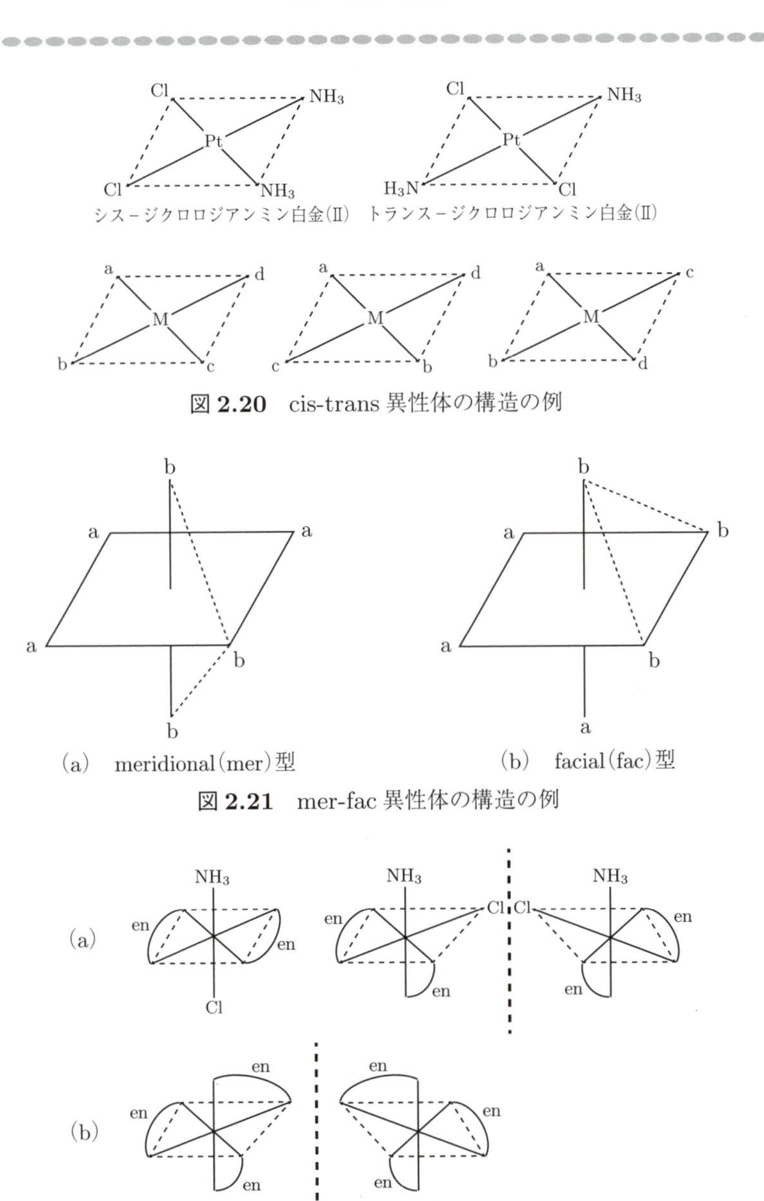

シス−ジクロロジアンミン白金(II)　トランス−ジクロロジアンミン白金(II)

図 2.20　cis-trans 異性体の構造の例

(a)　meridional(mer)型　　(b)　facial(fac)型

図 2.21　mer-fac 異性体の構造の例

図 2.22　エナンチオ異性の構造

2.3.3　錯体の理論1（原子価結合理論）

錯体は金属原子，金属イオン（ルイス酸）と配位子（ルイス塩基）との配位結合である．ここでは Co(III) 錯体について**原子価結合理論**の混成軌道の考えに基づいて説明する．

Co(III) 錯体には常磁性および反磁性錯体が存在する．その磁性の違いは，以下のように説明される．Co^{3+} および Co^{3+} 錯体の混成軌道を図 2.23 に示した．

$[Co(NH_3)_6]^{3+}$ の Co^{3+} の内殻の 3d 軌道の 5 つの軌道は 1 つの対電子と 4 つの不対電子であるが，これらが遷移して 3 つの対電子を形成する．これに，NH_3 の非共有対電子が 3d 軌道の 2 つと 4s および 4p 軌道の 3 つに入る．配位子の NH_3 が Co^{3+} の d^2sp^3 軌道（表 2.17）に加わることによって，$[Co(NH_3)_6]^{3+}$ は不対電子をもたない反磁性を示す．配位子が d^2sp^3 型の錯体を形成するときに内殻電子を遷移して配位するので，**内軌道錯体**（inner-orbital complex）という．一方，配位子の F_6 は $[CoF_6]^{3-}$ では Co^{3+} の内殻電子を利用しないで，その外殻電子に sp^3d^2 型で配位結合することから錯体には不対電子が 4 個存在するために常磁性を示す．また，この場合，外殻電子に配位子が配位形成するので**外軌道錯体**（outer-orbital complex）という．

一般に常磁性の強さを表す**有効磁気モーメント** μ_{eff} は不対電子のスピン量子数の和 S $(= n \times \frac{1}{2})$ との間にスピンオンリーの式が成り立つ（表 2.18）．

$$\mu_{\mathrm{eff}} = 2\sqrt{S(S+1)} = \sqrt{n(n+2)} \tag{2.74}$$

ここで，n は不対電子数を示す．単位は**ボーア磁子**（Bohr magneton）である．

キーワード：原子価結合法，混成軌道，有効磁気モーメント，ボーア磁子

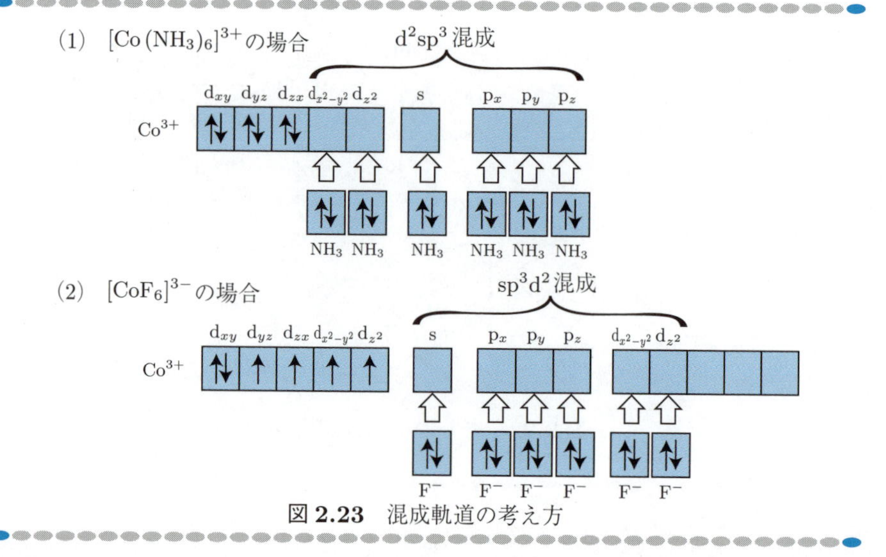

図 2.23　混成軌道の考え方

表 2.17　錯体における混成軌道

混成軌道	混成に使われる軌道	構造	例
sp^3	s, p_x, p_y, p_z	四面体型	$[Zn(NH_3)_4]^{2+}$
sd^3	s, d_{xy}, d_{yz}, d_{zx}	四面体型	$[XeO_4]$
dsp^2	s, p_x, p_y, $d_{x^2-y^2}$	正方形型	$[Ni(CN)_4]^{2-}$
dsp^3	s, p_x, p_y, p_z, $d_{x^2-y^2}$	正方錐型	$[Ni(CN)_5]^{3-}$
sp^3d	s, p_x, p_y, p_z, d_{z^2}	三方両錐型	$[Cu(Cl)_5]^{3-}$
d^2sp^3	d_{z^2}, $d_{x^2-y^2}$, s, p_x, p_y, p_z	八面体型	$[Fe(CN)_6]^{3-}$
sp^3d^2	s, p_x, p_y, p_z, d_{z^2}, $d_{x^2-y^2}$	八面体型	$[FeF_6]^{3-}$

表 2.18　第 1 遷移金属錯体の構造と磁気的性質

中心金属の電子配置	化合物	n	μ_{eff}／B.M.	μ_{exp}／B.M.
d^1	$(NH_4)_3[TiF_6]$	1	1.73	1.78
	$[VCl_4]^*$	1	1.73	1.62
d^2	$[V(acac)_3]$	2	2.83	2.80
d^3	$[Cr(NH_3)_6]Br_3$	3	3.87	3.77
d^4	$[Cr(bpy)_3]Cl_2$	2	2.83	2.92
d^5	$Na[FeF_6]$	5	5.92	5.85
	$K_3[Fe(CN)_6]$	1	1.73	2.25
d^6	$Na_2[CoF_6]$	4	4.9	5.39
	$[Co(NH_3)_6]Cl_3$	0	0	0
d^7	$[Co(H_2O)_6]Cl_3$	3	3.87	4.82
d^8	$[Ni(en)_3]SO_4$	2	2.83	2.83
d^9	$[Cu(phen_3)_3](ClO_4)_2$	1	1.73	1.96
	$Cs_2[CuCl_4]^*$	1	1.73	1.92

μ_{eff}：有効磁気モーメント，μ_{exp}：室温における実験値

* 四面体構造，他は八面体構造

2.3.4　錯体の理論 2（静電結晶場理論）

d 電子遷移元素と配位子との結合については，空間的相互作用が図 2.24 に示すような 5 つの d 軌道の角度依存性をもつものとして説明できる（☞ 1.1.4）．

(1)　八面体型錯体における結晶場

金属イオン M^{n+} を中心とする正八面体の頂点に配位子（δ^- の点電荷をもつ）6 個がある図 2.25 に示したモデルを考える．金属イオンの d 軌道は 5 つあり，基底状態ではエネルギー的には同一である（縮重している状態）．金属イオンが存在する場に負電荷をもつ配位子をおくと，電子間の反発によって軌道エネルギーは増大する．図から中心の金属イオンに対して x, y, z 軸上に点電荷として配位子が存在すると中心金属イオンの d 電子軌道の電子分布状態が変化し，配位子と静電的な相互作用が生じる．八面体型の場合，空間的に d_{xy}, d_{yz}, d_{xz}（d_ε という）の軸上に最大電子密度が存在せず，$d_{x^2-y^2}$, d_{z^2}（d_γ という）の軸上に最大電子密度が存在することから強い相互作用を示し，エネルギーが増大する．

(2)　四面体型錯体における結晶場

四面体型錯体の場合，八面体型錯体の場合とは異なり $d_{x^2-y^2}$, d_{z^2} の電子密度は d_{xy}, d_{yz}, d_{xz} の電子密度よりは点電荷をもつ配位子よりも離れた位置になり，d_{xy}, d_{yz}, d_{xz}（d_ε）と強く相互作用する．

(3)　結晶場の違いによる d 軌道の分裂

図 2.26 には四面体型，および八面体型錯体における d 軌道の分裂を示した．図中には d_γ（$d_{x^2-y^2}$, d_{z^2}）と d_ε（d_{xy}, d_{yz}, d_{xz}）とのエネルギー差を 10 Dq で表す．八面体型錯体で d^1〜d^3 の場合，電子が 1 個 d^1 の場合には d_ε に入る（図 2.27）．このときに縮重 d 軌道がほどけて 4 Dq だけエネルギーが低下する．d^2 と d^3 では $2 \times (4\ [\mathrm{Dq}])$ と $3 \times (4\ [\mathrm{Dq}])$ になる．d^4〜d^7 の場合，d^4 では 4 個目の電子がスピン対を形成して d_ε 軌道に入ると $4 \times (4\ [\mathrm{Dq}])$ となり（弱い場），4 個目の電子が d_γ 軌道に入ると $3 \times (4\ [\mathrm{Dq}]) + 1 \times (-6\ [\mathrm{Dq}])$ となる（強い場）．さらに d^5〜d^7 についても同様に弱い場と強い場での配位が考えられ，前者を高スピン錯体，後者を低スピン錯体という．しかし，d^8〜d^{10} の場合には d^1〜d^3 と同様に高スピンと低スピンとの錯体の区別はない．一方，四面体型錯体では d^3 までは d_γ 軌道に順次電子が入り 6 Dq だけエネルギーを低下させる．このように安定化したエネルギーは**結晶場安定化エネルギー**（**CFSE**）という．d^4 以上では d_ε にも電子が入り，八面体型錯体と逆の傾向を示す．

キーワード：静電結晶場，八面体錯体，四面体錯体

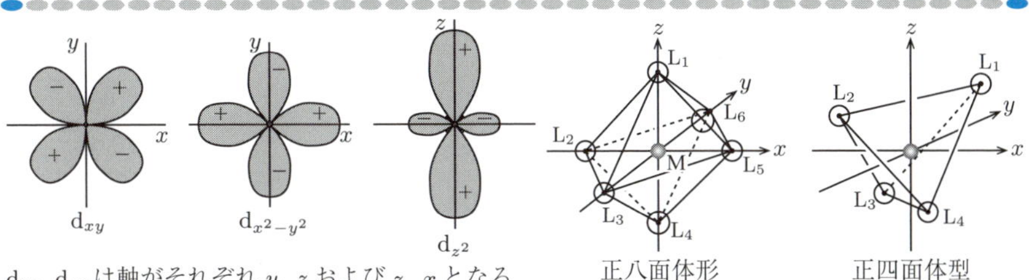

d_{xz}, d_{zx} は軸がそれぞれ y, z および z, x となる
（d_{xz}とd_{yz}は省略）

図 2.24　d 軌道関数の角度依存

L：配位子

図 2.25　配位子の構造

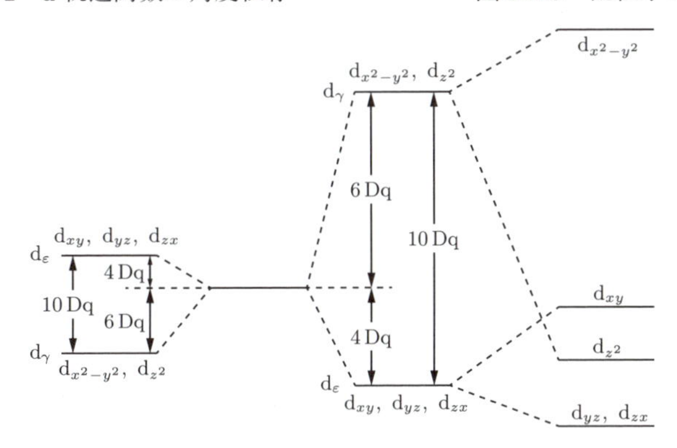

図 2.26　各種の結晶場における d 軌道の分裂

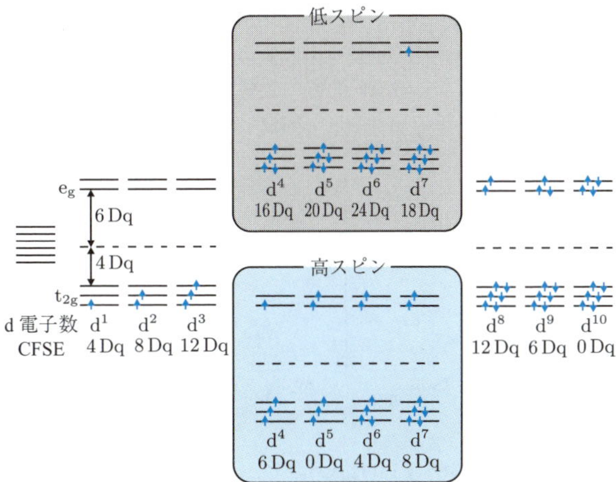

図 2.27　6 配位八面体型錯体における結晶場分裂と結晶場安定化エネルギー

◆コラム8：遷移金属錯体の吸収

遷移金属錯体の大きな特徴は着色するということである．錯体の発色の原因は，① d–d 遷移，② 電荷移動遷移（LMCT, MLCT, IVCT），③ 配位子の π–π^* 遷移および n–π^* 遷移の3つに分類できる．なお，③については直接的な錯体の形成による着色ではないのでここでは省くことにする．

d–d 遷移はd軌道の分裂によるもので，d電子数が d^1〜d^9 の金属イオンでは，可視光（380〜780 nm）を吸収してd軌道間での電子の遷移が起こる．たとえば6配位八面体型錯体である $[Ti(H_2O)_6]^{3+}$ を考える（図2.28）．この錯体の5つのd軌道は t_{2g} 軌道と e_g 軌道とに分裂し，この錯体の電子配置は基底状態では $(t_{2g})^1(e_g)^0$ となり，光励起によって $(t_{2g})^0(e_g)^1$ になる．この際の光励起に相当する光のエネルギーが吸収されて着色する．$[Ti(H_2O)_6]^{3+}$ は黄色光を吸収するため，目視で観察される色は補色の赤紫色として見える．光の吸収エネルギー Δ はd軌道間のエネルギー差に相当し，可視分光吸収スペクトルの波長で Δ を予測することができる．d–d 遷移による吸収は吸収強度 $\log\varepsilon$ が 0〜2 となることから比較的弱い．これは**ラポルテ**（Laporte）**選択則**によって同種の原子（ε: モル吸光係数）軌道間での遷移が禁制となるためである．

電荷移動遷移は，金属イオンと配位子の軌道との間に軌道の重なりが生じ，スピン禁制でない電子遷移である．これは配位子の電子が中心金属イオンの空軌道に遷移する際のエネルギー吸収による配位子から金属イオンへの電子遷移で，これを**LMCT遷移**（ligand-to-metal charge transfer transition）という．これとは逆に金属イオンから配位子への遷移を示す場合があり，金属の t_{2g} から配位子の π^* 軌道への電子遷移であることから**MLCT遷移**（metal-to-ligand charge transfer transition）という．これらの遷移の吸収強度 $\log\varepsilon$ は 2〜4 と高いことが特長である．

キーワード：金属錯体の吸収，d–d 遷移，電荷移動遷移

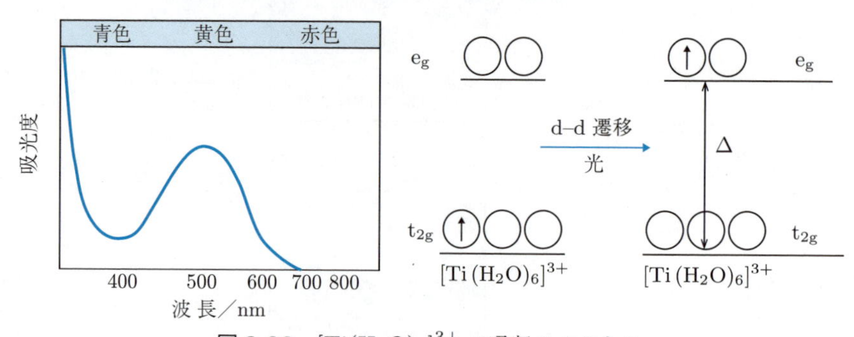

図2.28 $[Ti(H_2O)_6]^{3+}$ の吸収スペクトル

◆**コラム 9**：モルのはなし

原子，分子がアボガドロ数個集まったとき，その単位を mol という．

1 個の原子は非常に小さく，質量を量ることは難しい．しかし，たくさん集めれば質量も測定が可能となる．その質量が原子量に等しくなるとき，原子の個数はアボガドロ数 6.022×10^{23} となる．

1 mol の原子や分子の重さはその物質の状態によって大きく異なる．しかし，気体の原子や分子の場合，1 mol の体積は種類にかかわらずまったく同じである．それは，1 気圧 0°C の**標準状態**（standard temperature and pressure: **STP**）において，22.4 L である．図 2.29 に mol を中心とした物質の物理量の変換について示した．

キーワード：モル，アボガドロ数

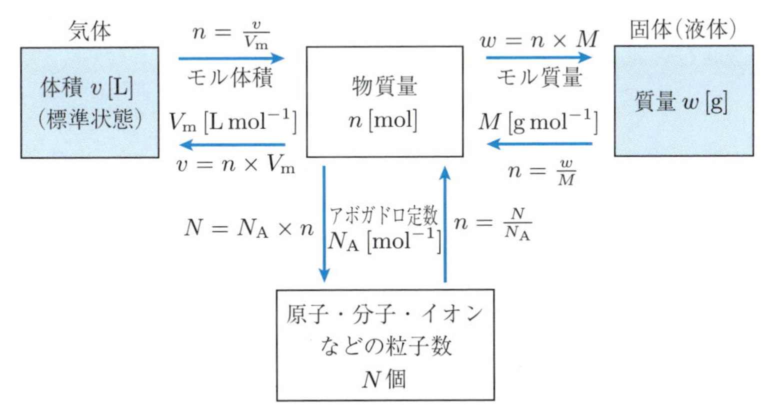

物質量としてのモルの概念を理解していれば，アボガドロ数によって粒子数へ，モル質量によって質量へ，標準状態のモル体積によって体積へ，それぞれ変換できる．化学ではモルは重要な概念である．

図 2.29　物質の物理量の変換

例題（2章）

[2-1] 4種類のハロゲン化水素（HF, HCl, HBr, HI）の酸性の強さについて説明しなさい．

（解答）

ハロゲン元素（F, Cl, Br, I）の電気陰性度はそれぞれ 4.0, 3.0, 2.8, 2.5 と大きく，

$$\mathrm{F} > \mathrm{Cl} > \mathrm{Br} > \mathrm{I}$$

の順で陰イオンになりやすい．一方，イオン半径は F^- が一番小さく，周期表の下に行くほど大きくなる．したがって，イオン1個あたりの電荷密度は F^- が一番大きく，以下電気陰性度と同様の順である．そのため，H^+ イオンとの静電的な引力の大きさは

$$\mathrm{HF} > \mathrm{HCl} > \mathrm{HBr} > \mathrm{HI}$$

の順序となり，HF ほど熱力学的に安定であり解離しにくい．つまり，酸としては HF が最も弱く，HI が最も強い酸である．

[2-2] 濃度 C の弱い酸 HA の水溶液の pH を求めなさい．ただし，酸解離定数を K_a とする．

（解答）

酸 HA の水和は，次のように表される．

$$\mathrm{H_2O + HA \rightleftarrows A^- + H_3O^+}$$

H_2O は多量の溶媒であり，一定とみなせるため

$$K_\mathrm{a} = \frac{[\mathrm{A^-}][\mathrm{H_3O^+}]}{[\mathrm{HA}]}$$

初濃度が C で，平衡時の $[\mathrm{A^-}] = [\mathrm{H_3O^+}] = x$ [mol] であるとすると，$C - x \fallingdotseq C$ であるため

$$K_\mathrm{a} = \frac{x^2}{(C-x)} \fallingdotseq \frac{x^2}{C}$$

$$\mathrm{p}K_\mathrm{a} - \log C = 2\mathrm{pH}$$

$$\therefore \quad \mathrm{pH} = \frac{1}{2} \times (\mathrm{p}K_\mathrm{a} - \log C)$$

3 無機固体の化学

3.1 固体の構造

次世代の半導体技術を支えるセラミックス静電ウェハーチャック

静電ウェハーチャックは，焼結したアルミナセラミックスに電極を内蔵し，電圧を印加することによってクーロン力を発生させて，ウェハーを吸着させるもので，真空中でのシリコンウェハーの固定，保持，平面度矯正，搬送に利用されている．

（写真提供：TOTO 株式会社）

●3.1 固体の構造●

3.1.1 結晶とアモルファス

水は冷却すると固体（固相）の氷となり，氷を加熱すると液体（液相）の水に変化し，さらに加熱すると気体（気相）の水蒸気になる．固体，液体，気体の3つの状態を**物質の三態**という．多くの物質は温度，圧力などが変化するとこれらの三態の間を変化し，相変化を起こす．3つの相の平衡関係を図3.1に示した．これらの三態はどのような状態になっているかを説明する．気相状態では原子，あるいは分子はそれらの間の距離が液相状態以上に大きく，より高速で移動している．液相状態では原子あるいは分子の位置に規則性がなく，これらは互いに位置を交換するように移動している．ただし，体積は固相とほぼ同じである．一方，固相は原子あるいは分子が三次元的に整然と並んだ状態となっている（外部からの熱によって振動は生じている）．特にその並びに規則性をもつ場合を**結晶**，ある程度無秩序な状態を**非晶質**（**アモルファス**）と呼んでいる．

結晶全体にわたって，方位と長さが完全に規則正しく配列しているものを**単結晶**（single crystal）といい，単結晶が集まってできている結晶を**多結晶**（polycrystal）と呼ぶ（図3.2）．多結晶の構造は粒子（単結晶の場合と多結晶の場合がある），粒界，不純物，空隙，種々の欠陥からなる．これらの**欠陥**（defect）には，空格子点や異種元素などの点欠陥，転位などの線欠陥，粒界などの面欠陥がある．欠陥は多結晶の性質に強く影響を与える．単結晶中にも原子配列の乱れなどによって欠陥が存在しているが，欠陥の影響はその周囲だけに限られるため，単結晶であることに変わりはない．無機化合物の単結晶は一般には高温，高圧下で作製する．**アモルファス**（amorphous）**物質**とは結晶に認められる広範囲の規則配列が認められない固体で，その代表がガラス（☞ 3.1.9）である．しかし，規則性がないといってもまったく無秩序ではなく，数Å単位では規則性を有している．

図3.3は酸化物の代表である二酸化ケイ素（SiO_2）の結晶とアモルファス（ガラス）の構造を2次元的に比較したものである．この図から，SiO_2 結晶は完全に規則正しく配列しているのに対して，SiO_2 ガラスでは SiO_4 四面体構造が維持されてはいるものの，四面体どうしのつながりに規則性は認められないことが理解できる．

キーワード：物質の三態，結晶，アモルファス，単結晶，多結晶

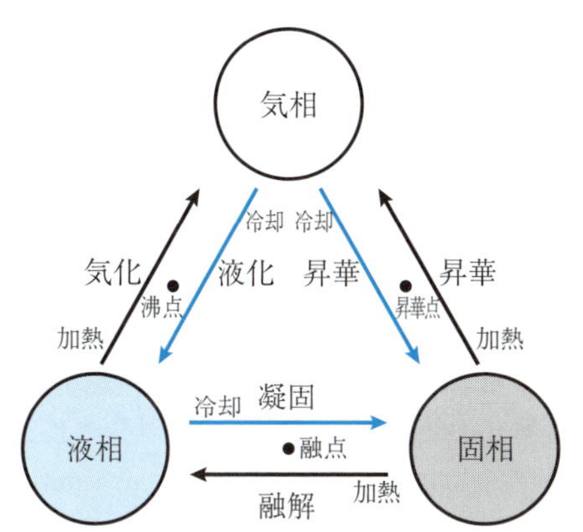

固相が液体に変化することを融解といい，その温度を融点という．逆に液相が固相になる変化を凝固という．液相が気相への変化を気化，逆に気相から液相への変化は液化という．この温度が沸点である．固相は液相を経ずに気相になることがあり，これを昇華という．これの逆の現象も昇華という（☞2.1.1）．

図 3.1　三態の状態変化

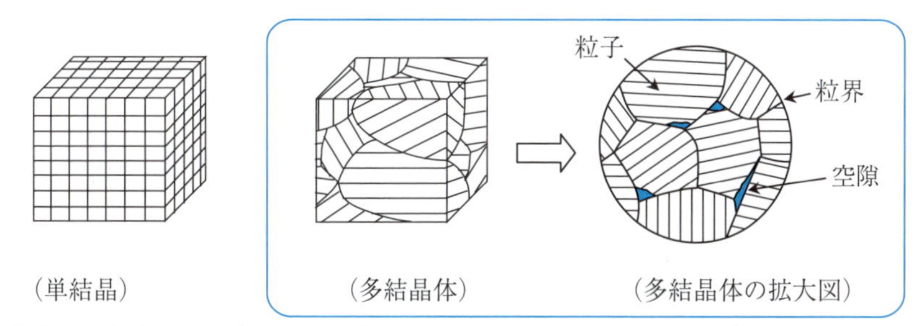

単結晶と多結晶との違いは，固体中に粒子と粒界がある場合には多結晶体という．

図 3.2　多結晶体の微細構造

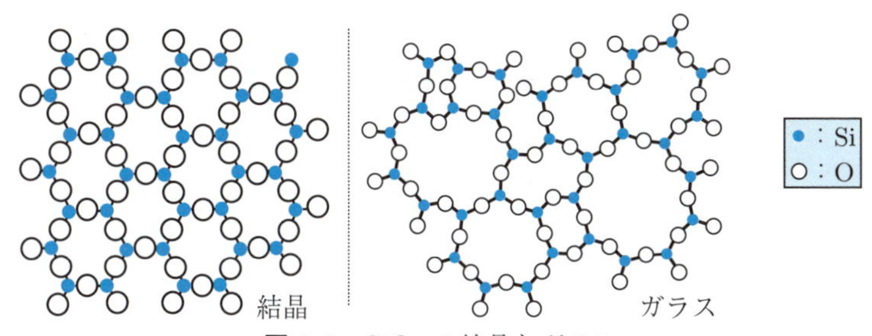

図 3.3　SiO_2 の結晶とガラス

3.1.2　単位格子とブラベー格子

結晶は原子が周期的に空間に配列した構造をもっている．周期的な配列の中で最も単純で最小な形を**単位格子**（unit cell）という．結晶は単位格子が3次元的に繰り返されることによってできあがっている．簡単のため，2種類の原子（図中では白丸と黒丸）からなる2次元結晶を考える（図3.4）．この結晶における単位格子の候補として，AからEなどが考えられる．AとBはともに格子中に白丸と黒丸の原子を1個ずつ含んでいるが，最も単純な形はAなので，これを単位格子とする．実際の結晶は3次元構造をとるので単純な形で最小体積を与える構造を単位格子とする．

3次元の単位格子は3種類の角度（α, β, γ）と3種類の長さ（a, b, c）で規定される（図3.5）．これら6個の変数は**格子定数**（lattice parameter）と呼ばれ，結晶の形や大きさを表す基本的な値であり，表3.1に示すような7種の結晶形に分類されている．また，単位格子には格子の頂点にだけ原子が存在する**単純格子** P（菱面体のみ，Rと記載），その中心にも原子が存在する**体心格子** I，6個の面の中心にも原子が存在する**面心格子** F，1対の面にだけ原子が存在する**底面心格子** Cがある．これら4種類の格子と7種類の結晶形とを組み合わせることによって，14種類の単位格子が考えられ，これらは**ブラベー格子**（Bravais lattice）と呼ばれる（☞コラム10）．

キーワード：単位格子，結晶系，格子定数，ブラベー格子

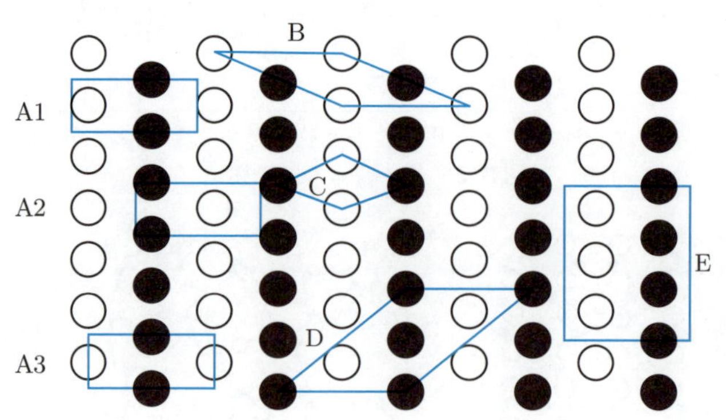

最小体積を与える構造でそれを構成する立体形のなす角度はなるべく90°になるように決定する．

図3.4　単位格子のとり方（A1～A3は同じ）

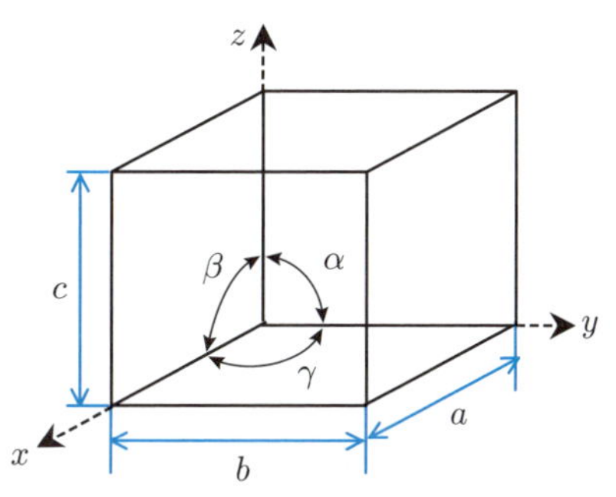

α 角は b 軸と c 軸とでなす角，β 角は a 軸と c 軸とでなす角，
γ 角は a 軸と b 軸とでなす角と決められている．

図 3.5　格子定数

表 3.1　7 つの晶系と 14 のブラベー格子の分類

晶系	単位格子	ブラベー格子	最低限の対称要素	結晶系に分類された点群
三斜晶	$\alpha \neq \beta \neq \gamma \neq 90°$ $a \neq b \neq c$	P	対称軸，鏡面をもたない	1, $\bar{1}$
単斜晶	$\alpha = \gamma = 90°, \beta \neq 90°$ $a \neq b \neq c$	P, C	1 本の 2 回軸または鏡面	2, m, 2/m
斜方晶	$\alpha = \beta = \gamma = 90°$ $a \neq b \neq c$	P, I, F, C	互いに直交する 3 本の 2 回軸または直交する 2 個の鏡面	222, mm2, mmm
菱面体晶	$\alpha = \beta = \gamma \neq 90°$ $a = b = c$	R	1 本の 3 回軸	3, $\bar{3}$, 32, 3m, $\bar{3}$m
六方晶	$\alpha = \beta = 90°, \gamma = 120°$ $a = b \neq c$	P	4 本の 6 回軸	6, $\bar{6}$, 6m, 622, 6mm, $\bar{6}$m2, 6/mmm
正方晶	$\alpha = \beta = \gamma = 90°$ $a = b \neq c$	P, I	1 本の 4 回軸または 4 回反軸	4, $\bar{4}$, 4/m, 422, 4mm, $\bar{4}$2m, 4/mmm
立方晶	$\alpha = \beta = \gamma = 90°$ $a = b = c$	P, I, F	4 本の 3 回軸	23, m3, 432, $\bar{4}$3m, m3m

注） 2, 3, 4, 6 は n 回回転軸，$\bar{2}$, $\bar{3}$, $\bar{4}$, $\bar{6}$ は n 回回反軸，1 は対称操作なし，$\bar{1}$ は対称中心があり，m は鏡面対称，/ はたとえば 2/m は 2 回回転軸に対して垂直な位置に m が存在することを表す．

◆コラム10：ブラベー格子

1848年ブラベー（Bravais）は，すべての**空間格子**（space lattice）は14個の異なる単位格子で表されることを示した．ブラベー格子は**格子点**（lattice point）を1個しか含まない7種類の単純単位格子と格子点を複数含む7つの複合格子とで全部で14種の単位格子からなっている．

キーワード：ブラベー格子，単純格子，面心格子，体心格子，底心格子

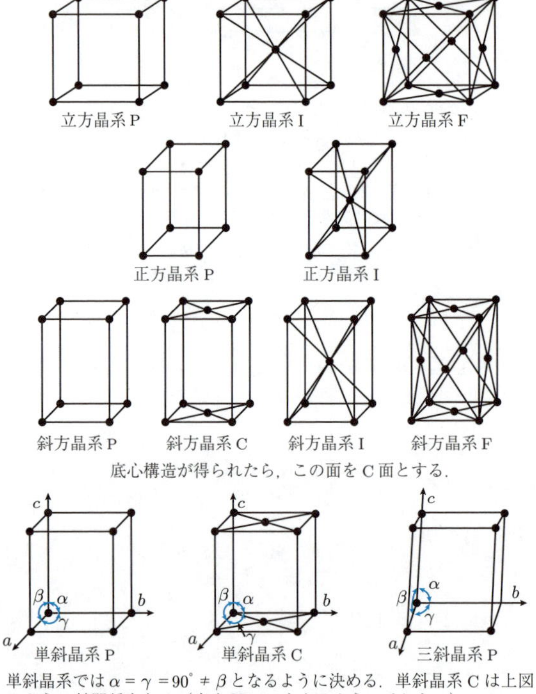

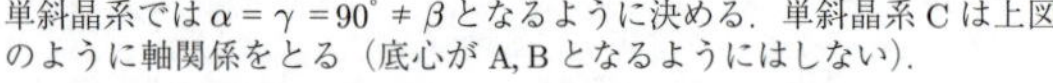

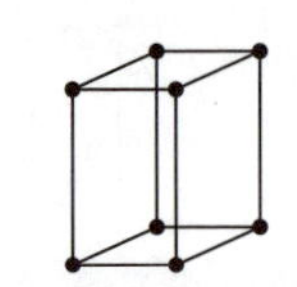

図3.6　ブラベー格子

◆コラム 11：結晶の方位とミラー指数の例

結晶は原子が配列したさまざまな結晶面で構成されている．結晶面は一直線上にない 3 個の座標によって表される．直交座標軸を x, y, z とし，格子定数を (a, b, c) とするとき，次式で与えられる (hkl) を**ミラー指数**（Miller index）という．

$$h\frac{x}{a} + k\frac{y}{b} + l\frac{z}{c} = 1 \tag{3.1}$$

この関係の一例を図 3.7（軸上に存在する格子点だけを示した）に示す．面 l は座標 $(3a, 0, 0)$, $(0, 2b, 0)$, $(0, 0, c)$ で x, y, z 軸を切る面である．このとき，h, k, l の各値は次のように得られる．

$$h = \frac{1}{3}, \quad k = \frac{1}{2}, \quad l = 1 \tag{3.2}$$

ミラー指数は整数で表す決まりになっているため，これらに最小公倍数の 6 をかけて得られる

$$h = 2, \quad k = 3, \quad l = 6$$

を用いて，面 l のミラー指数は (236) となり，面 l は (236) 面と呼ばれる．

結晶中の方向は，その直線に平行で原点を通る直線で代表することができる．この線上の任意の点座標を uvw として，方向指数 $[uvw]$ で表す．図 3.8 に示したように方向が負の方向の場合には，$[\overline{u}vw]$ のように表す．

キーワード：ミラー指数，点座標，方向指数

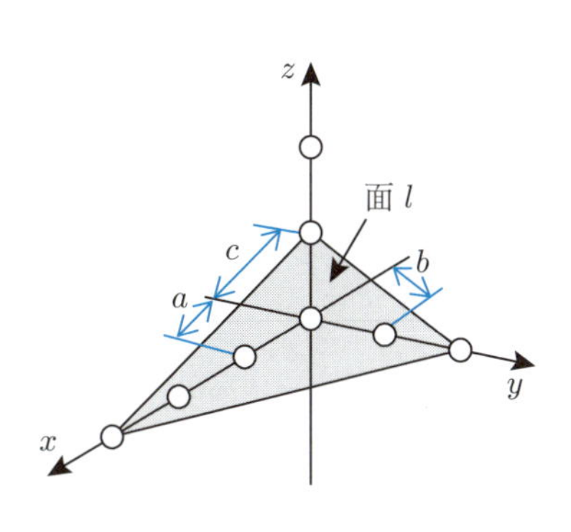

図 3.7　ミラー指数

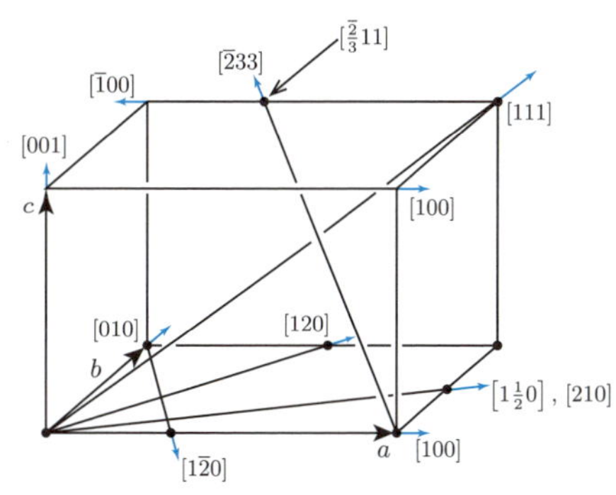

図 3.8　結晶の方向

3.1.3 格子欠陥と非化学量論組成

純粋な単体の性質は電子配置と構造によって決まる．化合物の性質は構成元素や原子間の化学結合の性質の他に，組成と構造に依存する．また，単一の構造に不純物を含む異種の原子または化合物が侵入または導入されると，母結晶の構造を崩すことなく固体の状態で混ざり合うことがある．これを**固溶**と呼び，**固溶体**（solid solution）が形成されるという．

固溶体には置換型と侵入型がある（図3.9）．異種の原子の原子価が母結晶の原子と異なる場合，結晶全体の電荷補償のため原子の構造中の位置（格子位置）から原子が欠損することがある．欠損位置を**空孔**（vacancy）と呼ぶ．格子位置の間に配位する原子も存在する．これを**格子間原子**（interstitial atom）と呼ぶ．空孔にはフレンケル型とショットキー型がある（図3.10）．前者は格子点イオンが格子間に移動して，その後が空孔になる欠陥（**格子欠陥**）であり，後者は陰陽イオンが対になって欠損する欠陥（**格子欠損**）である．物質の性質はこれらの欠陥によって変化する．

遷移元素のように原子が複数の価数をとる物質では，温度や雰囲気によって価数が変化し，それにともない空孔が生成する．鉄の酸化物は雰囲気中の酸素濃度によって Fe^{2+} と Fe^{3+} との存在比率が変化する．FeO 中の x [mol%] の Fe^{2+} が Fe^{3+} に酸化する場合，全体の組成としては次の2つの組成が考えられる．

$$[(Fe^{2+})_{1-3x/2}(Fe^{3+})_x\square_{x/2}]O \tag{3.3}$$

$$[(Fe^{2+})_{1-x}(Fe^{3+})_x]O_{1+x/2} \tag{3.4}$$

(3.3)式は鉄の空孔（□）が，また(3.4)式は過剰の酸素が含まれていることを表している．実際には(3.3)式にしたがって欠陥が生成する．すなわち，組成は一般的には $Fe_{1-x}O$ と表される．このような組成を**非化学量論組成**（nonstoichiometry）という．

格子欠陥の種類を表3.2に示す．点欠陥の種類をA，欠陥の有効電荷を α，母結晶の格子位置にある原子（あるいはイオン）をBとすると欠陥は $A_B{}^{\alpha}$ のように表記される．

欠陥が空孔の場合にはAの代わりにVを用いる．α については正の場合には $^\bullet$，負の場合には $'$，中性の場合にはXを用いて正負の符号と絶対値を合わせて表記する．したがって M^{2+} イオンの格子位置に空孔が生成すると有効電荷 -2（$=0-(+2)$）の欠陥，$V_M{}''$ と表記される．

キーワード：格子欠陥，空孔，非化学量論組成，格子間原子，固溶体

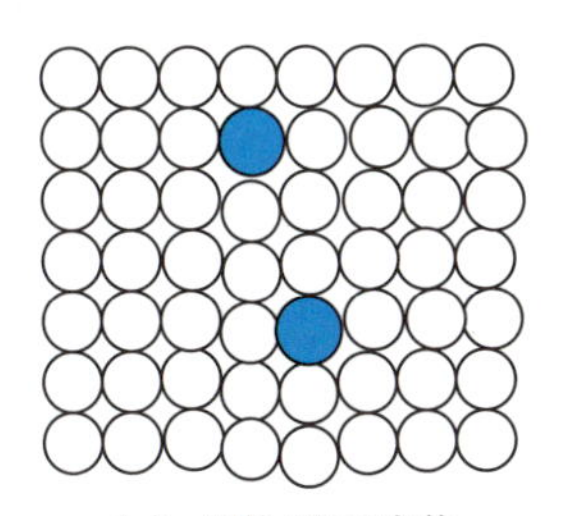

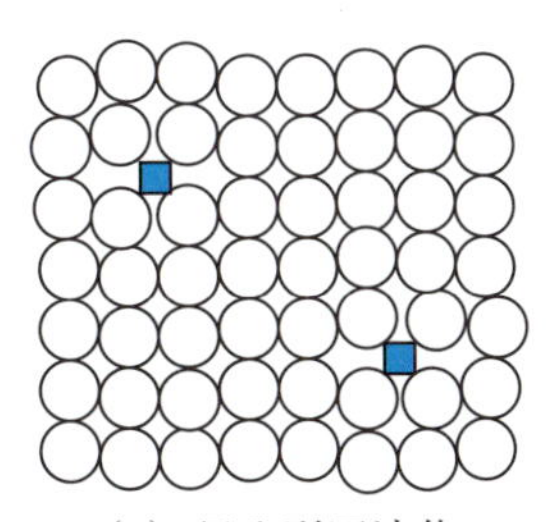

(a) 置換型固溶体　　(b) 侵入型固溶体

図 3.9　固溶体の種類

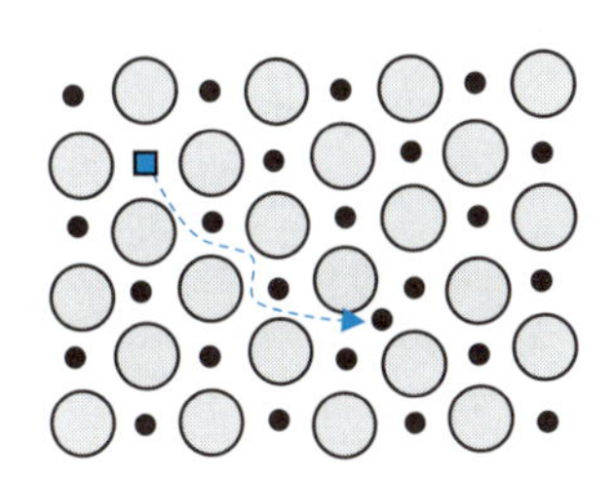

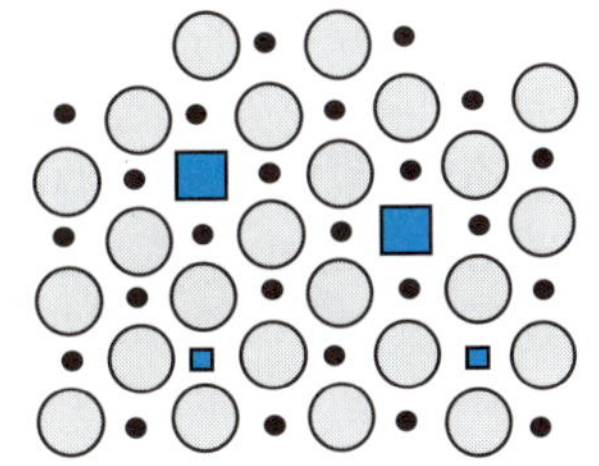

(a) フレンケル欠陥　　(b) ショットキー欠陥

図 3.10　格子欠陥

表 3.2　格子欠陥の表示記号

欠陥の種類	欠陥表示記号	有効電荷
非局在電子	e'	−1
非局在正孔	$h^{\bullet}$	+1
A 格子空孔	V_A''	−2
B 格子空孔	$V_B^{\bullet\bullet}$	+2
A 格子間原子	$A_i^{\bullet\bullet}$	+2
B 格子間原子	B_i''	−2
A の位置の X 原子[1)]	X_A^X	0
B の位置の Y 原子[2)]	Y_B^X	0
A と B 空孔の会合	$(V_AV_B)^X$	0

[1)] A と X の原子価は両方とも +2 とする．

[2)] B と Y の原子価は両方とも −2 とする．

3.1.4 固体のバンド構造

共有結合を基にして結晶中の価電子の状態を考える．原子が2個結合すると，結合性軌道と反結合性軌道が生じる（図3.11）．そして n 個の原子が結合すると $\frac{n}{2}$ 個の結合性軌道と $\frac{n}{2}$ 個の反結合性軌道が生じる．結晶全体の原子がすべて結合しているとするとアボガドロ数個に相当する分子軌道が生じ，連続した帯状の軌道としてバンド（band）を形成する．結合性軌道のバンドは価電子が充満しているので**価電子帯**（valence band）といい，反結合性軌道のバンドは**伝導帯**（conduction band）という．これらの間には準位が存在せずに電子がトラップできないので，**禁制帯**（forbidden band）という．

金属，半導体および絶縁体のバンド構造を図3.12に示す．金属の場合，たとえば，Alの場合では3sバンドと3pバンドが大きく重なり合い比較的広いバンドをもつ．しかも価電子が3個であることから，バンド幅の $\frac{3}{8}$ まで電子が満たされているが $\frac{5}{8}$ は空であることから，高い電気伝導性等の性質が生じる（☞ 1.2.8）．

一般的な真性半導体の場合，価電子帯には電子が完全に充満しているので電子は動けないが，価電子帯と伝導帯との間のバンドギャップが約1 eVと狭いために外部からのエネルギーで容易に価電子帯の電子が励起されて伝導帯に移動し，導電性を示す．

一方，不純物半導体の場合，バンドギャップ内に不純物準位をもつ．たとえば，シリコンに価電子の1つ少ないホウ素をドーピングして禁制帯の下端付近にアクセプター準位を形成させる．それに価電子帯から外部エネルギーによって価電子が励起されることで，価電子帯に正孔が生じて電荷を運ぶことができる．このような半導体を**p型半導体**という．一方，シリコンに価電子の1つ多いリンをドーピングさせ，伝導帯の下にドナー準位を形成させる．この場合，そこから外部エネルギーによって伝導帯に電子励起して**n型半導体**として機能させる（☞コラム18）．

導電体や半導体は，いずれも電子が移動できる場をもつが，絶縁体の場合には結晶に外部からエネルギーを加えてもバンドギャップが大きい（約3 eV以上）ことから，伝導帯への電子の励起が起こらないために電流は流れない．

キーワード：バンド構造，伝導帯，価電子帯，禁制帯，n型半導体，p型半導体

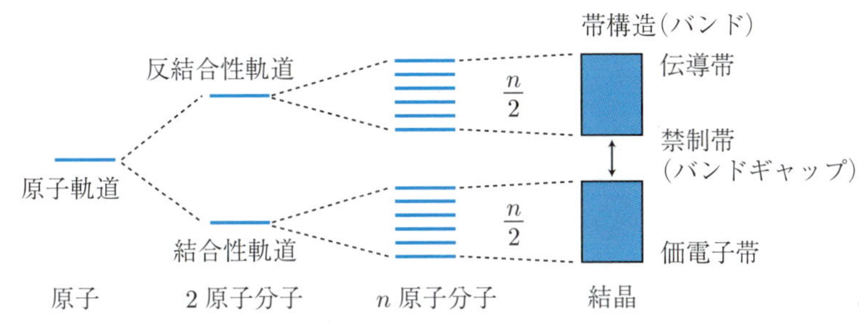

図 3.11　原子軌道，分子軌道およびバンドの形成

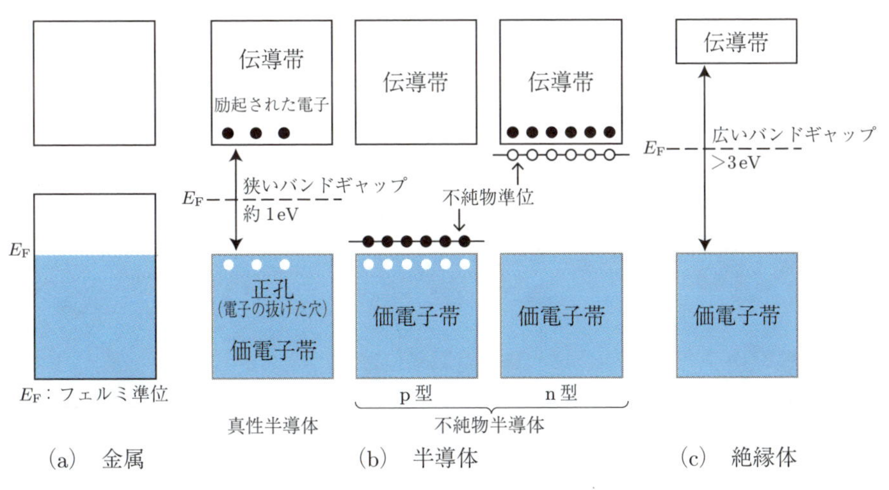

図 3.12　金属，半導体，絶縁体のバンド構造

3.1.5　金属の結晶構造

金属結晶は電子が非局在化した結合であり，単体組成の金属（金属原子の半径が同じ）であれば，その結晶構造は球の最密充填構造をとる．この最密充填構造には，**六方最密充填**（hexagonal closest packing: **hcp**），**立方最密充填**（cubic closest packing: **ccp**）がある．金属結晶は，ほとんどの場合，このいずれかの結晶構造をとる（図 3.13 (a) と (b)）．

六方最密充填は1個の原子に12個の原子が接して12配位を形成している．充填構造の配列に基づく球の充填率は74%である．一方，金属結晶の立方最密充填は**面心立方構造**（face centered cubic structure: **fcc**）をさす．一般的には金属結晶の場合に立方最密構造（充填率74%）をとるが，立方最密構造よりも隙間の多い**体心立方構造**（body centered cubic structure: **bcc**）もとり得る．

体心立方構造は，中心原子に対して8個の原子と接して8配位を形成している（図 3.13 (c)）．体心立方構造の球の充填率は68%である．

金属の結晶構造の場合，表3.3に示したように，そのほとんどの場合に六方最密充填構造，立方最密充填構造（面心立方）ならびに体心立方構造をとる．そのため，金属の原子の充填性は高くなる．

図3.14に金属結晶の最密充填構造を示す．六方最密充填構造の原子の積み重なりはA–B–A–Bとなるが，立方最密充填構造の場合にはA–B–C–A–B–Cとなる．

キーワード：金属結晶，六方最密充填，立方最密充填

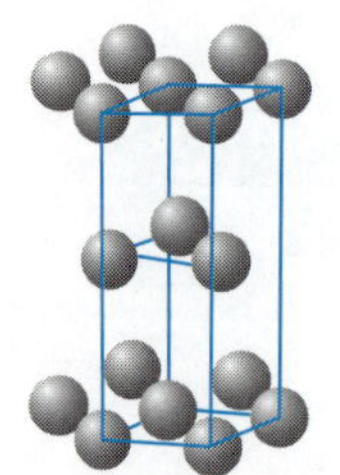

(a)　六方最密充填
球の最密層 A, B の繰返し構造

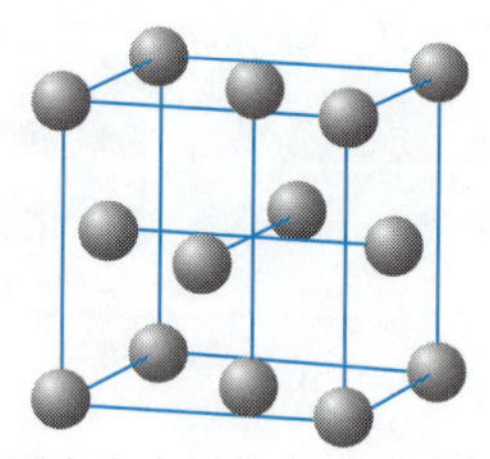

(b)　面心立方最密充填（面心立方）
球の最密層 A, B, C の繰返し構造

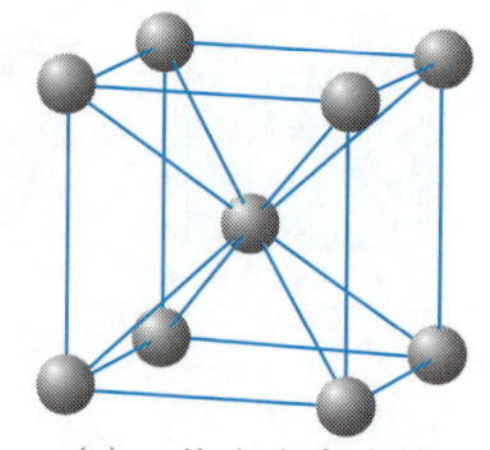

(c)　体心立方充填
立方体の頂点と中心に原子が位置する

図 3.13　金属結晶の構造

表 3.3　金属の結晶構造

1	2	3	4	5	6	7	8	9	10	11	12	13	14	15
Li (B)	Be (H)													
Na (B)	Mg (H)											Al (C)	Si (—)	
K (B)	Ca (C, H)	Sc (C, H)	Ti (C, H)	V (B)	Cr (B, H)	Mn (—)	Fe (B, C)	Co (H, C)	Ni (H, C)	Cu (C)	Zn (H)	Ga (—)	Ge (—)	As (—)
Rb (B)	Sr (C)	Y (H)	Zr (H, B)	Nb (B)	Mo (B)	Tc (H)	Ru (H)	Rh (C)	Pd (C)	Ag (C)	Cd (H)	In (C)	Sn (—)	Sb (—)
Cs (B)	Ba (B)	La (H, C)	Hf (H)	Ta (B)	W (B, H)	Re (H)	Os (H)	Ir (C)	Pt (C)	Au (C)	Hg	Tl (H, B)	Pb (C)	Bi (—)
Fr (B)														

H: 六方，C: 面心立方，B: 体心立方，—: その他

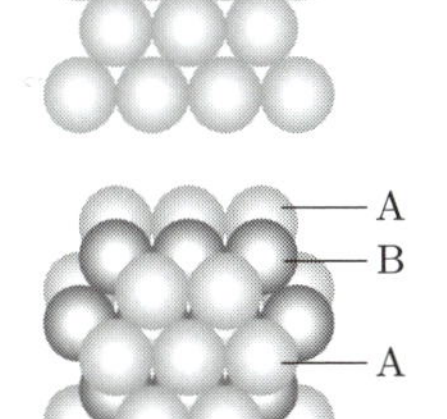

(a)　六方最密

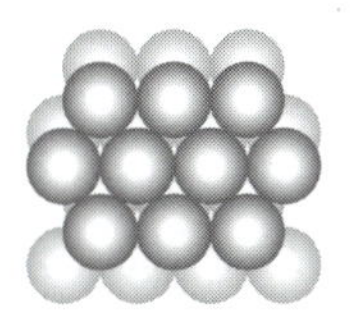

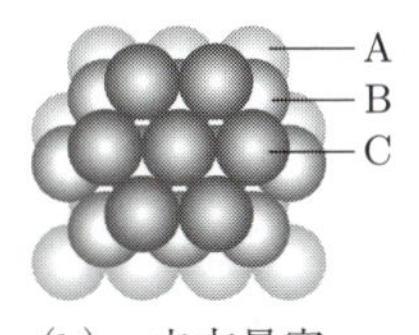

(b)　立方最密

1 層目（左上），2 層目（右上）まではどちらの場合も同じ．

(a)　3 層目に 1 層目と重なるように置くと A–B–A–B パッキングとなる．

(b)　どちらとも重ならないように置くと A–B–C–A–B–C パッキングとなる．

図 3.14　最密充填の積み重なりのちがい

●面心立方構造の充填率の計算例●

単位格子中に含まれる球（原子）の個数は 4 個（$= \frac{1}{8} \times 8 + \frac{1}{2} \times 6$）となる．また，$4r : a = \sqrt{2} : 1$ から $r = \frac{\sqrt{2}}{4}a$ となる．

$$
\begin{aligned}
\text{充填率} &= \frac{(4\text{ 個の球が占める体積})}{(\text{単位格子の体積})} \\
&= \frac{\frac{4}{3}\pi r^3 \times 4}{a^3} \\
&= \frac{\frac{4}{3}\pi\left(\frac{\sqrt{2}}{4}a\right)^3 \times 4}{a^3} \\
&= \frac{2\sqrt{2}\,\pi}{12} = 0.74
\end{aligned}
$$

充填率は 74% となる．

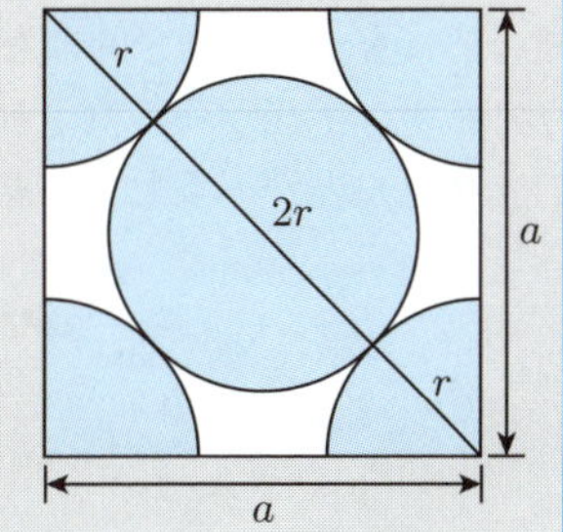

3.1.6 イオン結晶の構造と配位数

イオン結合性物質の構造は陰・陽イオンの剛体球の充填を考えると理解しやすい．一般に陽イオンより陰イオンの方が大きいので，陰イオン剛体球の密充填した隙間に陽イオンが入ると考える．あるイオンを囲む反対符号のイオン（対イオン）の数を**配位数**という．そこで陰イオン・陽イオンは静電的引力を最大に，静電的反発力を最小にするように配列する．すなわち，陰イオンと陽イオンとが接するように，同種イオンどうしが接しないように配列する（図 3.15）．

表 3.4 にイオン半径と配位数との幾何学的配置の関係を示す．配位数が 3（MX_3）では主に sp^2 混成による平面三角形をとり，代表的な共有結合性物質をつくる．BN および C（黒鉛）は，このような結合の形成によって平面上の骨格をもった結晶が層状に重なる構造をとる．また，平面三角形錯イオン（内部は共有結合）として $CO_3{}^{2-}$, $NO_3{}^-$ などがある．配位数 4（MX_4）でも共有結合性が支配的であり，sp^3 混成による正四面体形結合をとるが，配位数の増加によってイオン結合性も増してくる．たとえば，BeO, SiO_2 はいずれも sp^3 混成をとるが，陽イオンと陰イオンのイオン半径比はそれぞれ 0.25, 0.30 で，MX_4 の幾何学的条件 0.225 からも妥当な形となる．また，$SiO_4{}^{4-}$, $PO_4{}^{3-}$ などの正四面体形錯イオン（内部は共有結合）も MX_4 に属する．配位数が 6（MX_6）になると典型的なイオン結晶となり，イオン半径比による幾何学的条件だけで配列が定まる．したがって，混成軌道による結合や結合角などの方向性はなくなる．このグループのイオン半径比は，NaCl（0.52）, MgO（0.47）, Al_2O_3（0.42）, TiO_2（0.49）などとなり，配位数 6 の幾何学的条件 0.414〜0.732 の範囲内である．配位数 8（MX_8）も代表的なイオン結晶であり，イオン半径比が 0.732 よりも大きければこの配列をとりやすくなる．たとえば，CsCl, CaF_2 のイオン半径比はそれぞれ 0.93, 0.74 であり，この構造の配列に適合する．

共有結合にもイオン結合にもみられる結晶構造の形には平面三角形，正四面体，正八面体がある．たとえば，SiO_2 の正四面体（4 配位，sp^3 混成軌道）のように，共有結合的にもイオン結合的にも同じ形になる結合形態は安定である．しかし，ZnO のようにイオン半径から推測される配位数 6 と，共有結合から要請されるもの（sp^3 混成の 4 配位）とが一致しない結合は不安定となる．

キーワード：イオン結合，配位数，共有結合，イオン半径比

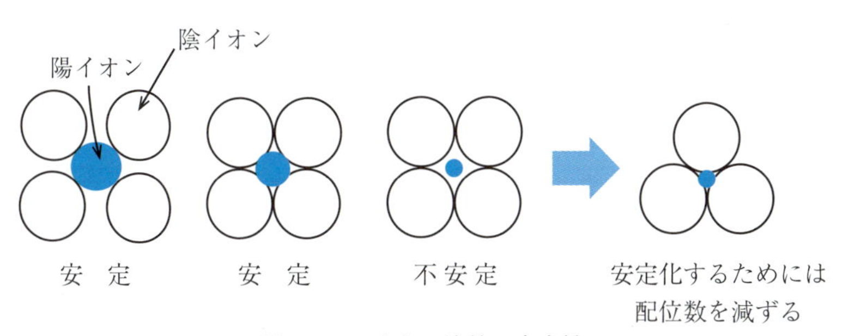

図 3.15　イオン結晶の安定性

表 3.4　イオン（原子）の大きさの比と結合様式

	正三角形的 3 配位	三角錐的 3 配位	正四面体的 4 配位
充填図			
原子位置			
半径比	0.155	0.155～0.225	0.225
	正八面体的 6 配位	正六面体的 8 配位	12 配位
充填図			
原子位置			
半径比	0.414	0.732	1.000

3.1.7 イオン結晶の結晶構造

陽イオンと陰イオンとで構成されるイオン結晶では，結晶中の原子半径が均一な金属結晶とは異なり，一般的には陰イオンの半径が大きいことから，そのパッキング状態が重要となる．また，化学組成に起因する陽イオンと陰イオンとの比も異なることから，イオン結晶の構造は多く複雑になる．ここでは，イオン半径の大きな陰イオンに着目して，陰イオンが面心立方構造（fcc）をとる結晶の代表的な構造を説明する．

(1) **NaCl型** 陰イオンがfccで充填された格子内の6配位の位置をすべて陽イオンが位置するとNaCl型構造（図3.16）となる．この結晶構造は1族と17族元素とからなるアルカリハライド化合物，2族と16族元素とからなる酸化物や硫化物などの化合物のように陽イオンと陰イオンとの比が1:1のAX型の化合物に多くみられる．NaCl型の陽イオンの配位数も6配位であるが，この陽イオン半径が大きくなり配位数が8配位になるとCsCl型構造（図3.17）になる．

(2) **閃（せん）亜鉛鉱型** AX型化合物の中で，陽イオンと陰イオンのイオン半径比が大きいものは閃亜鉛鉱（ZnS）型構造（図3.18）となる．この構造は陰イオンのfcc構造の位置に対して陽イオンがその四面体位置を1つおきに位置する．なお，この閃亜鉛鉱型構造をとる結晶は共有結晶結合性の高いものが多く，sp^3混成軌道によって形成するという見方もある．これを図3.19に示すように炭素（C）のダイヤモンド構造と比べるとよく理解できる．

(3) **ホタル石型** 蛍石（CaF_2）のようにAX_2型で比較的陽イオン半径の大きな場合にみられる構造である（図3.20）．いままでとは逆に陽イオンがfcc構造の位置にあり，陰イオンはそのfcc位置の4配位の位置にすべて入る．これに対してLi_2Oなどは陰イオンのイオン半径のほうが大きいので，ホタル石型構造の陽イオンと陰イオンの位置を逆にした逆ホタル石型構造をとる．

キーワード：イオン結晶，**NaCl型**，**CsCl型**，**ZnS型**，ダイヤモンド構造，**CaF_2型**

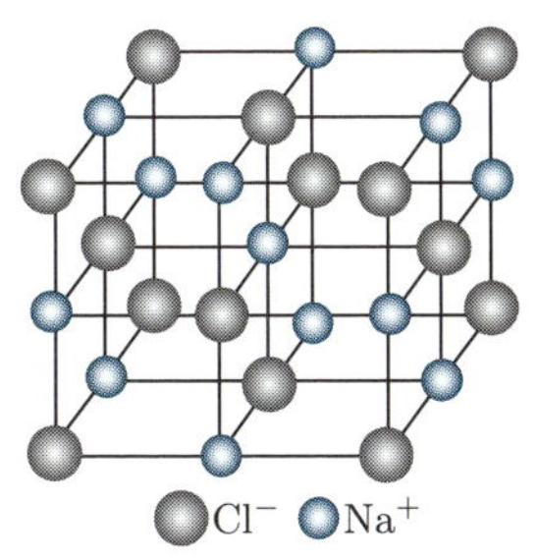

Cl^-イオンだけに注目すると
fcc 構造になっていることがわかる.

図 3.16　NaCl 型構造

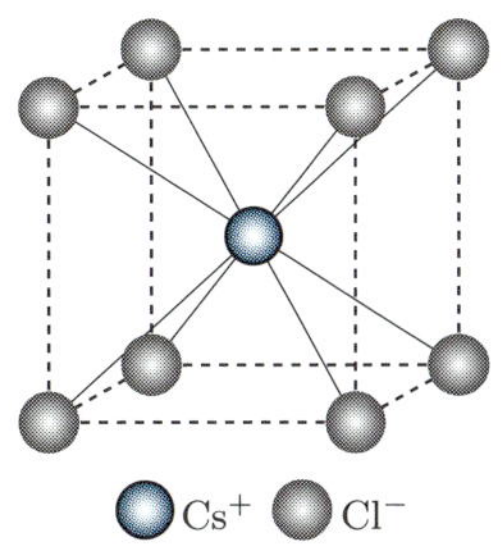

Cs^+イオンは Cl^-イオンに 8 配位している.

図 3.17　CsCl 型構造

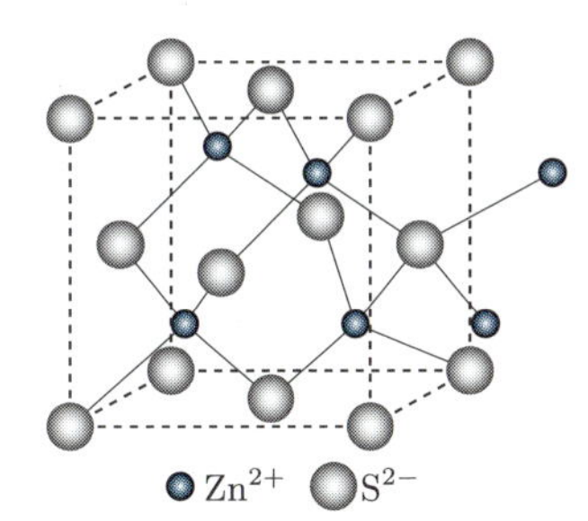

S^{2-}イオンに注目すると fcc 構造になっており，その 4 配位サイトを 1 つおきにZn^{2+}が埋めている.

図 3.18　閃亜鉛鉱型構造

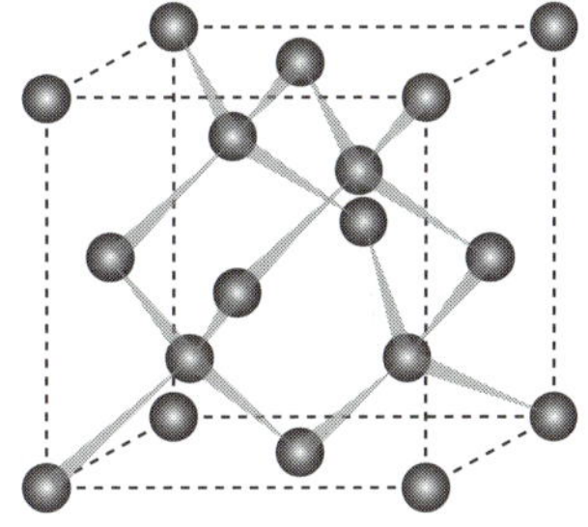

ダイヤモンドの構造は閃亜鉛鉱型構造における 2 種の異なるイオンを同一の元素で置き換えたような構造となっている.

図 3.19　ダイヤモンド構造

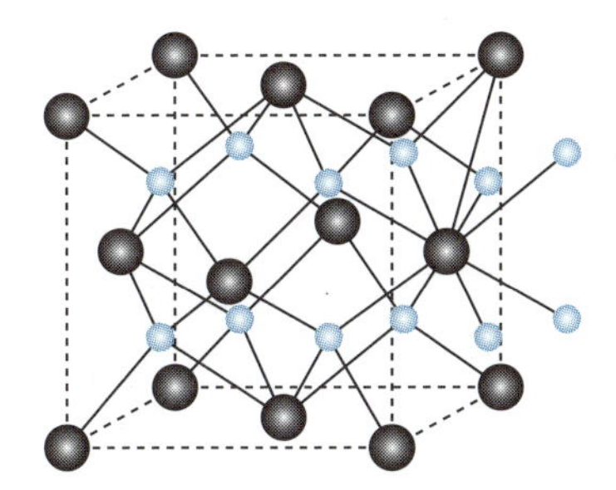

黒丸に注目すると fcc 構造になっており，その 4 配位サイトすべてを白丸が占めている.

図 3.20　ホタル石型構造

◆コラム 12：マデルング定数

イオン結晶の構造の安定度は，同符号と反対符号の構成イオンが形成するポテンシャルの総和に依存する（☞ 3.1.6）．NaCl 型構造の配位数は 6（Na^+（Cl^-）イオンは 6 個の Cl^-（Na^+）イオンに囲まれている）であるので，Na^+ イオン－Cl^- イオンの最近接距離を r とすると，これらのイオン間に働く静電エネルギー E は (3.5) 式で表される．

$$E = \frac{e^2}{4\pi\varepsilon_0 r} \tag{3.5}$$

ここで ε_0 は真空の誘電率で

$$\varepsilon_0 = 8.854 \times 10^{-12}\ [\mathrm{F\,m^{-1}}]$$

である．

図 3.21 は，Na^+ イオンから各イオンまでの距離を示している．Na^+ イオンから最も近い距離 r にあるのは 6 個の Cl^- イオンである．第 2 番目に近いイオンは 12 個の Na^+ イオンであり，距離は $\sqrt{2}\,r$ である．第 3 番目に近いイオンは 8 個の Cl^- イオンで，距離は $\sqrt{3}\,r$，第 4 番目に近いイオンは 6 個の Na^+ イオンで，距離は $2r$ である．第 5 番目に近いイオンは $\sqrt{5}\,r$ の距離にある 24 個の Cl^- イオンである．このように，Na^+ イオンを中心にすべてのイオンのクーロン力を考慮して，静電エネルギーを計算すると次のようになる．

$$\begin{aligned} E &= \frac{6e^2}{(4\pi\varepsilon_0)(r)} - \frac{12e^2}{(4\pi\varepsilon_0)(\sqrt{2}\,r)} + \frac{8e^2}{(4\pi\varepsilon_0)(\sqrt{3}\,r)} - \frac{6e^2}{(4\pi\varepsilon_0)(2r)} + \frac{24e^2}{(4\pi\varepsilon_0)(\sqrt{5}\,r)} - \cdots \\ &= \frac{e^2}{(4\pi\varepsilon_0 r)\left(6 - \frac{12}{\sqrt{2}} + \frac{8}{\sqrt{3}} - \frac{6}{2} + \frac{24}{\sqrt{5}}\right)} \cdots \end{aligned} \tag{3.6}$$

この計算において，Na^+ イオンと Na^+ イオンの静電力は反発力となるのでマイナス符号となる．(3.6) 式のカッコ内の無限級数の和は 1.747558 に収束する．これは NaCl 型構造の**マデルング**（Madelung）**定数**と呼ばれている．マデルング定数とは，イオン結晶の静電ポテンシャルの総和を，再近接の正負イオン間距離，電荷，誘電率をもとに計算するための比例係数である．すなわち，正負イオン 1 対が単独に存在する場合に比べてどの程度強くなるかを示す定数である．この定数はイオン結晶の幾何学的配列のみに依存し，イオンの種類には無関係である．イオン結晶の静電エネルギーは 2 つの近接イオン間のクーロン力とマデルング定数との積で与えられる．表 3.5 に 6 種類の代表的なイオン性結晶のマデルング定数を示す．なお，各構造における陽イオンの配位数は CsCl 型構造では 8，ZnS 型（閃亜鉛鉱型）構造では 4，ZnS（ウルツ鉱型）構造では 4，CaF_2 型構造では 8，TiO_2 型（ルチル型）構造では 6 である．このようにイオン性結晶の結晶構造によってマデルング定数は異なる．

• **NaCl 型構造の格子エネルギーについて**

イオン結合（☞ 1.2.7）の項で説明したボルン－ランデの式を用いて NaCl 型構造の格子エネルギーを算出する．

$$U_{r_0} = \frac{(n^{-1}-1)AN(Z^+)(Z^-)e^2}{4\pi\varepsilon_0 r_0}$$

ここで，$A = 1.74756$: マデルング定数，N: アボガドロ定数，$n = 9.1$: ボルン指数，$r_0 = 0.285$ [nm]: NaCl の結晶構造の格子定数，e: 素電荷，ε_0: 真空中の誘電率となる．これらを代入して U_{r_0} を求めると

$$U_{r_0} = -860 + 95 = -765 \ [\mathrm{kJ\,mol^{-1}}]$$

となり，ヘスの法則によって算出された格子エネルギー

$$U = -786 \ [\mathrm{kJ\,mol^{-1}}]$$

に近似し，実際の実測値 788 $\mathrm{kJ\,mol^{-1}}$ にも近い値を示す．

キーワード：配位数，**NaCl 構造**，静電エネルギー，マデルング定数

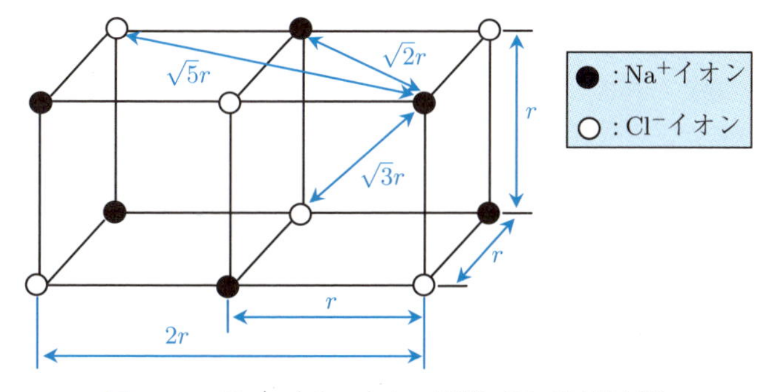

図 3.21 Na^+ イオンからの距離（NaCl 型結晶）

表 3.5 代表的なイオン性結晶のマデルング定数 A

結晶構造	マデルング定数 A
NaCl 型	1.747558
CsCl 型	1.762670
ZnS（閃亜鉛鉱）型	1.63806
ZnS（ウルツ鉱）型	1.6413
CaF_2 型	5.03878
TiO_2（ルチル型）	4.816

3.1.8　ガラスの転移温度

次の2つの条件を満たす固体を**ガラス**と定義する．

① 原子配列がX線的に不規則な網目構造をもつ．
② ガラス転移現象を示す．

①はガラスが構造上非晶質であることを示している．図3.22に結晶とガラスの2次元の原子配列図を示す．(a)は結晶を表し，規則的に原子が配列している．(b)はサッカリアセン（Zachariasen）によって提案されたガラスの不規則網目構造である．(c)はランダール（Randall）によって提案された微結晶構造説に基づくガラスの不規則構造モデルである．図(c)で青線で示した領域が微結晶部分である．微結晶の大きさは2 nm以下で，その割合は図のように少ないものから微結晶どうしが接触するほど多いものまである．このような微結晶をつなぎ合わせるためには，非晶質のマトリックス部分の存在が必要である．微結晶の向きが不規則であるため，微結晶が小さければ，X線非晶質性，等方性，透明性，その他の物性を不規則網目構造説と同様に説明できる．

②は非晶質の中でも特にガラスに特徴的な条件である．従来のガラスにはすべてガラス転移現象が認められる．すなわち，**ガラス転移温度** T_g が存在する．ガラスを加熱すると膨張するが，ガラス転移温度でガラスは過冷却液体となるため，膨張はさらに大きくなる（図3.23）．これがガラス転移現象である．逆に過冷却液体を冷却するときには，液体はガラス転移温度で完全に固体のガラスに変わる．T_g は融点 T_m の $\frac{2}{3}$ に近く，また，T_g ではガラスの種類にかかわらず，粘度が 10^{13} P（ポアズ）に近い値の温度にある．

ガラス転移温度は熱膨張係数が変化する温度から求められる他に，比熱が変化する温度からも求められる．いずれの方法によってもガラス転移温度を有する非晶質物質をガラスと呼ぶ．一方，ガラス転移温度が認められなければ**非晶質**と呼ぶべきである．

従来，ガラスとは「高温融体が結晶化することなく冷却した無機物質」という定義が与えられてきた．しかしPVDやCVD，ゾル－ゲル法などの新しい方法も用いて，これまでの溶融して作製するガラスとまったく同じものが作製されている．また，金属や高分子もガラス化することが明らかになっている．したがって，ガラスは“ガラス転移現象を示す非晶質固体”と定義するのが適当である．

キーワード：ガラス転移，非晶質，不規則網目構造説，微結晶構造説

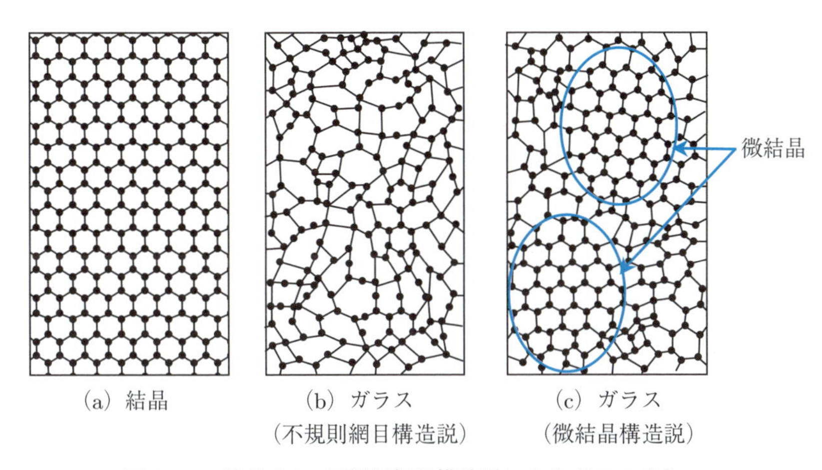

図 3.22　結晶 (a)，不規則網目構造説によるガラス (b)，微結晶構造説によるガラス (c) の構造モデル

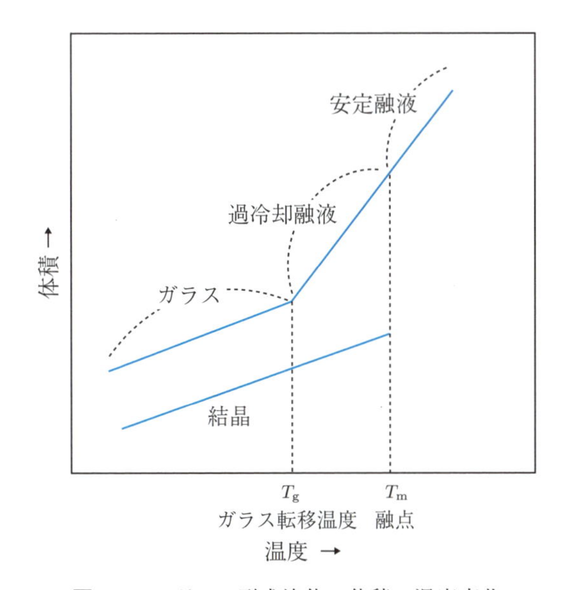

図 3.23　ガラス形成液体の体積の温度変化

3.1.9 ガラスの構造

ガラスは原子配列から見れば不規則であり，結晶のように周期的な構造をもたない．図 3.24 と図 3.25 (a) とに化学組成が SiO_2 のシリカ結晶とシリカガラスの構造を示す．図は 2 次元表示なのでケイ素（Si）（●）に 3 個の酸素（O）（○）が結合しているように描いているが，実際の 3 次元構造では，それぞれの Si に 4 番目の O が結合している．

シリカガラスの構造単位はシリカ結晶と同じ SiO_4 四面体であり，この構造単位を**短範囲構造**という．シリカガラスではこの SiO_4 四面体が頂点の O を共有してつながり，網目構造ができあがっている．このような構造を**長範囲構造**，または**中範囲構造**と呼ぶ．ガラス構造が結晶構造と異なる点は，その構造単位の連結様式である．四面体の構造要素である Si–O 距離は一定であるので，連結様式に影響するのは Si–O–Si 結合角である．

SiO_2, B_2O_3, P_2O_5, GeO_2, As_2O_3 などは単独でガラスを形成するので，**ガラス形成酸化物**または**網目形成酸化物**と呼ばれる．ガラス形成酸化物に Na_2O のようなアルカリ酸化物，および CaO のようなアルカリ土類酸化物を加えると，溶融温度が低下し，液体の粘度，ガラス転移温度，密度，屈折率，化学的特性，硬度などの性質が変化する．これらは**網目修飾酸化物**と呼ばれる．

SiO_2 に Na_2O を加えた組成のガラスでは，次の反応によって ≡Si–O–Si≡ が切れる．

$$\equiv\text{Si–O–Si}\equiv + \text{Na}_2\text{O} \ \rightarrow \ \equiv\text{Si–O–Na} + \text{Na–O–Si}\equiv \tag{3.7}$$

つまり，Si と Si を結び付けていた架橋酸素が非架橋酸素になり，網目は切断される．Na_2O–SiO_2 系ガラスの構造模式図を図 3.25 (b) に示す．

構造解明には短範囲から長範囲にわたる解析手段が必要であるが，特に蛍光 X 線，ESCA，紫外・可視吸収スペクトル，赤外・ラマン吸収，NMR, ESR などの分光学的方法は，構成原子やイオンの配位状態，結合力，結合形式などの短距離秩序の究明に有効である．遠赤外吸収や，比熱容量に現れる低周波振動や電子顕微鏡観察によって中範囲構造の存在が明らかになり，広いエネルギー幅の電磁波や中性子を用いた動径密度測定と，ガラス構造モデルに対する理論動径分布関数予測をもとにその構造が解明されつつある．また，長範囲構造は，分子動力学を適用したコンピューターシミュレーションにより追究されている．

キーワード：網目構造，ガラス形成酸化物，網目修飾酸化物，非架橋酸素

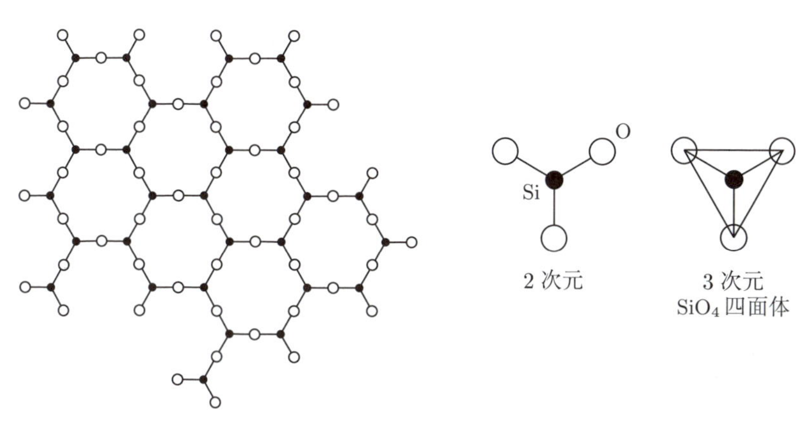

図 **3.24** シリカ結晶の構造の模式図

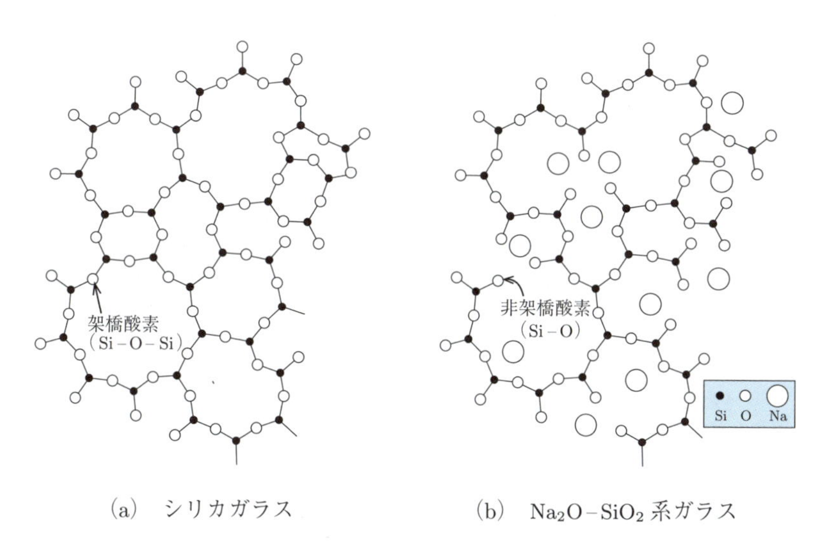

図 **3.25** 非晶質シリカの構造を模式的に 2 次元的に描いたもの (a).
アルカリ金属をドープした非晶質シリカの構造の模式図 (b).

◆コラム 13：ポーリングの法則

イオン結合性結晶の構造は陽イオンと陰イオンの相対的な大きさとそれらのイオンの比による幾何学的な要素とイオン間の静電的安定性がもとになって決定される．

第一法則：イオン結晶は陰イオンが密な充填構造をとり，陽イオンはその隙間に入る．すなわち，イオン結晶内では各陽イオンのまわりを囲む陰イオンが頂点に位置する配位多面体の連続で形成され，陽イオンと陰イオンの間隔はそれらの和となり，陽イオンを囲む陰イオンの配位数は2つのイオンの半径によって決まる．中心にある陽イオンは周囲の陰イオンの半径が大きくなって，ある臨界値を超えると安定な配位状態を保てなくなる．したがって，陰イオンに対する陽イオンの半径比がある臨界値より大きい場合に配位数が決まり，配位数が最大のときにもっとも安定な構造をとる．

第二法則：結晶内では局所的な電気的中性が保たれなければならない．

第三法則：配位多面体の連結の仕方は頂点共有がもっとも安定であり，ついで稜共有，面共有の順となる．これは陰イオンによる陽イオン間の静電的反発力を小さくして安定化させることを意味する．

第四法則：種々の陽イオンを含む結晶では，原子価が大きくて配位数の小さい陽イオンの配位多面体どうしが面，稜，頂点を共有することはほとんどない．

第五法則：複雑な構造よりも，単純な構造をとりやすい．

表3.6に主要なイオン結合性結晶の陰イオンの充填の仕方と陽イオンの位置を示した（☞付表10）．

キーワード：ポーリングの法則，イオン結合性結晶，静電的安定

表 3.6 主要なイオン結合性結晶の充填の仕方

構造名	陰イオンの充填の仕方	陽イオンの位置
岩塩型構造（NaCl）	立方最密充填	八面体位置の全部
閃亜鉛鉱型構造（立方晶 ZnS）	立方最密充填	四面体位置の 1/2
ウルツ鉱型構造（六方晶 ZnS）	六方最密充填	四面体位置の 1/2
スピネル型構造（$MgAl_2O_4$）	立方最密充填	四面体位置の 1/8（Mg）
コランダム型構造（α–Al_2O_3）	六方最密充填	八面体位置の 2/3
ルチル型構造（TiO_2）	ゆがんだ立方最密充填	八面体位置の 1/2
塩化セシウム型構造（CsCl）	単純立方	立方体位置の全部
ホタル石型構造（CaF_2）	単純立方	立方体位置の 1/2
ペロブスカイト型構造（$BaTiO_3$）	立方最密充填	八面体位置の 1/4（Ti）
イルメナイト型構造（$FeTiO_3$）	六方最密充填	八面体位置の 2/3（Fe, Ti）

◆コラム 14：ケイ酸塩化合物の構造

地球の地殻を構成している鉱物の多くはケイ素と酸素を主成分とするケイ酸塩化合物である．ケイ酸塩化合物はケイ酸（SiO_4^{4-}）の四面体構造を基本単位とする化合物である．ケイ酸の四面体が単独で孤立した状態で化合物を形成しているもの，ケイ酸の四面体が複数結合して対，クラスター，環状，鎖状，層状などの構造を形成しているものがある．このようにケイ酸塩化合物にはケイ酸の四面体の多様な結合様式とその他の陽イオンとの組合せによって多くの鉱物を形成している．

キーワード：ケイ酸塩の結合様式

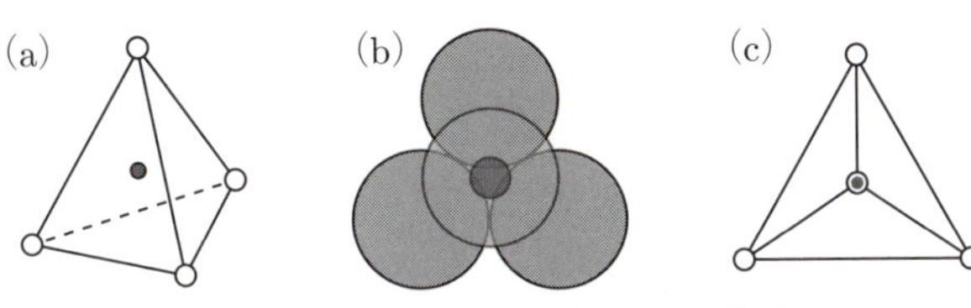

図 3.26　ケイ酸（SiO_4）四面体構造

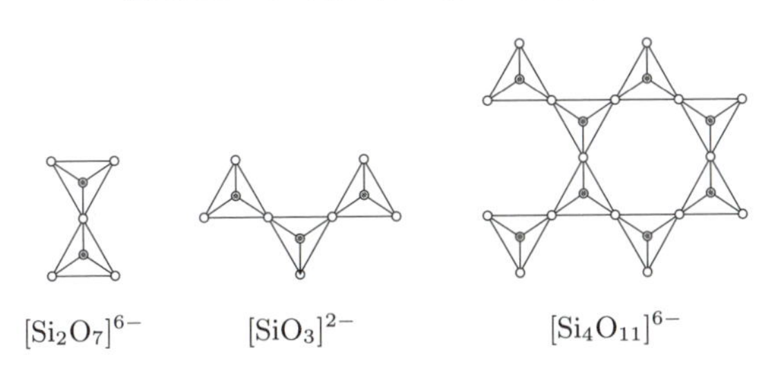

図 3.27　ケイ酸四面体の連結構造

表 3.7　代表的なケイ酸四面体の連結構造とその基本単位

	基本単位*	化合物の例
単独	$[SiO_4]^{4-}$	$Mg_2[SiO_4]$：苦土かんらん石
対	$[Si_2O_7]^{6-}$	$Ca_2Zn[Si_2O_7]$：ハルジストナイト
環状（三員環）	$[Si_3O_9]^{6-}$	$Ca_3[Si_3O_9]$：ケイ灰石
（六員環）	$[Si_6O_{18}]^{12-}$	$Be_3Al_2[Si_4O_{10}]$：緑柱石
鎖状（短鎖）	$[SiO_3]_n{}^{2n-}$	$CaMg[SiO_3]_2$：透輝石
（二重鎖）	$[Si_4O_{11}]_n{}^{6n-}$	$Ca_2Mg_5[(OH)_2(Si_8O_{22})_2]$：透角閃石
層状	$[Si_4O_{10}]_n{}^{4n-}$	$Mg_3[(OH)_4(Si_2O_5)]$：クリソタイル
3 次元網目状	SiO_2	SiO_2：水晶（石英）

* ケイ酸四面体の連結（縮合）によって形成された基本単位あるいは繰り返し単位

◆**コラム 15：分子性結晶の構造**

分子性結晶はファンデルワールス力や水素結合によって結合した多数の分子が規則的に配列した結晶である．

図 3.28 に I_2 の分子結晶の単位格子を示す．ヨウ素は共有結合によって I_2 分子を形成する．この I_2 分子がファンデルワールス力によって面心立方構造を形成している（最密充填構造をとる）．同様に二酸化炭素（CO_2）も固体状態であるドライアイスではファンデルワールス力によって I_2 分子と同じ面心立方構造を形成している（図 3.29）．水の固体である氷の場合には，水素結合によって結晶状態を形成している．

分子性結晶はその化学結合がファンデルワールス力や水素結合であるため，共有結合性結晶やイオン結合性結晶に比べるとその結合力は弱く，軟らかく，低融点であり，昇華性をもつものもある．

キーワード：分子性結晶，ファンデルワールス力，I_2 分子，ドライアイス

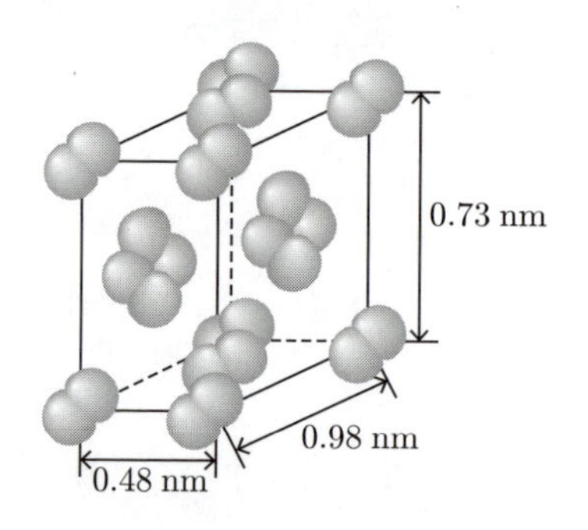

図 **3.28** ヨウ素（I_2）

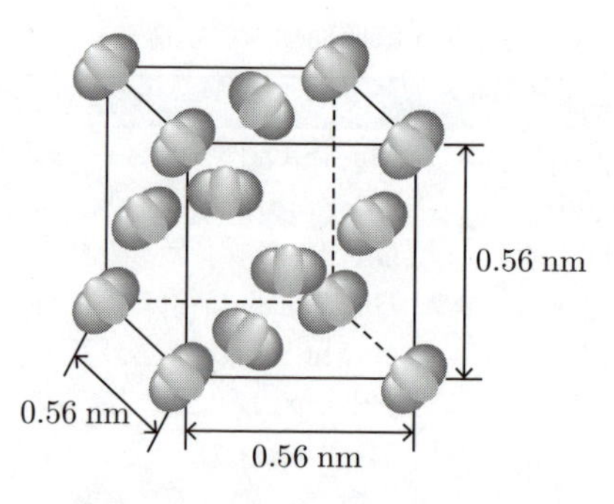

図 **3.29** ドライアイス（CO_2）

◆**コラム 16：金属材料・無機材料のリサイクル**

地球環境が変化すると，人類や生態系に大きな影響を及ぼすことはもちろんであるが，材料も例外ではない．最近，地球規模での環境保全を念頭においた科学および材料技術，すなわち，省資源および資源の有効利用，新素材・新材料の創製，廃棄物の再資源化などが求められている．

• **無機材料のリサイクル**　廃棄物のリサイクル方法には，マテリアルリサイクル，ケミカルリサイクル，エネルギーリサイクルの3つがある．無機材料がつくられてから廃棄するまでの流れを資源・材料リサイクルで考えると（図 3.30），① 鉱物や資源を地球から採取する工程，② 原料・素材を製造する工程，③ 原料・素材の加工工程，④ 製品の製造工程，⑤ 製品を使用する工程，⑥ 使用できなくなった製品を廃棄する工程となる．この中でも，特に ⑥ における廃棄物が資源として再利用できなくなることが問題である．しかし，ガラス工業では廃ガラスをカレットとして再度原料に還元したり，リターナブルびんのようなリサイクル性に優れたものもある．また，セメント焼成時に都市ゴミ，廃タイヤや廃材などの産業廃棄物を燃料代わりに使用することは，エネルギーリサイクルの1つの例である．金属材料ではアルミニウムや鉄，銅などは元素により近い形でのケミカルリサイクルが行われている．

• **エコマテリアル（環境材料）**　エコマテリアルとは環境保全を意識した，地球や人にやさしい材料をいい，省エネルギー，省資源，環境に関連した材料分野として近年注目されている．

キーワード：地球環境問題，材料リサイクル，再資源化，エコマテリアル

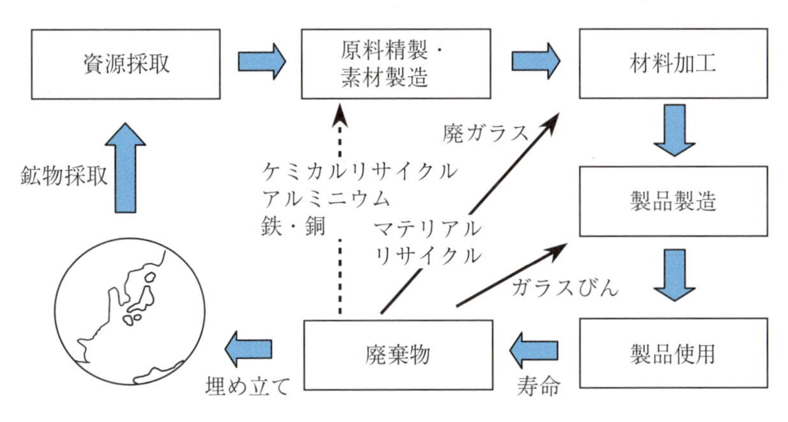

図 3.30　金属材料・無機材料の資源・材料リサイクル

例題（3章）

[3-1]　イオン結晶における平面3配位と四面体の臨界半径比を求めなさい．

（解答）

平面上で等しい半径1の円で正三角形をつくり（図1），円の中心を結ぶと1辺の長さが2の正三角形ができる．3つの円に接する円の半径を r とすると

$$(r+1):1=2:\sqrt{3} \quad \rightarrow \quad r=\frac{2-\sqrt{3}}{\sqrt{3}}$$

から，$r=0.155$.

また，半径1の剛体球で正四面体を作る場合（図2）を考える．正四面体の4つの頂点（A〜D）に球の中心がくるように球を接触させると，1辺の長さが2の正四面体になる．この時の対角線の長さは $\sqrt{6}$ であり，正四面体の中心までの距離は球の半径と臨界半径の和に等しい，つまり，臨界半径を r とすると

$$r+1=\frac{\sqrt{6}}{2}$$

から，$r=0.225$.

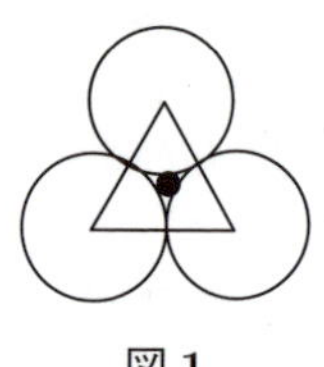

図1

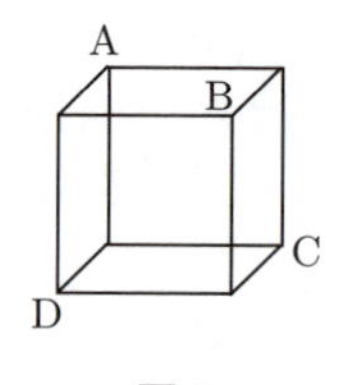

図2

[3-2]　NaCl の単位格子における (100), (200), (111) 面の断面図を描きなさい．

（解答）

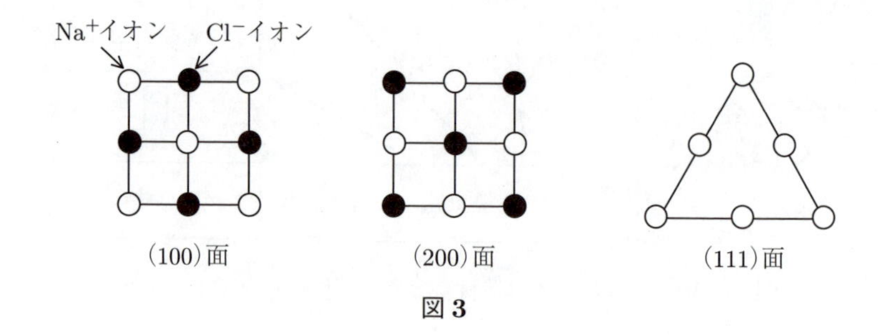

図3

4 s-ブロックおよび p-ブロック元素とその化合物

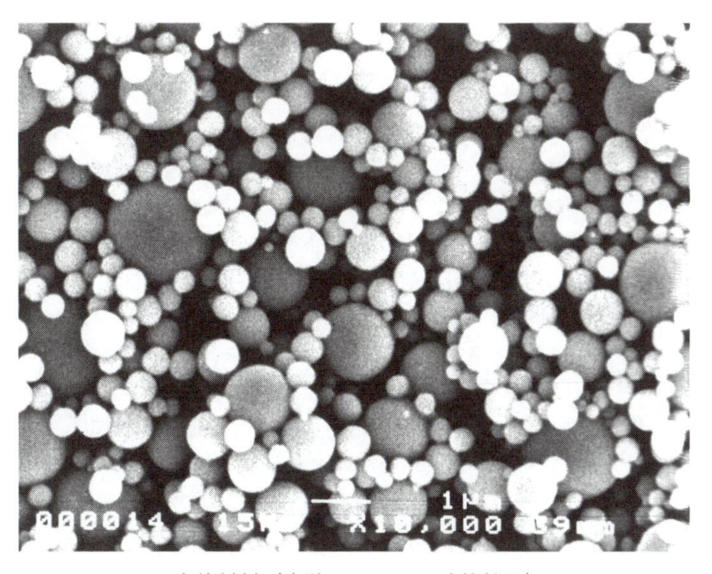

生体材料（水酸アパタイト球状粒子）

4.1 水素および1族，2族元素と化合物

4.1.1 水素

水素原子は1個の陽子と1個の電子からなるが，極性が**プロトン**（H^+），原子状態（H），**ヒドリド**（H^-）と変化するために多くの元素と化合物を形成する（図4.1）．

水素は，1つの電子を失って正の電荷を帯びたプロトン（H^+）になりやすい．プロトンはイオン半径がきわめて小さく，表面の正電荷密度も高いため，近傍に電子対があるとすぐに結合して安定化する．

水素は希硫酸に亜鉛やマグネシウムを加えると得られる．また，水の電気分解では陰極に生成する．工業的には，石油類と水蒸気を反応させるか，鉄と水蒸気を反応させるかして製造されている．生成した水素は，主にアンモニア合成や石油化学製品の原料として利用されている．

水素の同位体には**軽水素**（^1H），**重水素**（deuterium: D），**三重水素**（tritium: T）がある（表4.1）．これらの同位体の原子質量をみると，重水素は軽水素の2倍，三重水素は3倍になり，単体や化合物としての同位体効果は大きくなる．三重水素はβ崩壊を起こす放射性同位体であり，半減期は12.33年である．また，表4.2に水素同位体の天然存在比とそれらの製法を示した．

• **化合物の性質**

水素は希ガスを除いたほとんどの元素と水素化物を形成する．二元系水素化物は化合する元素の周期表（☞1.1.5）中の位置によって結合様式を分類できる．s-ブロック元素のアルカリ金属，アルカリ土類金属と結合する場合には塩型水素化物となり，ハロゲン化物と同様なイオン結合性になる．塩型水素化物には，水素化リチウム（LiH），テトラヒドロアルミン酸リチウム（$LiAlH_4$），テトラヒドロホウ酸ナトリウム（$NaBH_4$）などがあり，主に有機化合物の還元剤や水素添加剤として利用されている．p-ブロック元素の13族から17族とは共有結合性の分子性水素化物となる．これにはジボラン（B_2H_6），シラン（SiH_4），ホスフィン（PH_3）などがあり，いずれもきわめて反応性の高い有毒気体で，取り扱いには注意を必要とする．d-またはf-ブロックの遷移金属は金属的性質をもつ金属性水素化物となる．金属性水素化物の組成はMH_xであり，xは整数ではなく，金属格子の空孔の一部に水素が入った不定比の侵入型固溶体である．特にf-ブロックの金属水素化物$LaNi_5$は約6原子の水素を吸蔵して$LaNi_5H_6$となることから，水素燃料電池材料や水素貯蔵材料として利用が考えられている．

キーワード：水素，プロトン，ヒドリド，水素同位体，水素化物

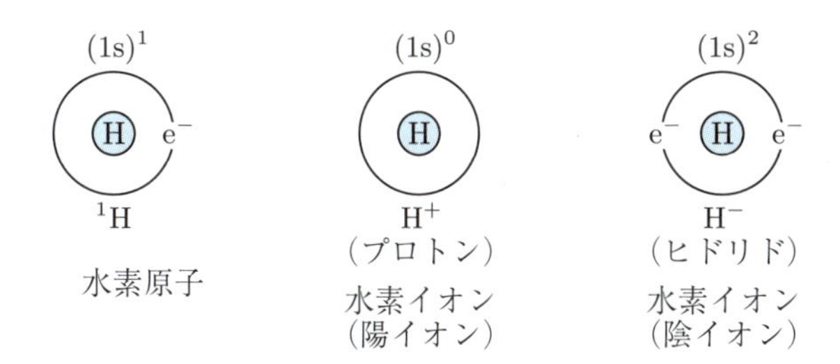

図 4.1　水素原子と水素イオンの形態

表 4.1　水素の同位体の性質

水素同位体	H	D	T
分子	H_2	D_2	T_2
分子の融点／K	13.957	18.73	20.62
分子の沸点／K	20.39	23.67	25.04
酸化物	H_2O	D_2O	T_2O
融点／°C	0.00	3.81	4.48
沸点／°C	100.00	101.42	101.51
密度／$g\,cm^{-3}$（25°C）	0.9970	1.1044	1.2138
最大密度温度／°C	3.98	11.23	13.40

表 4.2　水素同位体の天然存在比と製法

	天然存在比（%）	製法
^1H	99.984	
^2H	0.016	水を電気分解すると $^1H_2$ が容易に発生することを利用して，逆に水中で ^2H を濃縮する．
^3H	10^{-18} 以下	原子炉内でリチウムに中性子を照射して，^3H を生成させる． $^6Li + {}^1n \rightarrow {}^4He + {}^3H$

4.1.2 アルカリ金属（1族）

1族に属する6種類の元素（リチウム（Li），ナトリウム（Na），カリウム（K），ルビジウム（Rb），セシウム（Cs），フランシウム（Fr））を**アルカリ金属**（alkali metal）という（表4.3）．アルカリ金属は鉱物および海水中に多く含まれている．なかでもナトリウムは地殻中にある元素としては，カルシウム（Ca）についで6番目に多い元素である．海水中では食塩，陸地では岩塩の形で存在している．また，カリウムはナトリウムについで多く存在する元素である．

ナトリウムや**カリウム**は生物には必須な元素で，これらの化合物は工業原料としても重要である．金属ナトリウムは原子力発電所の高速増殖炉の冷却材として用いられている．

リチウムはナトリウム，カリウムと同様に主に海水中にも含まれていて，多量のリチウムイオンが存在している．このことから，日本では海水中からリチウムを回収する技術の開発が進められている．一方，リチウム鉱石の埋蔵量は比較的豊富にあるが，その鉱床は世界的に偏在しているという問題点がある．

アルカリ金属は融点，沸点および密度が低く，柔らかい金属である．外殻電子はs電子1個であるためにイオン化エネルギーは低く，容易に電子を放出して1価の陽イオンM^+となる．また，特有の発光線（Li: 赤色，Na: 黄色，K: 青紫色，Rb: 暗赤色，Cs: 赤紫色）をもつことから，炎色反応による定性分析が可能である（表4.4）．

アルカリ金属は還元性が強いために化学的な方法では金属を得ることができず，一般にはハロゲン化物の電気分解によって製造される．たとえば，ナトリウムの場合にはNaClの溶融塩を炭素陽極と鉄陰極を用いて電解して製造する．

- **化合物の性質**

水酸化物は無色で吸湿性，潮解性を有する．水溶液は強塩基性で，空気中の二酸化炭素を吸収する．特に**水酸化ナトリウム**（NaOH）はカセイソーダとして工業的に利用価値の高い原料で，広範囲の化学工業において利用されている．工業的にはイオン交換膜を用いたNaClの電気分解によって製造される（図4.2）．

塩化ナトリウム（NaCl）は生命維持の必須化合物で，主に食用として利用されている．工業的にはNaOHやNa_2CO_3などの原料となっている．工業的な製法はイオン交換膜法で濃縮したかん水の水分を蒸発させて得る（製塩工業）．実験室的にはNaOH水溶液とHCl水溶液との中和反応で得た塩を蒸発乾固すると得られる．

炭酸ナトリウム（Na_2CO_3）は白色粉末で，水溶液は加水分解してアルカリ性となる．工業用途にはガラスの原料のソーダ灰として大量に使用される．炭酸ナトリウムを水溶液から析出させると$Na_2CO_3 \cdot 10H_2O$が生成するが，そのまま室温で放置すると風解して$Na_2CO_3 \cdot H_2O$となる．工業的には**アンモニアソーダ法**（**ソルベー法**）

表 **4.3**　アルカリ金属（1族元素）の性質

元素記号	Li	Na	K	Rb	Cs
電子構造	[He]$2s^1$	[Ne]$3s^1$	[Ar]$4s^1$	[Kr]$5s^1$	[Xe]$6s^1$
イオン化ポテンシャル／eV	5.39	5.14	4.34	4.18	3.89
イオン半径／nm	0.060	0.095	0.133	0.148	0.169
密度／$g\,cm^{-3}$	0.534	0.968	0.858	1.532	1.90
融点／°C	181	98	63.5	39	28.5
沸点／°C	1342	883	759	688	671
存在度（クラーク数順位）	27	6	7	18	42

表 **4.4**　炎色反応

	赤色	橙赤色	黄色	緑色	青色	青紫色	赤紫色
元素名	Li	Ca	Na	Cu	Ga	K	Cs
	Sr			Ba	As		
	Rb			B			

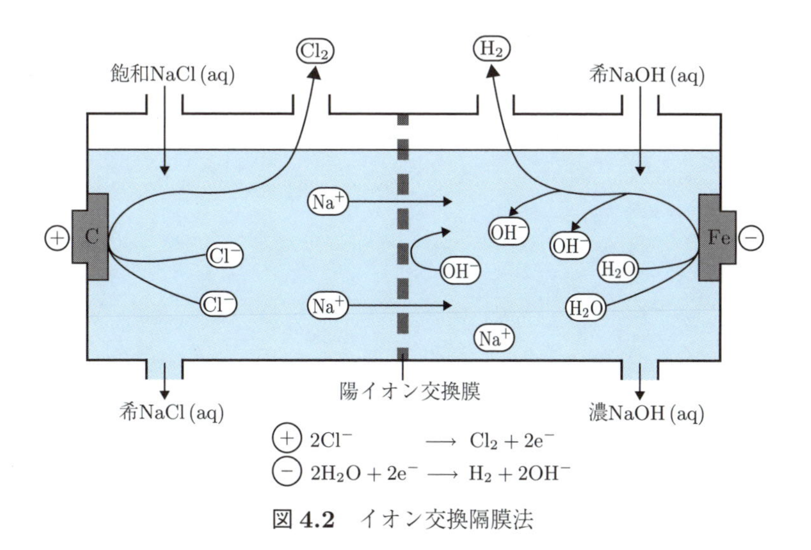

(+) $2Cl^- \longrightarrow Cl_2 + 2e^-$

(−) $2H_2O + 2e^- \longrightarrow H_2 + 2OH^-$

図 **4.2**　イオン交換隔膜法

によって製造される（図4.3）．これは，NaClの飽和水溶液にアンモニアと二酸化炭素を吹き込んで溶解度の低い$NaHCO_3$を析出させ，得られた$NaHCO_3$を加熱してNa_2CO_2を製造する方法である．

炭酸水素ナトリウム（Na_2CO_3）の水溶液は弱アルカリ性である．加熱や溶解によって分解すると二酸化炭素を発生するので，入浴剤やふくらし粉（重炭酸ナトリウム（重曹））として用いられる．

硝酸カリウム（KNO_3）は鉱物資源の硝石として産出する．工業的な製法には，チリ硝石（$NaNO_3$）を溶解した水溶液にKClを加えるか，または炭酸カリウムや水酸化カリウムなどのカリウム塩に硝酸を加えて製造されている．酸化力の強い化合物であるために酸化剤として利用され，特に黒色火薬の原料として古くから使われている．

炭酸カリウム（K_2CO_3）は植物中の灰分に多く含まれている．白色粉末で潮解性をもち，水溶液中では加水分解してアルカリ性を示す．炭酸カリウムは主に**ルブラン法**で製造されている．これは塩化カリウムに濃硫酸を加えて硫酸カリウムを生成させ，石炭（C）と石灰石（$CaCO_3$）を加えて溶解し，生成する炭酸カリウムを水で抽出して蒸発させて得る方法である．塩化カリウム水溶液を電解して得た水酸化カリウムに，二酸化炭素を吹き込んで製造する方法もある．カリウム成分の多いガラス（カリガラス）やカリ肥料として使われている．

リチウムイオン二次電池は，リチウム自体は資源的にナトリウムやカリウムに比べて少ないものの，Li^+イオンの酸化還元平衡電位が-3.04 Vとアルカリ金属元素の中でもっとも高く，また，水中での水和エネルギーによって安定化されて利用しやすいことによる．図4.4にリチウムイオン二次電池の原理を示した．負極に黒鉛（☞ 4.4.1），正極に$LiCoO_2$（☞ 5.4.2）を利用している．いずれの電極材料ともに層状構造化合物で，Li^+イオンが負極に挿入される過程を充電，正極の層に挿入される過程を放電とする．

キーワード：塩化ナトリウム，水酸化ナトリウム，イオン交換膜法，アンモニアソーダ法

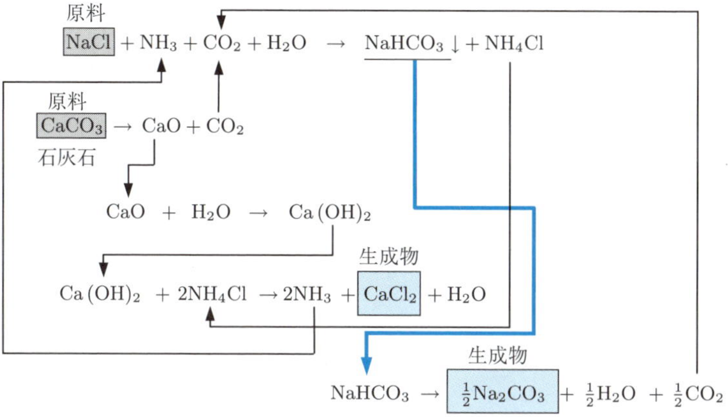

原料
NaCl + NH3 + CO2 + H2O → NaHCO3 ↓ + NH4Cl
原料
CaCO3 → CaO + CO2
石灰石
CaO + H2O → Ca (OH)2
生成物
Ca (OH)2 + 2NH4Cl → 2NH3 + CaCl2 + H2O
生成物
NaHCO3 → ½Na2CO3 + ½H2O + ½CO2

図 **4.3**　アンモニアソーダ法

e−
e−
黒鉛 C
CoO2−
（一部 CoO2）
LiCoO2
Li+
Li
正極
負極
電解液
(LiPF6)
セパレータ
正極　CoO2 + Li+ + e− → LiCoO2
負極　LiC6 → C6 + Li+ + e−
C 原子
リチウム

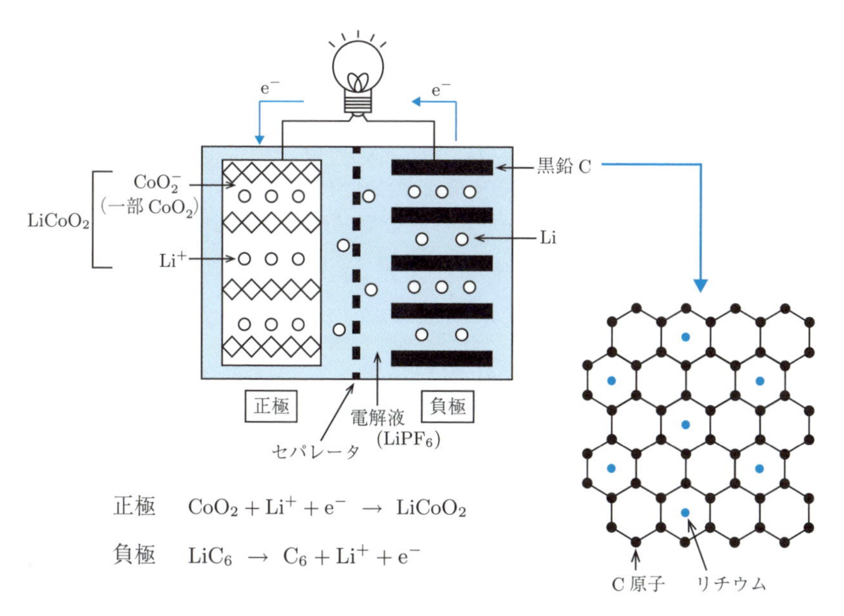

図 **4.4**　リチウムイオン二次電池の原理

4.1.3 アルカリ土類金属（2族）

2族元素のうち，カルシウム（Ca），ストロンチウム（Sr），バリウム（Ba），ラジウム（Ra）の4種類の元素を**アルカリ土類金属**（alkali-earth metal）といい，ベリリウム（Be），およびマグネシウム（Mg）の2種をその中に含めないことが多い．これはベリリウム，マグネシウムのイオン半径がかなり小さいことと，イオン化エネルギーが大きいことから，他の第2族元素の化合物とは物理的・化学的性質が大きく異なるからである（表4.5）．

第2族の原子はs軌道に2個の価電子をもっている．このため，アルカリ金属に比べて原子間の結合は強く，融点はアルカリ金属よりも高くなる．原子Mは2個の電子を放出して2価イオンM^{2+}となり，イオンは不対電子のない希ガス構造となるために無色である．

ベリリウムはX線などの電磁波をよく通す性質からX線管球の窓や原子炉材料として利用されている．ベリリウムはエメラルドとして知られている緑柱石（$3BeO \cdot Al_2O_3 \cdot 6SiO_2$）に含まれる．かつてはこれをアルカリ溶融した後に硫酸処理をして可溶性$BeSO_4$を得て，それを原料としていた．しかし，最近では塩基性酢酸ベリリウムを合成した後，減圧下で加熱分解して得ている．

マグネシウムは，密度$1.74\ g\,cm^{-3}$の六方最密構造を有する軽くて硬い金属である．このため，最近ではアルミニウムよりも軽くて高強度の軽金属として多くの分野で利用され，特にポータブル電子機器のハウジング材料として用いられている．また，Al-Mg-Cu合金のジュラルミンは航空機などに利用されている．マグネシウムは，マグネサイト（$MgCO_3$）などの鉱物を加熱してMgOを合成し，それを$MgCl_2$に変えて加熱溶融した後，電気分解によってマグネシウムを得る．また，海水中のマグネシウムも回収して利用されている．

- **化合物の性質**

2族の化合物は2価陽イオンであり，ほとんどイオン結合（☞ 1.2.7）である．2族の原子半径は1族のそれよりも小さいことと，価電子数も1族のそれよりも多いことから，電子はより強固に結びつけられている．そのため，第1イオン化ポテンシャル（☞ 1.1.6）は1族のそれよりも大きく，第2イオン化ポテンシャルも原子核に対する電荷の比が増加するのでさらに大きくなる．このため，1族化合物に比べて結合は強くなり，溶解性は低下し（表4.6），耐熱性や硬度は向上する（表4.7）．

酸化マグネシウム（MgO）は岩塩型構造（☞ 3.1.7）を形成し，マグネシウムと酸素との配位は6配位である．酸化ベリリウムはウルツ鉱型構造（β–ZnS）となるが，それ以外の2族の酸化物はすべて岩塩型構造をとる．酸化マグネシウムは融点が2852°Cと高いことから耐火物や高温構造材料などに利用されている．酸化マグネシウムは水

表 4.5 2族元素の性質

元素記号	Be	Mg	Ca	Sr	Ba	Ra
電子構造	[He]$2s^2$	[Ne]$3s^2$	[Ar]$4s^2$	[Kr]$5s^2$	[Xe]$6s^2$	[Rn]$7s^2$
第1イオン化ポテンシャル／eV	9.32	7.64	6.11	5.69	5.21	5.22
第2イオン化ポテンシャル／eV	18.21	15.03	11.87	11.03	10.00	10.14
原子半径／nm	0.102	0.139	0.171	0.185	0.196	—
イオン半径／nm	0.031	0.065	0.099	0.113	0.135	—
密度／$g\,cm^{-3}$	1.86	1.74	1.55	2.63	3.62	5.5
融点／°C	1287	650	852	777	727	700
沸点／°C	2471	1090	1484	1382	1897	1140
存在度（クラーク数順位）	47	8	5	22	19	84

表 4.6 アルカリ土類金属塩類の水に対する溶解度（無水塩 g/100 cm^3 H_2O）

元素記号	Be	Mg	Ca	Sr	Ba
水酸化物（18°C）	0.55×10^{-4}	0.19×10^{-2}	0.131	0.89（25°C）	4.18（25°C）
硝酸塩　（20°C）	107	70.2	129	70.8	9.1
硫酸塩　（20°C）	40.8	35.8	0.203	0.013	0.24×10^{-3}
炭酸塩　（18°C）	—	0.11×10^{-2}（25°C）	0.62×10^{-3}（39°C）	0.59×10^{-3}	0.86×10^{-3}
塩化物　（20°C）	73.1	54.1	81.5	55.5	35.7
フッ化物（20°C）	~50	0.12×10^{-1}	0.25×10^{-2}	0.12×10^{-2}	0.209
臭化物　（20°C）	易	101	143	102	104
ヨウ化物（20°C）	易	140	204	180	205

表 4.7 アルカリ土類金属塩類の性質

元素記号		Be	Mg	Ca	Sr	Ba
酸化物	融点／°C	2570	2852	2572	2430	1923
	沸点／°C	3900	3600	2850	—	—
水酸化物	融点／°C	—	350（分解）	580（分解）	375	408
	沸点／°C	—	—	—	—	—
塩化物	融点／°C	440	712	772	873	962
	沸点／°C	547	1412	1600	2030	1830
硫酸塩	融点／°C	550（分解）	1185（分解）	1450	1580（分解）	1580（分解）
	沸点／°C					

酸化マグネシウムを加熱脱水すると得られる．その様子を図4.5に示すが，層状構造の$Mg(OH)_2$を熱分解すると層間の2つのOHからH_2Oが脱離してOとなり，Mgのわずかな移動でMgOとなる．

酸化カルシウム（CaO）も酸化マグネシウムと同様に岩塩型構造を形成する．しかし，酸化カルシウムでは酸素6配位の理想イオン半径比0.414からの隔たりが酸化マグネシウムのそれよりも大きくなることから，反応性に富む．このため，酸化カルシウム（生石灰）は水と容易に反応して水酸化カルシウム（消石灰）となる．また，リン酸，硫酸などの酸と容易に反応してリン酸カルシウム，硫酸カルシウムなどを生成する．また，ガラスやセメントの原料，溶鉱炉のスラグ成分の生成に対して大量に使用されている．

炭酸カルシウム（$CaCO_3$）にはカルサイト，アラゴナイト，バテライトの3種の多形がある（表4.8）．このうち，カルサイトは石灰石，アラゴナイトはアラレ石として天然に，大量に存在する．一方，バテライトは天然には存在せず，湿式合成によってのみ生成する準安定相である．図4.6に示したように，$Ca(HCO_3)_2$水溶液中から$CaCO_3$を析出させる湿式合成においてカルサイト（C）はもっとも過飽和度の低い条件で生成し，その条件を高くしていくとアラゴナイト（A），さらにはバテライト（V）が生成する．炭酸カルシウムは生石灰の原料の他，紙，ゴム，プラスチックおよび塗料のフィラーとして利用されている．

硫酸カルシウム二水和物（$CaSO_4 \cdot 2H_2O$）は**二水セッコウ**と呼ばれる．図4.7に二水セッコウのTG–DTA曲線を示した．TG曲線には80°C～170°Cに2段の脱水減量がみとめられる．DTA曲線では120°C（$CaSO_4 \cdot 2H_2O \rightarrow \beta\text{-}CaSO_4 \cdot \frac{1}{2}H_2O$）と170°C（$\beta\text{-}CaSO_4 \cdot \frac{1}{2}H_2O \rightarrow \text{III-}CaSO_4$）に2つの脱水のための吸熱ピークと360°Cに結晶転移（$\text{III-}CaSO_4 \rightarrow \text{II-}CaSO_4$）のための発熱ピークを示した．

半水セッコウを水で練ると二水セッコウに変化するが，このとき生成した二水セッコウの針状結晶が絡み合って硬化する．III型無水セッコウも湿空気中ですばやく水和して半水セッコウとなり，さらに二水セッコウとなる．しかし，II型無水セッコウは安定で水和反応が起きにくい．このようなセッコウの水和硬化反応は建材，陶磁器の型材などに利用されている．

キーワード：アルカリ土類金属，酸化マグネシウム，炭酸カルシウム

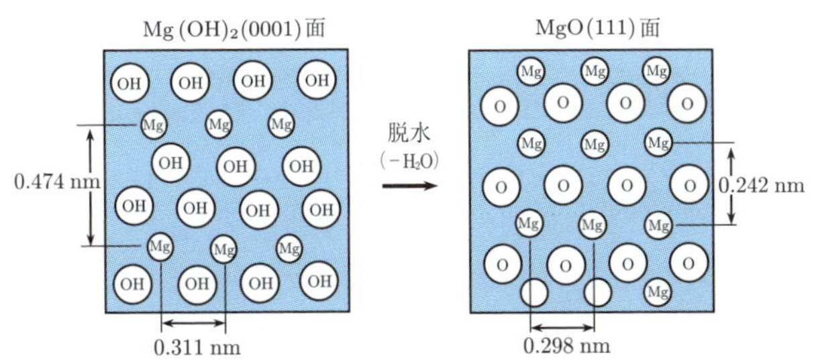

図 4.5 $Mg(OH)_2$ の熱分解によって生成した MgO

表 4.8 炭酸カルシウム（$CaCO_3$）の多形

	カルサイト（C）	アラゴナイト（A）	バテライト（V）
結晶系	菱面体晶（$R\bar{3}c$）	斜方晶（Pmcn）	六方晶（$P6_3mc$）
比重	2.71	2.94	2.54
溶解度（20°C）	1.4 mg/100 cm^3	1.5	2.4
解離熱	190 kJ mol^{-1}	—	—
結晶系	菱形立方体	棒状	六角板状

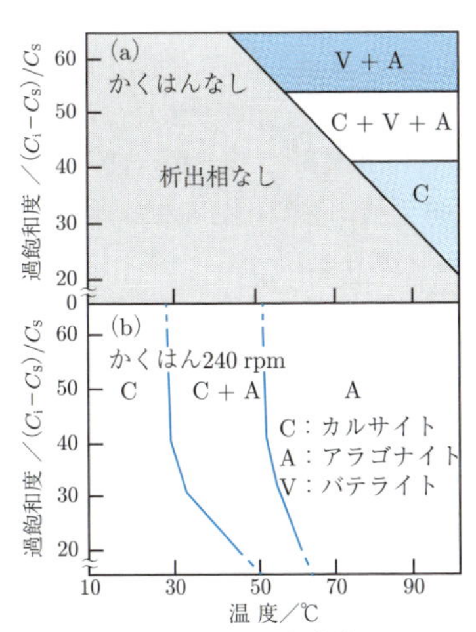

図 4.6 $Ca(HCO_3)_2$ 水溶液から析出する $CaCO_3$ の生成域（C_i: 初期濃度，C_s: 飽和濃度）

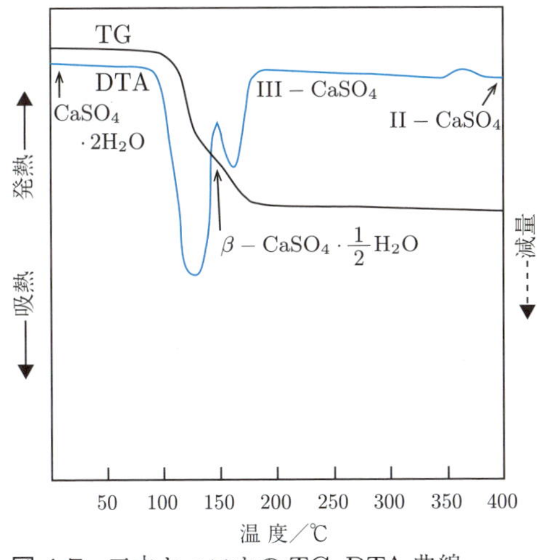

図 4.7 二水セッコウの TG–DTA 曲線（TG: 熱てんびん，DTA: 示差熱分析）

●4.2　17族および18族元素と化合物●

4.2.1　ハロゲン（17族）

17族元素のフッ素（F），塩素（Cl），臭素（Br），ヨウ素（I），アスタチン（At）を**ハロゲン元素**という．ハロゲン元素の外殻電子配置は ns^2np^5 で，1個の電子を受け取って安定な希ガス（☞ 4.2.2）の ns^2np^6 の電子配置をとる．このため1価の陰イオンのハロゲン化物イオン X^- となる（表4.9）．ハロゲン単体は2原子分子であり，原子番号が大きくなるにしたがって分子間力が増し，融点および沸点は高くなる．

フッ素はハロゲン単体の中で最も還元電位（☞ 2.2.3）が高く（$E° = 2.87$ [V]），酸化力が大きい元素である．フッ素はホタル石（CaF_2）などのフッ素を含む鉱物を硫酸処理して溶解し，生成するHFにKFを加えて約100°Cで電解して製造される．**塩素**は，イオン交換隔膜法によって濃縮された食塩水を電気分解すると陽極側に塩素ガスとして得られる．**臭素**は海水や岩塩中の臭化物に塩素を通して酸化し，回収する．**ヨウ素**は，日本では地下かん水（塩分を含む水）からイオン交換法により回収する．日本では世界の40%程度を産出している．ヨウ素は主に医薬品，写真材料に使われる．**アスタチン**はビスマスに α 線を当てると生成する．

• **化合物の性質**

ハロゲン元素は水素と激しく反応して，ハロゲン化水素を生成する．ハロゲン化水素は水に溶解して酸となり，HF以外のHCl, HBr, HIは強酸となる（図4.8）．また，塩素には酸化数+1から+7までの酸化物があり，水と反応してオキソ酸になる．塩素のオキソ酸には，次亜塩素酸（$HCl^{I}O$），亜塩素酸（$HCl^{III}O_2$），塩素酸（$HCl^{V}O_3$），過塩素酸（$HCl^{VII}O_4$）があり，酸化数の大きい過塩素酸は強酸化剤となる（図4.9）．この他に，ハロゲンのオキソ酸には $BrO_4{}^-$ や $IO_4{}^-$ がある．

ヨウ化銀（α-AgI）では体心立方格子の各位置をイオン半径の大きい I^- イオン（イオン半径0.216 nm）が占め，Ag^+ イオン（イオン半径0.126 nm）は3種類の結晶学的に等価な位置に分布する平均構造（図4.10）をとる．Ag^+ イオンはこの隙間を容易に移動し，高いイオン導電性（200°C: 2×10^{-2} S m^{-1}）を示す．

結晶構造は I^- イオンの体心立方格子の配列に対して Ag^+ イオンは主に四面体サイトを占有している．この四面体サイトは図の斜線を施した三角形を底面とし隣りの格子の体心サイトの I^- を頂点とする歪んだ四面体の中心で，各面に4つずつ，合計 $4 \times 6 \times \frac{1}{2} = 12$ 個ある．体心立方格子には I^- イオンは2個含まれるため，Ag^+ イオンもそれらのうち2箇所のみ占有すればよいので，残りの10個のサイトは空きサイトになる．この空きサイト間を Ag^+ イオンは自由に動き回ることができる．

キーワード：ハロゲン，1価陰イオン，ヨウ化カドミウム，ヨウ化銀

表 4.9　ハロゲン族（17 族元素）の性質

元素記号	F	Cl	Br	I	At
電子結合	[He] $2s^2 2p^5$	[Ne] $3s^2 3p^5$	[Ar] $3d^{10} 4s^2 4p^5$	[Kr] $4d^{10} 5s^2 5p^5$	[Xe] $4f^{14} 5d^{10} 6s^2 6p^5$
X–X 結合エネルギー ／$kJ\,mol^{-1}$	155	243	193	151	（~116）
第 1 イオン化ポテンシャル／eV	17.418	13.01	11.84	10.454	9.5
電気陰性度	4.10	2.83	2.74	2.21	1.96
原子半径／nm	0.064	0.099	0.114	0.133	—
イオン（X^-）半径／nm	0.136	0.181	0.195	0.216	—
融点／°C	−220	−101	−7	113.7	—
沸点／°C	−188	−39	59	185	—

$H_2 + X_2 \rightarrow 2HX$

$H_2 + F_2 \rightarrow 2HF$　（爆発的に反応する）

$H_2 + Cl_2 \rightarrow 2HCl$　（光または熱で爆発的に反応する）

$H_2 + Br_2 \rightarrow 2HBr$

$H_2 + I_2 \rightarrow 2HI$

ハロゲン単体の酸化力

$F_2 > Cl_2 > Br_2 > I_2$

ハロゲン化水素の反応性

$HF > HCl > HBr > HI$

図 4.8　ハロゲン単体と水素の反応

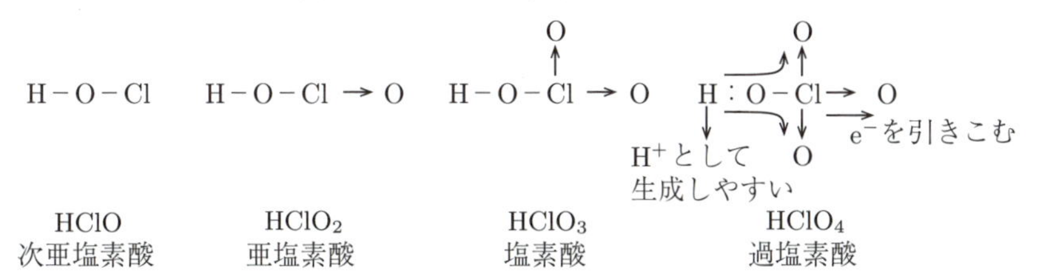

中心原子の Cl の酸化が多いほど電子を引きつけるため，塩素原子を含むオキソ酸の酸の強度は $HClO < HClO_2 < HClO_3 < HClO_4$ の順に上がる．

図 4.9　塩素を含むオキソ酸

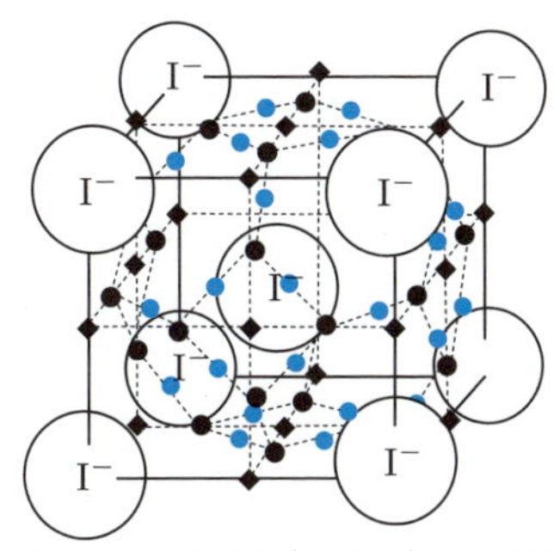

図 4.10　ヨウ化銀（α-AgI）の結晶構造

4.2.2 希ガス（18族）

18族元素であるヘリウム（He），ネオン（Ne），アルゴン（Ar），クリプトン（Kr），キセノン（Xe），ラドン（Rn）はいずれも大気中に少量存在する（図4.11）．特にヘリウムは天然ガス中に存在する．第18族元素の原子の最外殻電子殻は閉殻であるためにきわめて安定な元素であり，原子1個で安定に存在する単原子分子である．以前は**不活性ガス**（inert gas）と呼ばれていたが，近年，キセノン化合物が発見されて以来，**貴ガス**（noble gas）と呼ばれるようになった．アルゴンの他は大気中にごくわずかしか存在しないので，日本では**希ガス**（rare gas）と呼ばれている．

希ガスの電子配置は閉殻構造をとり，最外殻電子数はHe原子では2個，他の希ガス原子では ns^2np^6 の8個である（表4.10）．他の原子がイオンとなったり，共有結合したりするときには，希ガスの電子配置と同様な電子配置をとる場合が多い．電子配置が安定しているために，イオン化エネルギーは非常に大きい（☞ 1.1.6）．

ヘリウム（He）は大気より軽いので地球上にはほとんどないが，北アメリカなどの特定地域では天然ガスに含まれて産出する．沸点が $-268.9°C$ であることから，超伝導工学や極低温科学には欠かせない元素である．また，飛行船や気球などにも使用される．

アルゴン（Ar）は，液体空気から窒素と酸素を分離する際に得られる．空気中には約1%程度含まれている．工業的には冶金工業や金属溶接の際の酸化防止ガスとして用いられている．また，実験・研究用の不活性ガス，固体レーザー用ガスとして，最近では大型ディスプレイのプラズマディスプレイの封入ガスとして利用されている（表4.11）．

その他の希ガスとして**ネオン**（Ne）は赤い光を放出する放電管として，また，**キセノン**（Xe）ガスはレントゲン撮影用に利用されている．

- **化合物の性質**

キセノンはフッ素，酸素，塩素などの電気陰性度の大きな元素と結合し，さまざまな構造の化合物を生成する．特にキセノンはフッ素ガスと混合して熱または光で励起すると，XeF_2（線状構造），XeF_4（平面構造），XeF_6（6配位構造）が容易に生成する．しかし，これらを単離するのは難しい．また，フッ素化合物を加水分解すると XeO_3, XeO_4 が得られる．

キーワード：希ガス，閉殻構造，不活性ガス

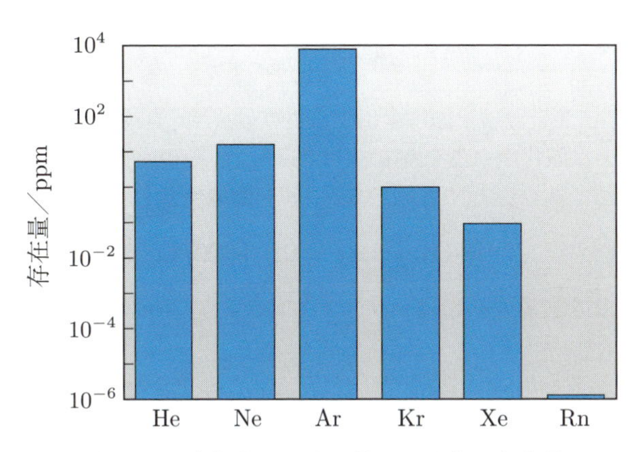

図 4.11　大気中における希ガス元素の存在量

表 4.10　希ガス（18 族元素）の性質

元素記号	He	Ne	Ar	Kr	Xe	Rn
電子構造	$1s^2$	[He] $2s^2 2p^6$	[Ne] $3s^2 3p^6$	[Ar] $3d^{10} 4s^2 4p^6$	[Kr] $4d^{10} 5s^2 5p^6$	[Xe] $5d^{10} 6s^2 6p^6$
第 1 イオン化ポテンシャル／eV	24.581	21.559	15.759	13.996	12.127	10.746
原子半径／nm	0.046	0.067	0.096	0.117	0.131	0.142
融点／°C	−272.2	−248.5	−189.3	−156.5	−111.4	−70.9
沸点／°C	−268.9	−245.9	−185.8	−152.8	−107	−64.9

表 4.11　希ガス真空放電の発色

元素	真空放電発色
He	Na の d 線近傍の強い黄色
Ne	9 本の赤色線スペクトルと 3 本の橙色線
Ar	赤色〜青色
Kr	紫色
Xe	青色

●4.3　13族元素と化合物●

4.3.1　ホウ素

ホウ素（B）の主要資源は米国に産出する**ホウ砂**（$Na_2B_4O_7 \cdot 10H_2O$）である．単体のB（表4.12）は酸化ホウ素をMgなどで還元し，その生成物をNaOH水溶液，塩酸，フッ化水素酸で洗うことによって95〜98%の純度のものが得られている．

$$B_2O_3 + 3Mg = 2B + 3MgO \tag{4.1}$$

さらに高純度のBを得るためにはシリコンと同じように溶融して単結晶をつくる必要がある．

Bはsp^2混成軌道を用いてBX_3（結合角120°）の化合物となるが，空の軌道があるために電子対を受け入れることができるので，ルイス酸として働く．Bと他の13族元素との化学的性質の類似性は乏しいが，周期表の斜め右下にあるSiとは，次の①〜④に示したような類似性が認められる（表4.13，図4.12）．

①　ホウ酸塩とケイ酸塩は巨大な格子構造をもち鎖状，環状構造となる．
②　両元素とも非金属で共有結合性である．
③　BとSiの水素化物は揮発性であり，空気中で燃焼する．
④　ハロゲン化物は容易に加水分解する．

• 化合物の性質

Bの酸素化合物として，白色針状結晶である**オルトホウ酸**（H_3BO_3）がある．このオルトホウ酸を一般的に**ホウ酸**と呼ぶ．これはホウ酸塩またはハロゲン化ホウ素の加水分解によって得られる．H_3BO_3は水素結合によって無限層状構造をつくる．ホウ酸を加熱すると100°Cで**メタホウ酸**（HBO_2），140°Cで**テトラホウ酸**（$H_2B_4O_7$），さらに加熱するとガラス状の無水物（B_2O_3）となる．ホウ素が酸素配位した場合の特性をSiとともに表4.13に示す．イオン結合としても，共有結合としてもBは3，Siは4配位で，$[BO_3]$および$[SiO_4]$の重合とともに結晶化しにくくなり，3次元重合体を徐冷しても結晶にならず非晶質の透明ガラスが得られる．Na_2O-B_2O_3-SiO_2を基礎組成とするホウケイ酸ガラスはB_2O_3を13〜28%含み，$[BO_3]$配位とともに$[BO_4]$の4配位が$[SiO_4]$配位を一部置換して3次元的に連結している．ケイ酸塩ガラスに比べて，溶融温度，膨張係数がともに低く，化学的耐久性や電気特性に優れるため，耐熱ガラス，電子管用ガラス，光学ガラスなどに利用される．

キーワード：**H_3BO_3**，ホウ素，**B_2O_3**，**BO_3**，ホウケイ酸ガラス

表 **4.12**　ホウ素の性質

元素記号	電子配置	融点／°C	沸点／°C	イオン半径*／nm	イオン化ポテンシャル／eV	密度／g cm^{-3}
B	[He]$2s^22p$	2800	2550	0.020	8.30	2.34

* B^{3+} イオン半径

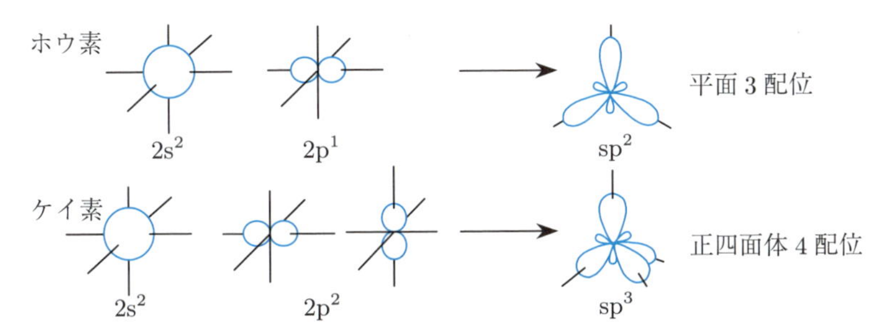

図 **4.12**　ホウ素の sp^2 混成軌道とケイ素の sp^3 軌道の生成

表 **4.13**　B と Si の酸素配位

	B	Si
結合	B–O	Si–O
電気陰性度	|2.0 − 3.5|（差 1.5）	|1.8 − 3.5|（差 1.7）
イオン結合性	32%	37%
共有結合性	68%	63%
混成軌道	sp^2	sp^3
混成軌道からの配位数	3	4
混成軌道の形状	三角形	四面体
イオン半径／nm	B^{3+} 0.020 O^{2-} 0.140	Si^{4+} 0.041 O^{2-} 0.140
イオン半径比	0.14	0.29
O^{2-} 配位数	3	4
配位形状	三角形	四面体

4.3.2　アルミニウム

アルミニウム（Al）は，地殻中ではO, Siについで3番目に多い元素で，曹長石（$NaAlSi_3O_8$）やカリ長石（$KAlSi_3O_8$）中に存在する．Alの原鉱石として重要なものは**ボーキサイト**（$Al_2O_3 \cdot nH_2O$）や**氷晶石**（Na_3AlF_6）である．単体のAlはボーキサイトから得たアルミナを氷晶石の溶融塩中に溶かし，800〜1000°Cの高温で電解して製造する（図4.13）．Alは銀白色の軽い金属で展延性に富み，熱，電気の良導体である（表4.14）．陽極酸化処理によってAl金属表面を厚い酸化物の保護皮膜でコートすると，耐食性を向上させることができる（**アルマイト処理**）．

• **化合物の性質**

酸化アルミニウム（Al_2O_3）は**アルミナ**とも呼ばれ，α, β, γ などの多形構造がある．α–アルミナ（図4.14）は天然には鋼玉（コランダム）として産出する．不純物によって色が異なるが，Crを含む紅色のルビー（☞ 5.3.1）や，Ti, Feなどを含む青色のサファイアは宝石である．γ–アルミナは白色の粉末であるが，吸湿性が強いのでクロマトグラフィの吸着剤として用いられている．

アルミナセラミックスとは主結晶相がα–アルミナのセラミックスで，これには用途に応じた微構造制御のために微量の添加物を加えることがある．Al–O結合は電気陰性度（☞ 1.1.8）の差からイオン結合性（46%）と，共有結合性（54%）が半々で，水溶液中ではAl^{3+}とAlO_2^-の両イオンが生じて**両性**と呼ばれる．固体でもMgOの塩基性酸化物とSiO_2の酸性酸化物との中間の中性酸化物である．融点は約2000°Cで高温安定性に優れる．Al^{3+}–O^{2-}のイオン結合は強いので，ヤング率は約300〜400 GPa，曲げ強さは約400〜700 MPaと高く，ヌープ硬さは約22 GPaと硬い．Al^{3+}イオンの拡散係数は小さく，室温付近では電気比抵抗は約$10^{16}\,\Omega\,\mathrm{m}$と高い．また，耐食性に優れるなど物理的・化学的特性のバランスが良く，しかも焼結性も良いことから，幅広く工業的に利用されている．緻密（ちみつ）な焼結体は耐熱材料をはじめ，構造用材料，機械部品，切削工具，理化学用磁器，透光性材料，生体材料，IC基板やICパッケージなどの電気絶縁材料として用いられる．また，粉体は研削・研磨材料，繊維は耐火断熱材料や複合材料，多孔質体は触媒担体や分離膜材料などとして，各種用途に使用されている最も代表的な工業用セラミックスである．

キーワード：ボーキサイト，氷晶石，アルミナセラミックス

表 4.14　アルミニウムの性質

元素記号	電子配置	融点／°C	沸点／°C	イオン半径*／nm	イオン化ポテンシャル／eV	密度／$g\,cm^{-3}$
Al	[Ne]$3s^2 3p$	660.4	2470	0.050	5.984	2.69

* Al^{3+} イオン半径

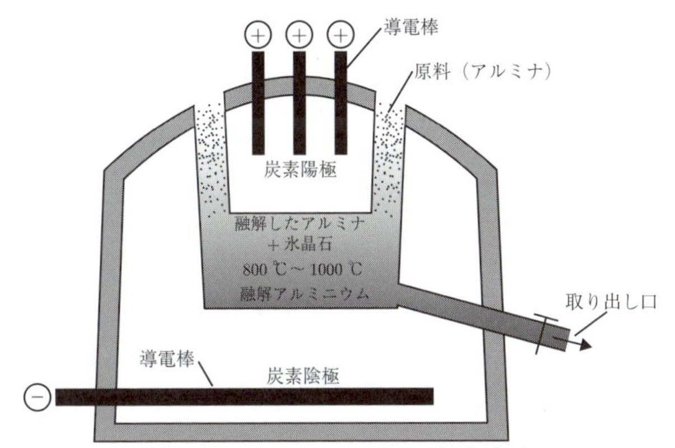

図 4.13　アルミニウムの製造方法

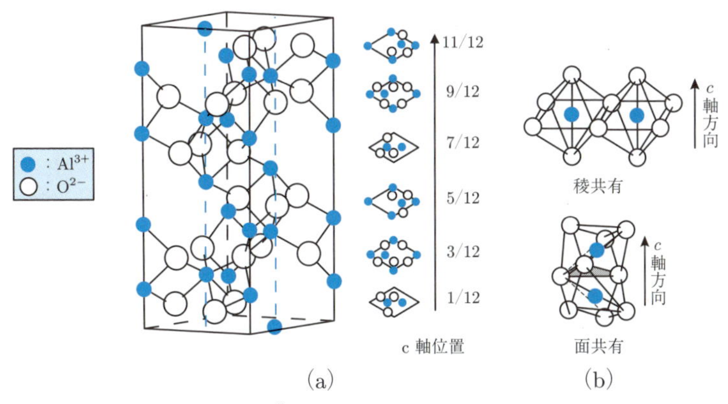

α–アルミナの構造は，c 軸方向に O^{2-} イオンが六方最密充填（A–B–A–B⋯）で配列し，その層間の 6 配位位置の $\frac{2}{3}$ を Al^{3+} イオンが占める．構造内の AlO_6 八面体は，(b) に示したような稜共有を c 軸に対して垂直方向に，面共有を c 軸方向に，それぞれ組み合わせた構造をとる．

図 4.14　(a) α-アルミナの六方単位格子と (b) AlO_6 八面体の稜共有と面共有

●4.4　14族元素と化合物●

4.4.1　炭素

炭素（C）は4価の非金属であり，s, p 両軌道の混成にいくつかの方式が可能である．そのため，炭素の化学結合は多様であり，単結合，二重結合，三重結合によって鎖状あるいは環状化合物を生成する．また，共有結合で非常に多くの原子が結合した巨大分子も形成する．岩石中では炭酸塩，大気，海洋中では二酸化炭素，生物体中では各種有機物として広く分布する．表4.15に炭素の基本的性質を示す．

代表的な炭素の同素体には**ダイヤモンド**と**グラファイト**（黒鉛）がある（図4.15）．常温常圧下ではグラファイトが安定である．ともに炭素どうしの共有結合による共有結晶であるが，結晶構造が異なっている．ダイヤモンドの炭素原子は sp^3 混成軌道をなし，軌道間で電子を共有して3次元的に広がった構造をしている．したがって，全体の結合が強固である．また，電子は各結合に局在しているので電気伝導性はない．これに対して，グラファイトは，sp^2 混成軌道による共有結合で平面的に広がった構造をしている．混成に関与しない $2p_z$ 軌道の電子は，π 結合により分子の平面全体に非局在化しているので電気伝導性を示す．また，各平面分子間の結合は分子間力による弱い結合のためにへき開性を示す．

1990年には新しい第3番目の同素体としてサッカーボール状の炭素クラスター C_{60} で代表される**フラーレン**（C_{60}）が発見された．C_{60} を構成する60個の炭素原子は，それぞれ1つの5員環と2つの6員環に囲まれた等価な環境にある．各炭素の価電子はグラファイトの sp^2 混成軌道が球の表面に沿って湾曲し，部分的に平面性を失ったような3配位軌道とそれにほぼ垂直な π 軌道から成り立っており，その化学結合のためにダイヤモンドとグラファイトの中間の性質をもっている．また，グラファイトの網目状単位シート（**グラフェン**）が丸まって同筒状になった**カーボンナノチューブ**も発見されている．これらは新素材としての期待が大きい．

炭素には5種の酸素化合物，CO, CO_2, C_3O_2, C_5O_2, $C_{12}O_9$ が知られている．一酸化炭素は有毒な気体で，水にほとんど溶けず，中性の酸化物である．二酸化炭素はCとOが二重結合した直線状の気体の酸性酸化物であり，水に溶けると**炭酸**（H_2CO_3）を生じる．炭酸は不安定で単離できないが，炭酸水素塩，炭酸塩の2つの塩を形成する．

キーワード：同素体，ダイヤモンド，グラファイト，フラーレン

表 4.15　炭素の性質

元素記号	電子配置	融点／°C	沸点／°C	イオン半径*a／nm	密度／g cm^{-3}
C	[He]$2s^22p^2$	3550	4820	0.015	3.51*b 2.26*c

*a C^{4+} イオン半径　*b ダイヤモンド　*c グラファイト

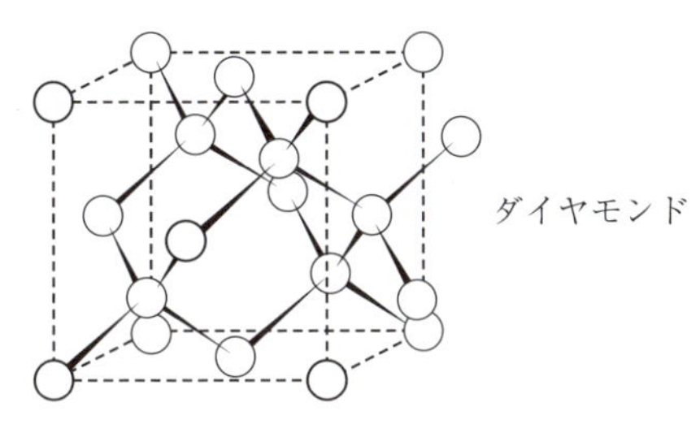

(a)　sp^3 混成軌道

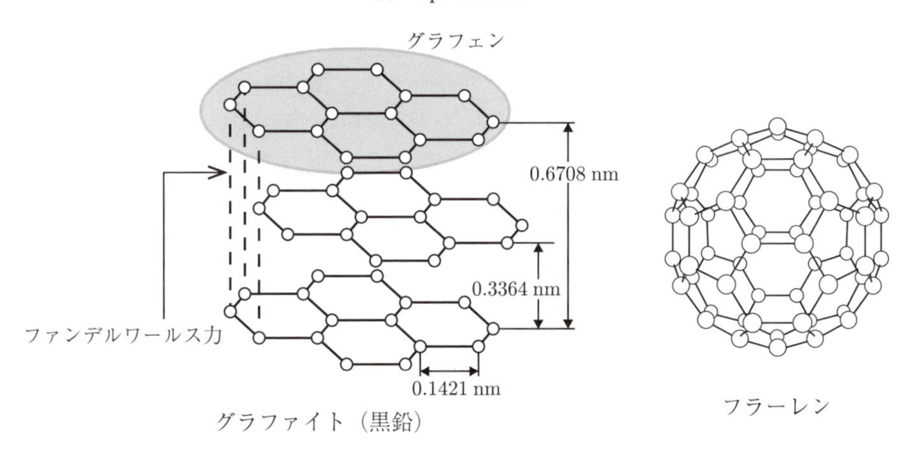

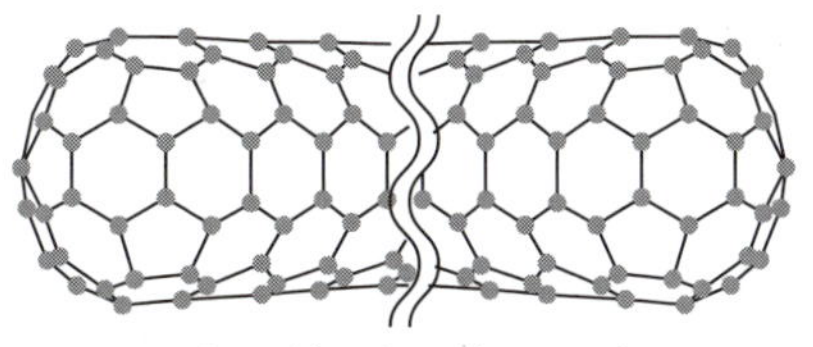

(b)　sp^2 混成軌道

図 4.15　炭素の同素体

4.4.2 ケイ素

ケイ素（Si）は石英や鉱物の主成分である**ケイ酸塩**として分布し，天然の存在量は酸素につぐものである．Si単体は，1600～1800°Cのアーク炉中でSiO_2をコークスで還元してつくられる．

$$SiO_2 + C = Si + CO_2 \tag{4.2}$$

Siは水や酸には不溶であるが，NaOH水溶液には溶解してNa_2SiO_3となる．Siはsp^3混成軌道によってシラン（SiH_4）などをつくるが，sp^3d^2混成軌道による$SiF_6{}^{2-}$などの配位化合物も生成する．Siの代表的な性質を表4.16に示す．

• **化合物の性質**

ケイ素の酸素化合物である**シリカ**（**ケイ酸**（SiO_2））にはさまざまな多形がある．代表的なものは**石英**（quartz），**トリジマイト**（tridymite），**クリストバライト**（cristobalite）の3種で，それぞれ低温型（α型）と高温型（β型）がある．これらは，図4.16に示した各温度で安定な結晶構造へ転移する．

シリカにおけるSi^{4+}およびO^{2-}のイオン半径はそれぞれ0.041 nmおよび0.14 nmで，Si^{4+}を中心にして各頂点にO^{2-}を置いた四面体構造の最小構造単位をなす（図4.17 (a)）．この四面体は頂点を共有しながら連続した構造を形成する．それぞれの多形に対応する構造の相違はO^{2-}と2個のSi^{4+}との間にできる結合角θの違いによるものである（図4.17 (b)，図4.18）．β–石英のθは150°で，四面体の連結様式はらせん状であるのに対し，トリジマイトのθは180°で六角形の環状配列をとる．クリストバライトもトリジマイトとほぼ類似した構造であるが，より開放的である．したがって，三者のなかでは石英は最も密に充填した構造となり，比重や屈折率も最大である．

シリカは紫外部の光をほとんど吸収しないので，光ファイバなどの光学材料に用いられる．また，セラミックス工業やガラス工業において重要である．

ケイ素化合物のシリカゲルは，Na_2SiO_3を酸処理してつくられる．数%の水を含み，多孔質で表面積が大きく，吸着力が強いので触媒や乾燥剤となる．アスベストは$Ca_2Mg_5(Si_8O_{22})(OH)_2$の化学式で表されるが，繊維状のケイ酸塩鉱物を綿のようにもみほぐしたものである．シリコーンは$-(SiO)_n-$を主鎖とし，側鎖にアルキル，アリール基などをもつ重合体である．耐燃性，電気絶縁性，耐薬性に優れ，液状や樹脂状の形で使用される．

キーワード：ケイ酸塩，シリカ，石英，トリジマイト，クリストバライト

表 4.16　ケイ素の性質

元素記号	電子配置	融点／°C	沸点／°C	イオン半径*／nm	密度／g cm^{-3}
Si	[Ne]$3s^2 3p^2$	1410	2360	0.041	2.4

* Si^{4+} イオン半径

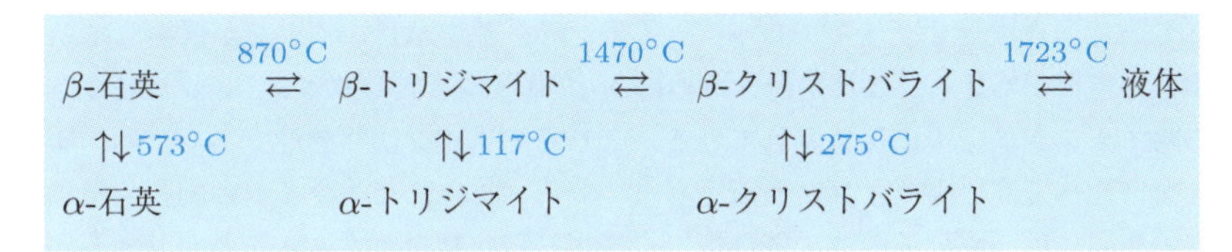

図 4.16　シリカの変態間の転移

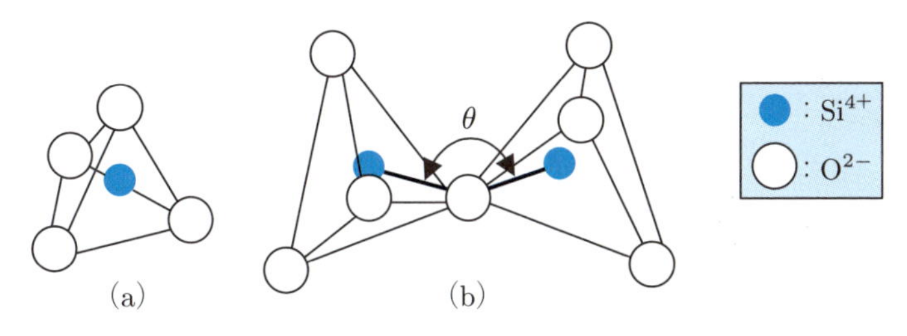

図 4.17　シリカの結晶構造（θ は結合角）

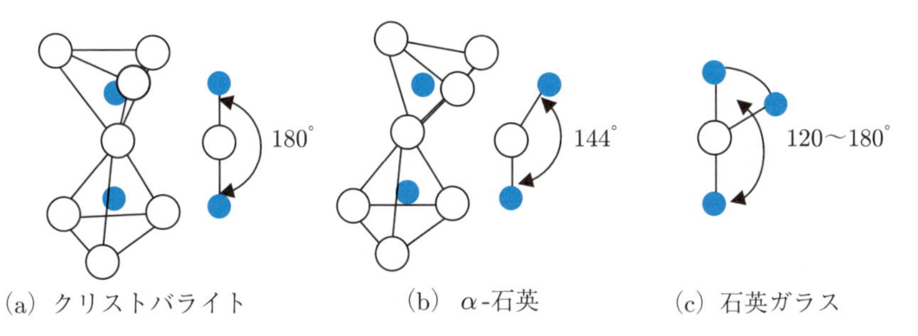

図 4.18　SiO_2 結晶中の Si–O–Si 角度

◆コラム 17：ゼオライト

合成ゼオライトは，一般式 $M_{2/n}O \cdot Al_2O_3 \cdot ySiO_2 \cdot wH_2O$（$y \geqq 2$，$n$ は陽イオン M の価数，w は空隙に含まれる水の分子数）で表される結晶性アルミノケイ酸塩である．

合成ゼオライトの構造は AlO_4 と SiO_4 の四面体が互いに酸化物イオンを共有して連結し，骨格が無限に広がった複雑な結晶性の無機高分子である．その構造を図 4.19 に示すが，空隙が 3 次元的に広がっており，これらの空隙は陽イオンや水分で占められている．合成ゼオライトでは Si^{4+} イオンの一部を Al^{3+} イオンが置換しているために正電荷が不足し，これを補うために Na^+ イオン，K^+ イオン，Ca^{2+} イオンなどの陽イオンが構造中に保持されている．これらのイオンは移動性であるため，層状粘土類に比べて高い陽イオン交換能をもっている．また，ゼオライトの細孔の奥にある広い空洞には，水分子の他に硫酸塩，炭酸塩，硫化物なども入ることができるが，特にこの水を**沸石水**という．

合成ゼオライトには多くの種類があるが，主なものを以下に示す．

$$\text{A 型}\quad M_{12/n}[(AlO_2)_{12} \cdot (SiO_2)_{12}] \cdot 27H_2O$$

$$\text{X 型}\quad M_{86/n}[(AlO_2)_{86} \cdot (SiO_2)_{106}] \cdot 264H_2O$$

$$\text{Y 型}\quad M_{56/n}[(AlO_2)_{56} \cdot (SiO_2)_{136}] \cdot 250H_2O$$

合成ゼオライトは，細孔径が分子程度の大きさで，しかも均一であることから，各種分子を選択的に分離できるという特徴を有し，**モレキュラーシーブ**という名称にも由来している．その特徴的な細孔径は，A 型ゼオライトの KA は 0.3 nm，NaA は 0.4 nm，CaA は 0.5 nm で，X 型ゼオライトの CaX は 0.9 nm，NaX は 1 nm である．

キーワード：ゼオライト構造，結晶性無機高分子，細孔構造

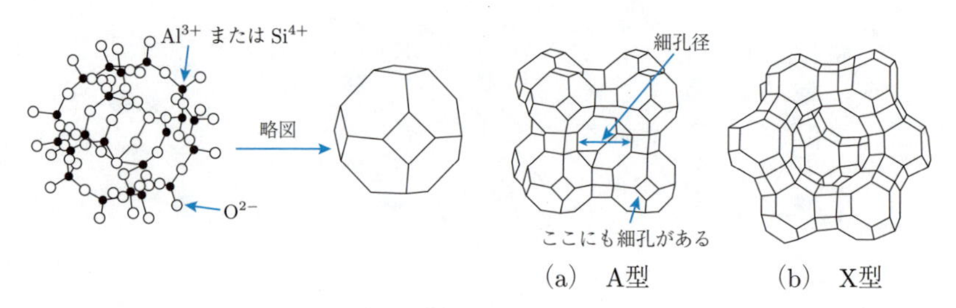

図 4.19　合成ゼオライトの構造

◆**コラム 18：光電エネルギー変換材料**

太陽の光エネルギーを直接電気エネルギーに変換する光電変換装置である**太陽電池**は，導電性の異なる 2 種類の半導体（p 型，n 型）（図 4.20）を接合（p-n 接合）した構造が基本である．光エネルギーを受けて接合部に発生した電子と正孔は，それぞれ p 型，n 型半導体へと移動することによって両端に電位差が生じる．ここで両半導体を外部経路で結ぶと電流が流れる（図 4.21）．代表的な材料は結晶シリコンやアモルファスシリコン（a-Si）である．蒸着，またはスパッタ法によって作製される a-Si は，内部構造および表面に未結合手（**ダングリングボンド**）が多いために多くの局在準位が生じ，価電子制御が困難になり，p-n 結合がつくれない．しかし SiH_4 をグロー放電によって分解してつくった a-Si は未結合手に水素が結合した**水素化アモルファスシリコン**（a-Si:H）になり，局在電子密度が小さいことから，価電子制御を可能としている．電気エネルギーへの変換効率は，単結晶 Si 太陽電池で 20%，多結晶で 17% 程度である．a-Si では 12% 程度で効率はいくぶん劣るが，安価で大面積のものが作製できるため，有望視されている．また，$CuInSe_2$, GaAs, InP などの化合物半導体も用いられる．

キーワード：太陽電池，シリコン，半導体，**p-n** 接合

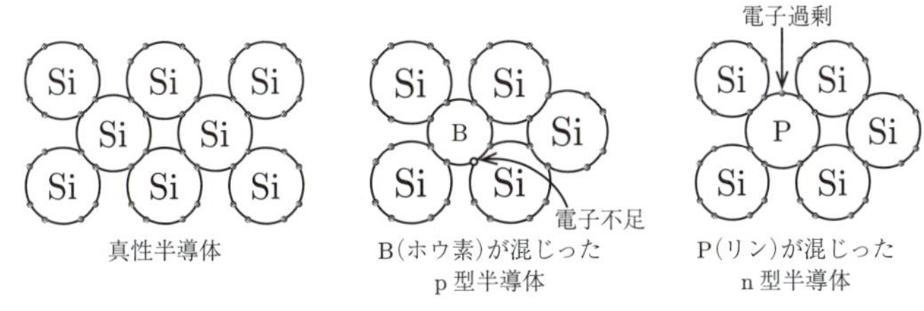

図 4.20　Si 半導体

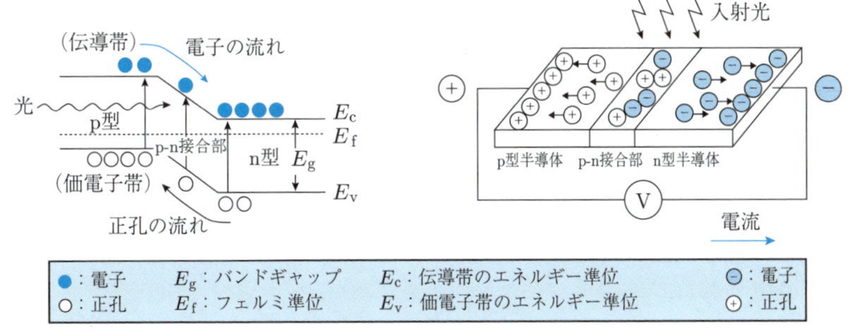

図 4.21　太陽電池の原理

4.4.3 スズ

スズ（Sn）は古くから利用されている金属の1つであり，天然に存在する**スズ石**（SnO_2）を炭素とともに加熱して還元させることによって得られる．

$$SnO_2 + 2C = Sn + 2CO \tag{4.3}$$

こうして得られるスズには鉄が含まれているが，この鉄はさらに再溶解することによって取り除かれる．スズの性質を表4.17に示す．一般にはスズは金属光沢を有する銀白色の金属である．スズには本来3種類の同素体（α, β, γ）が存在しており，それらの転移温度は13.2°C（$\alpha \rightleftarrows \beta$），161°C（$\beta \rightleftarrows \gamma$）である．室温では金属的な$\beta$-Snが安定であるが，13.6°C以下では$\alpha$-Snが安定となる．$\alpha$-Snはもろくて非金属的であるため，スズを利用する場合には使用温度に注意する必要がある．

スズは古くから**ブリキ**の製造に用いられている（図4.22）．これは，鉄の腐食を防止するために鉄の表面に薄膜のスズをメッキしたものである．しかし，スズと鉄の標準電極電位（☞ 2.2.3）はそれぞれ −0.136 V と −0.44 V であり，鉄の方が小さいために，スズの皮膜が一部でも破れると，鉄が単独でいるときよりも腐食が進む．しかし，スズは化学的耐久性に優れ，不溶性であるため，ブリキは食品容器として利用されることが多い．一方，**トタン**は亜鉛と鉄の標準電極電位はそれぞれ −0.763 V と −0.44 V であり，ブリキと逆に亜鉛が優先的に溶出して鉄を保護している（☞ 5.6.1）．

• **化合物の性質**

酸化物（SnO_2）は禁制帯幅（バンドギャップ）が3.7 eVのn型半導体で，ガスセンサ素子用材料として実用化されている（図4.23）．これはSnO_2の多孔質焼結体の中にヒータを兼ねた電極を埋設したものであり，このヒータで素子を300〜500°Cに加熱して用いる．通常，ガスセンサ中の電子は，表面に吸着する空気中の酸素との結合に使われるため，抵抗値は高い状態で安定する．しかし，センサの周りに水素，プロパン，アルコールなどが近づくと，これらのガスと吸着酸素とが反応してセンサ中に電子が放出される．そのため，抵抗値は下がり，ガスが検知できる．その感度の一例を図4.24に示すが，素子の抵抗Rと被検ガスの濃度Cには，次式(4.4)のような関係が成り立つ．

$$\log R = m \log C + n \tag{4.4}$$

この関係は材料や検知ガスによって異なる．mはセンサの感知の鋭敏さを表し，通常は$\frac{1}{2}$〜$\frac{1}{3}$の値である．

キーワード：**SnO_2**，ブリキ，ハンダ，ガスセンサ

表 4.17　スズの性質

元素記号	電子配置	融点／°C	沸点／°C	イオン半径*／nm	イオン化ポテンシャル／eV	密度／g cm^{-3}
Sn	[Kr]$4d^{10}5s^{2}5p^{2}$	232	2270	0.071	7.34	7.28

* Sn^{4+} イオン半径

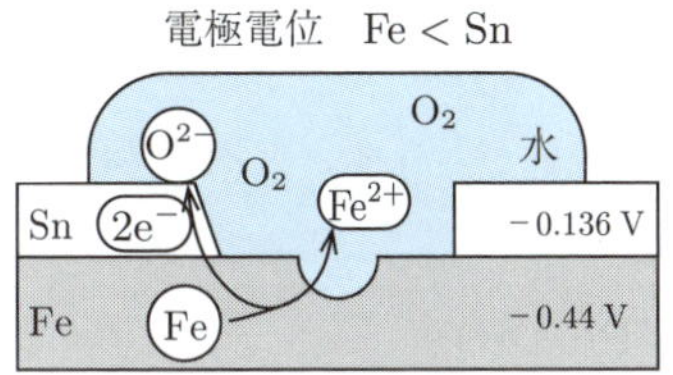

(a) ブリキ

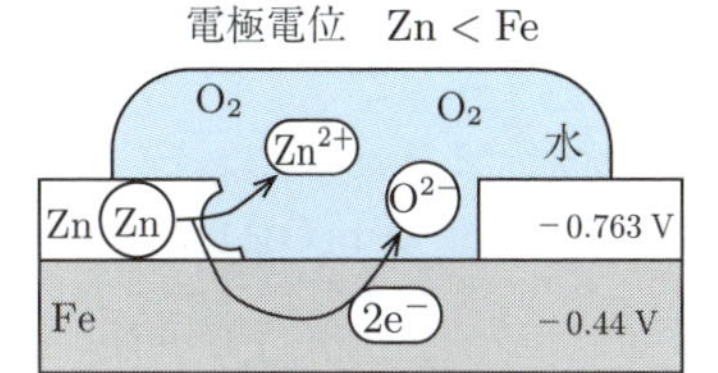

(b) トタン

図 4.22　ブリキ（Fe–Sn）とトタン（Fe–Zn）の腐食のメカニズム

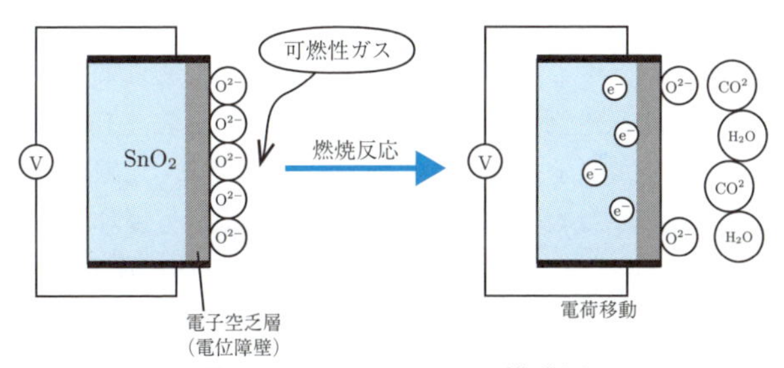

図 4.23　ガスセンサの模式図

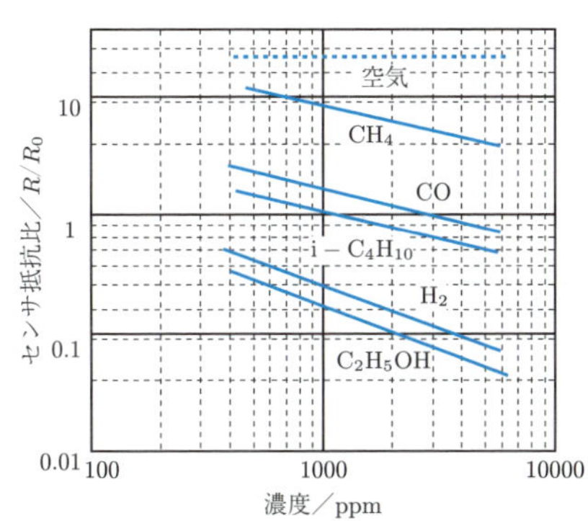

図 4.24　ガスセンサの濃度依存性 R_0: 基準抵抗値

4.4.4　鉛

鉛（Pb）はほとんどが**方鉛鉱**（PbS）の形で存在する．その方鉛鉱から鉛を単離するためには鉱石を焙焼して酸化し，その一部を酸化鉛（PbO）や硫酸鉛にした後に炭素で還元する．

$$PbS + \frac{3}{2}O_2 = PbO + SO_2 \quad \text{または} \quad PbS + 2O_2 = PbSO_4 \tag{4.5}$$

$$PbS + 2PbO = 3Pb + SO_2 \quad \text{または} \quad PbS + PbSO_4 = 2Pb + 2SO_2 \tag{4.6}$$

鉛は空気を含まない純水には不活性であるが，空気が共存すると次式 (4.7) のように表面に水酸化鉛（$Pb(OH)_2$）を形成する．

$$Pb + H_2O + \frac{1}{2}O_2 = Pb(OH)_2 \tag{4.7}$$

また，CO_2 の存在下では水酸化鉛の他に塩基性炭酸鉛（$PbCO_3$）が生成する．

$$2Pb + CO_2 + H_2O + O_2 = PbCO_3 + Pb(OH)_2 \tag{4.8}$$

これらはいずれも水には不溶であるため，鉛はこれ以上溶解しなくなる．鉛は本来灰白色であるが，普通は空気中の水や二酸化炭素，酸素の影響によって水酸化鉛の皮膜が生成しており，いわゆる鉛色を呈している．その性質を表 4.18 に示す．

鉛は比較的安価であり，原子番号が大きいので，放射線，X 線の遮蔽能に優れた材料である．また，柔らかいために加工しやすく，耐酸性にも優れているので，古くは水道管などに利用されていた．また，テトラエチル鉛（$Pb(C_2H_5)_4$）はガソリンエンジンのアンチノック剤として利用されているが，毒性が強いことから，注意が必要である．

• **化合物の特性**

鉛の応用例として**鉛蓄電池**を取り上げよう．この電池が開発されてから一世紀以上経過しているが，いまだに 2 次電池の代表（図 4.25）であり，自動車をはじめ，きわめて広い範囲で用いられている．正極が酸化鉛（PbO_2），負極が鉛であり，容量を大きくするために，それらの電極を板状にし，その間に隔離板を挟んで並べている．正極では Pb^{4+} が Pb^{2+} になるときに 1.69 V の電位差を生じ，負極では Pb が Pb^{2+} になるときに −0.13 V の電位差を生じるため，全体では約 1.82 V の起電力が得られる（表 4.19）．鉛蓄電池の充放電特性を図 4.26 に示すが，硫酸鉛の生成と電解液の拡散の遅れによって放電時には電圧が降下する．また，充電時には，水の分解により電解液が減少するため，時々純水を補給する必要がある．

キーワード：方鉛鉱，X 線遮蔽材料，鉛蓄電池

表 **4.18**　鉛の性質

元素記号	電子配置	融点／°C	沸点／°C	イオン半径*／nm	イオン化ポテンシャル／eV	密度／$g\,cm^{-3}$
Pb	$[Xe]5d^{10}6s^{2}6p^{2}$	327	1750	0.121	7.42	11.34

* Pb^{2+} イオン半径

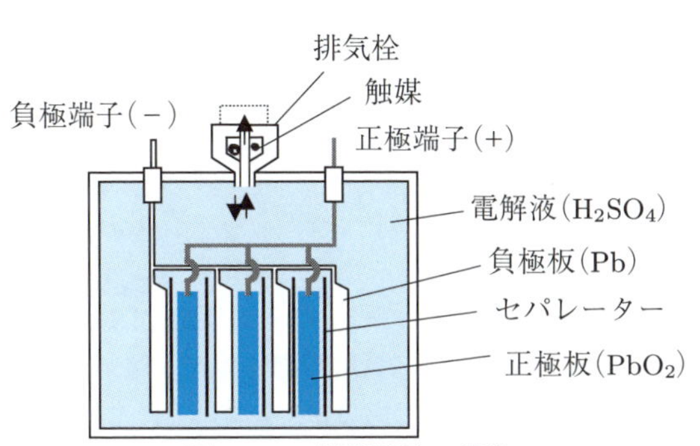

図 **4.25**　鉛蓄電池の構造

表 **4.19**　鉛蓄電池の電極反応

正極	$PbO_2 + 4H^+ + SO_4{}^{2-} + 2e^- \rightleftarrows PbSO_4 + 2H_2O$ (副反応 $\frac{1}{2}O_2 + 2H^+ + 2e^- \rightleftarrows H_2O$)
負極	$Pb + SO_4{}^{2+} \rightleftarrows PbSO_4 + 2e^-$ (副反応 $H_2 \rightleftarrows 2H^+ + 2e^-$)
総反応	$Pb + 2H_2SO_4 + PbO_2 \rightleftarrows \underset{正極}{PbSO_4} + 2H_2O + \underset{負極}{PbSO_4}$ (副反応 $H_2 + \frac{1}{2}O_2 \rightleftarrows H_2O$)

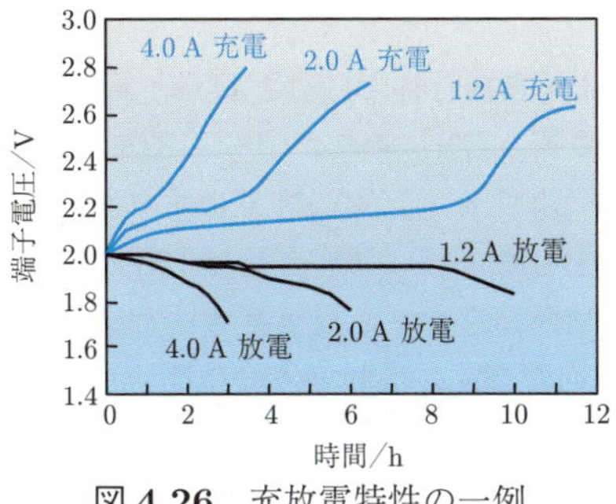

図 **4.26**　充放電特性の一例

4.5 15族元素と化合物

4.5.1 窒素

大気の78%は**窒素**(N)であり，その性質を表4.20に示す．窒素分子は解離エネルギーが944.7 kJ mol^{-1}と大きく，きわめて安定である．気体，液体，固体の窒素はすべて2原子分子で，液体と固体の凝集力はファンデルワールス力(☞ 1.2.9)である．液体窒素は冷媒として用いられている．N_2は室温では不活性であるが，高温・高圧下で鉄触媒を用いて直接H_2を付加してNH_3を合成している(**ハーバー－ボッシュ法**)．

• 化合物の性質

Nの酸化物はN_2O, NO, NO_2, N_2O_4などである(表4.21)．一酸化二窒素(亜酸化窒素)(N_2O)はNH_4NO_3の加熱分解によって発生する(反応(4.9))．また，NOは硝酸水溶液にCuを浸すことによって得られる(反応(4.10))．この反応はNO_3^-の還元とCuの酸化からなるレドックス反応である．NOはO_2と反応してNO_2となる(反応(4.11))．NO_2は褐色の気体であるが，室温以下に冷やすと黄色の液体N_2O_4となる(反応(4.12))．N_2O_4(融点：$-10°C$)をさらに冷却すると無色の固体となる．

$$NH_4NO_3 = N_2O + 2H_2O \qquad (4.9)$$

$$2NO_3^- + 8H^+ + 3Cu = 2NO + 3Cu^{2+} + 4H_2O \qquad (4.10)$$

$$2NO + O_2 = 2NO_2 \qquad (4.11)$$

$$2NO_2 = N_2O_4 \qquad (4.12)$$

金属の窒化物としてはNa_3N, Li_3N, Mg_3N_2など，アルカリ金属，アルカリ土類金属の窒化物があるが，これらは大気中では容易に酸化する．遷移元素の窒化物は侵入型の非化学量論化合物であり，高硬度，高融点のものが多い．窒化チタン(TiN)は黄金色を呈し，炭化タングステン系の超硬合金に被覆して硬質材料として利用される．B, Al, Siの窒化物は共有結合性が強く，軽量，耐熱性，耐食性などの優れた性質をもっている．窒化ホウ素(BN)のなかでも，六方晶BNは黒鉛類似構造をとり，優れた耐熱性，耐食性，潤滑性と電気絶縁性を示す(図4.27)．一方，立方晶BNはダイヤモンド類似の構造をもち，高い硬度と高熱伝導性が特徴である．窒化アルミニウム(AlN)はウルツ鉱型構造をとり，電気絶縁性と高熱伝導性をもつ．窒化ケイ素(Si_3N_4)は特に共有結合性が高く，高強度，耐摩耗性，耐熱衝撃性に優れる代表的な高温構造用セラミックスである．

キーワード：ハーバー－ボッシュ法，**TiN, BN, AlN, Si_3N_4**

表 4.20　窒素の性質

元素記号	電子配置	融点／°C	沸点／°C	イオン半径*／nm	密度／g cm^{-3}
N	[He]$2s^2 2p^3$	−210	−195.8	0.011	1.4×10^{-3}

* N^{5+} イオン半径

表 4.21　窒素の酸化物

化学式	酸化数	名称
N_2O	+1	亜酸化窒素
NO	+2	酸化窒素
N_2O_3	+3	三酸化二窒素
NO_2, N_2O_4	+4	二酸化窒素，四酸化二窒素
N_2O_5	+5	五酸化二窒素
NO_3, N_2O_6（非常に不安定）	+6	三酸化窒素，六酸化二窒素

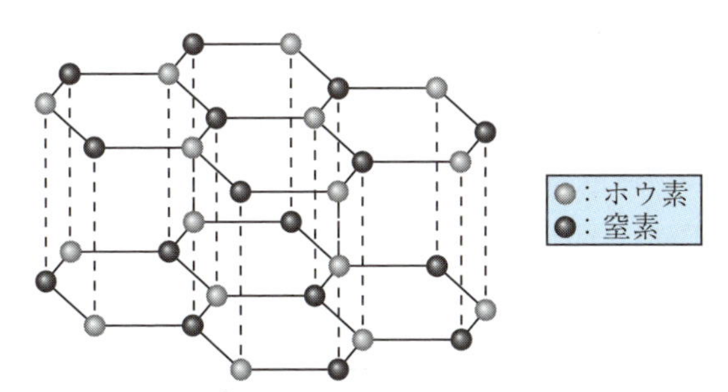

六方晶 BN はホウ素も窒素も sp^2 混成軌道をつくり，平面に広がる結合を形成する．しかし，窒素原子の混成に加わらない p 電子が平面に対して直角方向に広がり，これがホウ素原子に供給されて層間に結合が形成される．

図 4.27　六方晶 BN の構造

4.5.2　リン

リン（P）（表4.22）は**リン酸カルシウム**（$Ca_3(PO_4)_2$）にコークスやケイ砂を加えて電気炉で加熱（1500°C）して得られる.

$$2Ca_3(PO_4)_2 + 6SiO_2 + 10C = P_4 + 6CaSiO_3 + 10CO \quad (4.13)$$

P_4 は**白リン**と呼ばれ，四面体構造である．これを250°Cに加熱すると**赤リン**となり，白リンを加圧下（1 GPa）で200°Cに加熱すると**黒リン**となる（表4.23，図4.28）．リンのハロゲン化物には，3ハロゲン化物（PF_3, PCl_3, PBr_3, PI_3）と5ハロゲン化物（PF_5, PCl_5, PBr_5）がある．PF_3 は PCl_3 をフッ化して得られるが，無色で毒性のある液体である．PCl_3 は非常に反応性があり，H_2O との反応で亜リン酸（H_2PHO_3 または H_3PO_3）（二塩基酸）を生じ，O_2 との反応でオキシ塩化リン（$POCl_3$）となる.

$$PCl_3 + 3H_2O = H_3PO_3 + 3HCl \quad (4.14)$$

$$2PCl_3 + O_2 = 2POCl_3 \quad (4.15)$$

PCl_3 は冷却しながら Cl_2 を通じると PCl_5 になるが，加熱すると再び PCl_3 と Cl_2 に解離する.

$$PCl_3 + Cl_2 \underset{\text{加熱}}{\overset{\text{冷却}}{\rightleftarrows}} PCl_5 \quad (4.16)$$

• 化合物の性質

リンの酸化物としては P_2O_5 がよく知られている．この他にも $(PO_2)_X$, P_2O_3, PO_3 などがある．P_2O_5 はリンを空気存在下で燃焼することによって得られる．P_2O_5 は水と反応してメタリン酸となり，水を加えて加熱するとリン酸となる.

$$P_2O_5 + H_2O = 2HPO_3 \quad (4.17) \qquad HPO_3 + H_2O = H_3PO_4 \quad (4.18)$$

P_2O_5 の脱水作用は強く，硫酸を脱水して無水物（SO_3）にする.

$$H_2SO_4 + P_2O_5 = SO_3 + 2HPO_3 \quad (4.19)$$

オルトリン酸（H_3PO_4）（図4.29）は通常リン酸と呼ばれている．工業的には，粉砕したリン鉱石と硫酸の直接反応によって得られる.

$$\begin{aligned} &Ca_{10}(PO_4)_6F_2 + 10H_2SO_4 + xH_2O \\ &\rightarrow 10CaSO_4 \cdot nH_2O\ (n = 0, 1/2, 2) + 2HF + 6H_3PO_4 \end{aligned} \quad (4.20)$$

オルトリン酸を加熱すると，水を失ってピロリン酸（$H_4P_2O_7$）とメタリン酸（HPO_3）になる.

キーワード：$\mathbf{P_2O_5}$，リン酸，ピロリン酸，メタリン酸

表 4.22　リンの性質

元素記号	電子配置	融点／°C	沸点／°C	イオン半径*a／nm	密度／g cm^{-3}
P	[Ne]$3s^2 3p^3$	44.1*b	280.5*b	0.034	1.8232*b

*a P^{5+} イオン半径　*b 白リン

表 4.23　リンの同素体

	白リン（黄リン）	赤リン	黒リン
色	白～淡黄	暗赤～鮮赤	鋼灰
臭	ニンニク臭	無臭	無臭
比重	1.82	2.20, 2.30（紫リン）	2.69
融点／°C	44.1	589.5（43 atm）	
沸点／°C	280		
CS_2 に対する溶解性	溶ける	溶けない	溶けない
結晶系	等軸	単斜	斜方
毒性	猛毒	無毒	無毒
電気伝導性	不導	不導	導

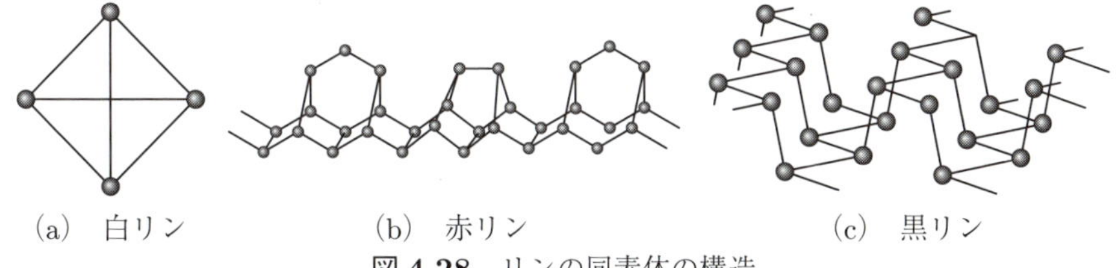
(a)　白リン　(b)　赤リン　(c)　黒リン

図 4.28　リンの同素体の構造

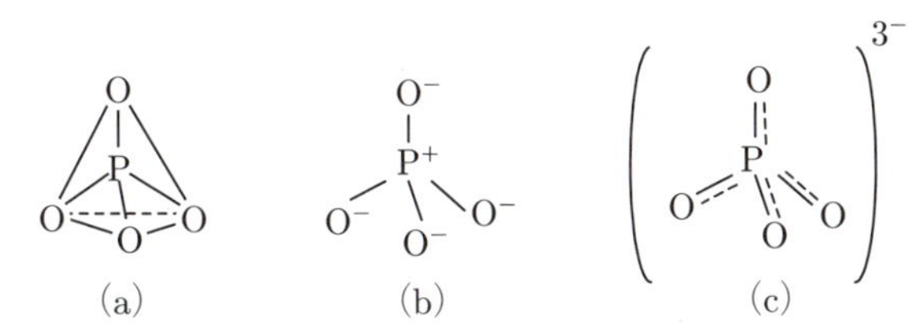

オルトリン酸イオンは，P のまわりに 4 個の O が最も対称性の高い正四面体構造をとるように結合している．この結合が単結合だけだとすると (b) のような状態になるはずであるが，O の非結合性の 2p の π 軌道（電子が詰まっている）と P の 3d 軌道（電子が詰まっていない）との p 型結合によって電子の一部は O から P へ移る．その結果，中心の P はほぼ電気的に中性に近い状態になり，この場合の P–O 結合は 5/4 重結合と考えられている．

図 4.29　結晶性黒リンの波状に縮まった平面とオルトリン酸イオンの構造

◆**コラム19：水酸アパタイト**

自然界においてリン酸カルシウムは主にリン鉱石（$Ca_{10}(PO_4)_6F_2$）として存在する．これは生物由来の鉱物で，海鳥動物の排泄物や死骸が堆積し，石灰鉱物と反応して変成したものである．また，生体にも骨格成分の骨として存在する生物学的にも重要な化合物である．

水酸（ヒドロキシ）**アパタイト**（$(Ca_{10}(PO_4)_6(OH)_2$，または $Ca_5(PO_4)_3(OH))$ は，$M_{10}(RO_4)_6X_2$ を基本組成とする化合物および鉱物の名称である．水酸アパタイトは六方晶系の結晶構造をとり（図4.30），単位格子中の Ca^{2+} イオンには2つの結晶学的に異なる位置がある．中央の c 軸上にある水酸化物イオンの酸素を取り囲むように位置するCa（7配位）と，c 軸方向に柱状に配置するCa（9配位）である．水酸アパタイトはフッ素アパタイト（$Ca_{10}(PO_4)_6F_2$）に比べてひずんだアパタイト型構造をとる．水酸アパタイトは約1300°Cで $Ca_3(PO_4)_2$ と $Ca_4O(PO_4)_2$ とに分解する．

水酸アパタイトは高い"骨格安定性"をもつ．つまり，水酸アパタイトの化学量論組成は $Ca_{10}(PO_4)_6(OH)_2$（Ca/Pモル比 = 1.67）であるが，組成がずれた非化学量論組成も，安定なアパタイト型構造をとる．一般に液相反応で生成した水酸アパタイトは，化学量論組成に比べると Ca^{2+} イオンが不足しており（$Ca_{10-x}(HPO_4)_x(PO_4)_{6-x}(OH)_{2-x} \cdot nH_2O$（$0 < x \leqq 1$, $n = 0 \sim 2.5$）），Ca/P原子比は1.5〜1.67である．この欠損による電荷は，プロトンや結晶水，格子欠陥の導入によって補償される．非化学量論組成の水酸アパタイトを加熱すると，一部が分解して β-$Ca_3(PO_4)_2$ を生成する．また，格子を構成している各金属イオンは種々のイオン種と置換することができる無機イオン交換体でもある．

水酸アパタイトは，一般にカルシウム無機塩類水溶液とリン酸塩水溶液との沈殿反応（湿式法）で合成される．湿式法ではアパタイトの量論組成や粒子形態などを変えられるが，得られる粉体の結晶性は低い．このほかに各種液相反応，固相反応，水熱法など，多くの粉体合成技術で製造されているが，製造方法によって粉体性状は異なる（表4.24）．

図4.31は，$Ca(NO_3)_2$–NH_4OH–H_3PO_4–H_2O 系の液相反応における各生成物の生成領域を示したものである．水酸アパタイトは高アルカリ性領域において安定的に生成するが，pHが中性付近まで低下すると非晶質リン酸カルシウムが生成する．中性から弱酸性のpH領域では，層状構造を有するリン酸八カルシウム五水和物（$Ca_8H_2(PO_4)_6 \cdot 5H_2O$）が生成し，それよりさらに酸性側ではリン酸水素カルシウム二水和物（$CaHPO_4 \cdot 2H_2O$）が生成する．

水酸アパタイトは古くから化学肥料として研究されてきたが，1970年以降には骨や歯などの生体硬組織と類似していることから，生体親和性に優れたインプラント材料（人工骨，人工歯根）として広く利用されている．最近では人や地球にやさしい環境材料として，水処理や環境浄化のためのイオン交換体，吸着剤，触媒としての利用が検討されている．

キーワード：リン酸カルシウム，リン鉱石，水酸アパタイト

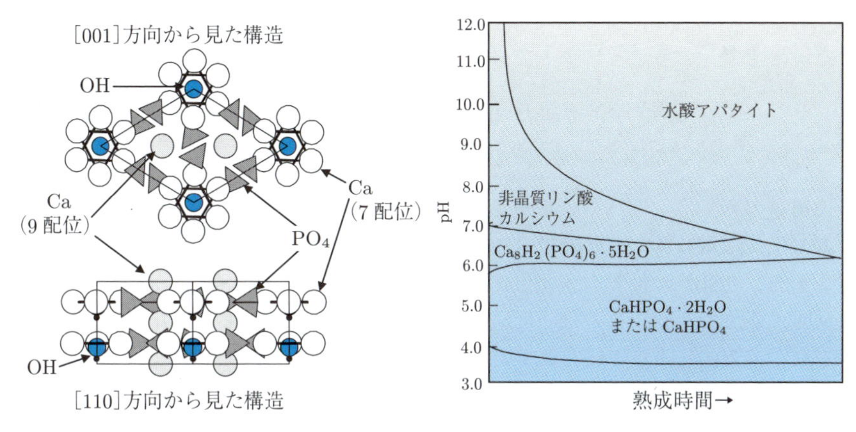

図 4.30　水酸アパタイトの結晶構造（O は省略）

図 4.31　$Ca(NO_3)_2$–NH_4OH–H_3PO_4–H_2O 系の液相反応における生成物の安定領域

表 4.24　各種液相合成によって得られた水酸アパタイトの性状

合成法	おもな方法	水酸アパタイトの粒子形態	水酸アパタイトの Ca/P モル比
沈殿反応法	カルシウム塩類水溶液とリン酸塩水溶液とをアルカリ領域で沈殿反応させる．	微細な板状結晶の凝集体	1.50～1.67
加水分解法	$CaHPO_4 \cdot 2H_2O$ をアンモニア水中で加水分解する．	大きな板状結晶の形骸粒子	1.50～1.55
水熱合成法	非晶質リン酸カルシウムをアンモニア水中に入れて 200°C 程度の飽和水蒸気圧下で結晶化させる．	50～100 nm の板状結晶	～1.67
均一沈殿法	尿素の加熱分解による均一沈殿反応．	200～500 mm の繊維状結晶	1.55～1.63
噴霧熱分解法	原料溶液を 600～1000°C に加熱した電気炉中で霧化させ結晶化する．	1 μm 以下の球状粒子	1.60～1.65
ゾル－ゲル法	アルコキシド原料を用いて得たゲル状物質を加熱して結晶化する．	100～200 nm の粒状結晶	1.55～1.67
電析法	Ca^{2+} イオンと ${PO_4}^{3-}$ イオンを含む電解質溶液に直流電流を流して電極基板上に析出させる．	50 μm 程度の六角柱状結晶	1.43～1.55
キレート分解法	カルシウムキレートを酸化分解して液相中のリン酸イオンと反応させる．	10 μm のほおづき状多面体粒子	1.55～1.60

4.5.3　ヒ素とアンチモン

ヒ素（As）の物理的性質を表4.25に示す．自然界に広く分布する元素で，酸化物を炭素で還元するか，**雄黄**（As_2S_3）や**硫ヒ鉄鉱**（FeAsS）として産出する．硫ヒ鉄鉱を原料とする場合は，空気中で加熱して生じる**亜ヒ酸**（As_2O_3）の蒸気を凝縮し，それを炭素で還元することによって得られる．

$$2FeAsS + 5O_2 = Fe_2O_3 + As_2O_3 + 2SO_2 \tag{4.21}$$

$$As_2O_3 + 3C = 2As + 3CO \tag{4.22}$$

その用途の多くは，薬品や除草剤などに亜ヒ酸の形で用いられる．また，**ヒ酸カルシウム**（$Ca_3(AsO_4)_2$）や**ヒ酸鉛**（$Pb_3(AsO_4)_2$）は農薬に用いられている．

アンチモン（Sb）の性質も表4.25に示した．これは輝安鉱（Sb_2S_3）を鉄で還元する（反応式(4.23)）か，または一度酸化してから炭素で還元する（反応式(4.24)）かのいずれかの方法によって得られている．第2法（(4.24)式）では十分な空気の供給が必要であり，空気の供給が不十分な場合には三酸化アンチモン（Sb_2O_3）が生成する．三酸化アンチモンは揮発性であるために，直接捕集して水素や一酸化炭素などを用いてアンチモンを分離できる．アンチモンの元素記号Sbはアンチモンの単体を精製する原料の**輝安鉱**（Stibnite）に由来する．

$$Sb_2S_3 + 3Fe = 2Sb + 3FeS \tag{4.23}$$

$$Sb_2S_3 + 5O_2 = Sb_2O_4 + 3SO_2$$

$$\Rightarrow \quad Sb_2O_4 + 4C = 2Sb + 4CO \tag{4.24}$$

アンチモンは融点以下では安定であるが，それ以上の温度では発火して，三酸化アンチモンになる．三酸化アンチモンはほぼ両性ではあるがわずかに酸性が強いため，濃硝酸や濃硫酸には溶解して**硝酸アンチモン**（$Sb(NO_3)_3$）や**硫酸アンチモン**（$Sb_2(SO_4)_3$）を生成する．

また，塩素などのハロゲン元素とも激しく反応し，各種ハロゲン化合物を生成する．アンチモンは合金の形で用いられることが多い．これはアンチモンの添加によって硬度が増すためであり，スズに7〜20%のアンチモンを添加した合金は軸受に用いられている．

アンチモンは他の原子と化合して特異な色を発する（表4.26）．Sb_2O_3をTiO_2（ルチル型）中に固溶（☞ 3.1.3）させると**チタン黄**と呼ばれる黄色顔料になる．これは塗料，インキやプラスチック着色用，陶磁器用の顔料として広く用いられている．

キーワード：亜ヒ酸（$\mathbf{As_2O_3}$），三酸化アンチモン（$\mathbf{Sb_2O_3}$），黄色顔料

表 4.25　ヒ素とアンチモンの性質

	ヒ素	アンチモン
元素記号	As	Sb
電子配置	$[Ar]3d^{10}4s^24p^3$	$[Kr]4d^{10}5s^25p^3$
融点／°C	818	631
沸点／°C	666	1353
イオン半径／nm	0.047（As^{5+}）	0.062（Sb^{5+}）
イオン化ポテンシャル／eV	9.81	8.64
密度／g cm^{-3}	5.7（灰），4.7（白）	6.63

表 4.26　アンチモン系無機顔料の色相

顔料名	色相	製法	性質	用途
チタン黄 Titanium yellow	うすい黄色	二酸化チタン，酸化ニッケル，酸化アンチモンを配合（TiO_2 : NiO : Sb_2O_3 = 90 : 2 : 8）して 1000°C で加熱して得る．酸化ニッケルの代わりに酸化クロムを使うと赤みを増す．	耐光性，耐酸性，耐アルカリ性，耐熱性に優れている．ルチル型構造の固溶体．	塗料，印刷インキ，プラスチックの着色，陶磁器用顔料などに使われる．
クロム・チタン黄 Chrome Titanium yellow	赤みの少ない黄橙色	酸化チタン，酸化アンチモン，重クロム酸カリウムを配合して 1300°C で加熱して得る．	耐光性，耐熱性に優れている．ルチル型構造の固溶体．	塗料，印刷インキなどに使われる．
アンチモン黄 Antimony yellow（ネープルス黄）	黄色〜橙色	五酸化アンチモン，酸化鉛，アルミナ，酸化スズ (IV)，酸化鉄などを配合して 1000°C で加熱して得る．	耐アルカリ性，耐熱性に優れる．パイロクロア型構造の固溶体．	陶磁器用顔料として使われていたが，いまはわずかに絵具用顔料として使われる．
アンチモン赤 Antimony Vermilion	赤みの橙色	化学組成は Sb_2S_3 または Sb_2S_5 を主成分とする顔料．	いんぺい力に優れている．	いまではほとんど使われていないが，赤色ゴム用顔料に使われる．

4.5.4 ビスマス

ビスマス（Bi）は単体金属（表 4.27）として産出することもあるが，おもに**輝ビスマス鉱**（Bi_2S_3）や**ビスマス華**（$Bi_2O_3 \cdot H_2O$）を還元して得られる．工業的には銅の副産物として生成する．

$$Bi_2S_3 + 3Fe \rightarrow 2Bi + 3FeS \tag{4.25}$$

$$Bi_2O_3 + 3C \rightarrow 2Bi + 3CO \tag{4.26}$$

こうして得られるビスマスにはさまざまな不純物が含まれているが，ヒ素，アンチモン，鉄などは酸化条件下で溶融することによって，また銅は硫化ナトリウムを用いて硫化銅として取り除かれる．ビスマスは銀白色の金属であり，ひずんだ食塩型構造でもろく，容易に粉砕される．室温では安定であるが，加熱すると容易に**酸化ビスマス**（Bi_2O_3）になる．酸化ビスマスは水やアルカリには不溶であるが，酸には溶解してビスマス塩を生成する．塩は加水分解し，最終的には**水酸化ビスマス**（$Bi(OH)_3$）の白色沈殿を生じる．

$$BiCl_3 + H_2O \rightarrow BiOCl + 2HCl \tag{4.27}$$

$$BiOCl + 2H_2O \rightarrow Bi(OH)_3 + HCl \tag{4.28}$$

しかし，その沈殿物表面には硝酸イオンが吸着しているためにコロイド状であり，純粋な水酸化ビスマスではない．この沈殿物を加熱すると BiO(OH) を経て酸化ビスマスになる．

- **化合物の性質**

ビスマス化合物の代表として酸化ビスマス（Bi_2O_3）を取り上げる．Bi_2O_3 は酸化物イオン導電性を有し，導電率は 600～800°C で 3 桁ほど大きく変化する（図 4.32）．これは酸化ビスマスの結晶構造が 730°C で単斜晶から立方晶に転移することに起因している．結晶構造が単斜晶から立方晶に変化すると，立方晶のホタル石型構造（図 4.33）では陰イオン位置の $\frac{1}{4}$ が空孔になる．この酸化物イオンの空孔を利用することによって，イオン導電性が起こる．立方晶は Y_2O_3, Ga_2O_3 などを固溶することにより室温付近においても安定化することができる．酸化ビスマスの導電率は Y_2O_3 の添加量が 20 mol% 以下の場合には急激な変化を示すが，25 mol% 以上添加するとまったく影響されず，添加量の増加とともに低下する（図 4.32）．これは不純物相の生成によりイオンの伝導に障害が起こるためと考えられる．

キーワード：輝ビスマス鉱，ビスマス華，酸化ビスマス，酸化物イオン空孔

表 **4.27** ビスマスの性質

元素記号	電子配置	融点／°C	沸点／°C	イオン半径*／nm	イオン化ポテンシャル／eV	密度／g cm^{-3}
Bi	$[Xe]5d^{10}6s^{2}6p^{3}$	278	1490	0.074	9.39	9.80

* Bi^{5+} イオン半径

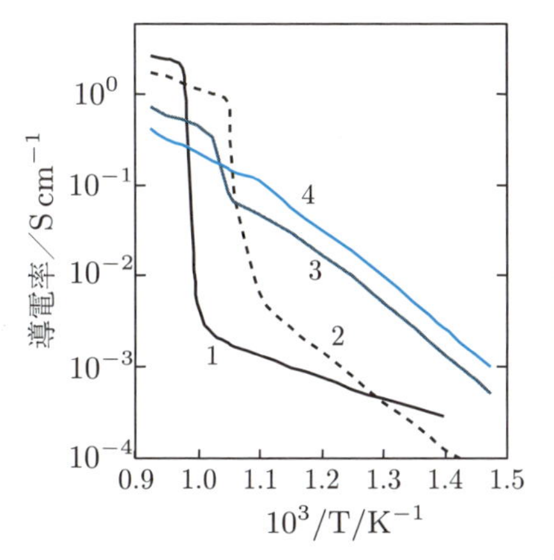

図 **4.32** Y_2O_3–Bi_2O_3 系の導電率

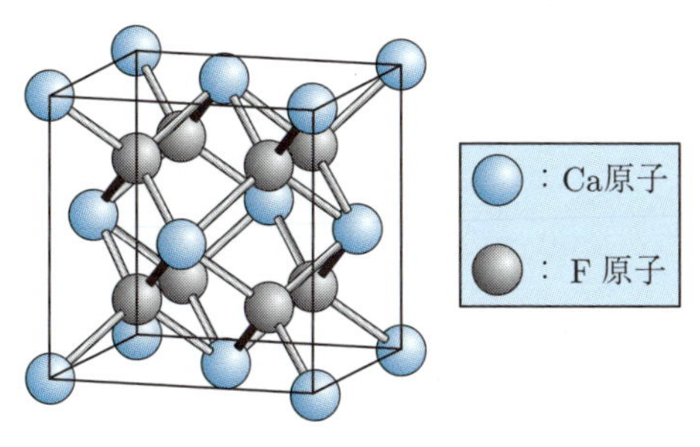

図 **4.33** ホタル石型（CaF_2）構造

4.6 16族元素と化合物

4.6.1 酸素

酸素は地球上でもっとも多く存在する元素である．酸素には ^{16}O (99.759%), ^{17}O (0.0374%), ^{18}O (0.2039%) の3つの同位体がある．また，酸素には酸素（O_2）とオゾン（O_3）の2つの同素体がある．酸素は酸素原子どうしが二重結合した二原子分子である．酸素分子の基底状態の三重項酸素 $^3O_2$ の電子配置については2原子分子の分子軌道（☞コラム4）で示したが，外部からのエネルギーによって励起され，図4.34に示したように $2p\pi^*$ 軌道に入る電子の位置と方向によって2種の一重項酸素（$^1\Sigma_gO_2$, $^1\Delta_gO_2$）が生成する．さらに三重項酸素の $2p\pi^*$ 軌道が不対電子なので外部から1つの電子を $2p\pi^*$ 軌道に受け入れて酸化されて $O_2{}^-$ のスーパーオキシドイオンや，2つの電子を受け入れて $O_2{}^{2-}$ ペルオキシドイオンになる．これらの一重項酸素などは反応性に富んでいることから**活性酸素**と称する．

オゾン（O_3）は O_2 の無声放電，希硫酸の電気分解や O_2 への紫外線によって生成する．オゾンの構造は sp^2 混成軌道から予測されるように折れ線状態の分子である．また2つの酸素－酸素間の結合には共鳴構造をもち，反応性に富む．気体のオゾンは青色で液体では深い青色を示し，固体では黒紫色を示す．オゾンは O_2 よりも強い酸化剤で，有機物の酸化や水の精製などに利用されている．過酸化水素（H_2O_2）は標準酸化還元電位が +1.77 V の強い酸化剤である．触媒存在下において H_2O と O_2 とに分解する．

$$H_2O_2 \rightarrow H_2O + \frac{1}{2}O_2 \tag{4.29}$$

キーワード：酸素，オゾン，活性酸素，過酸化水素

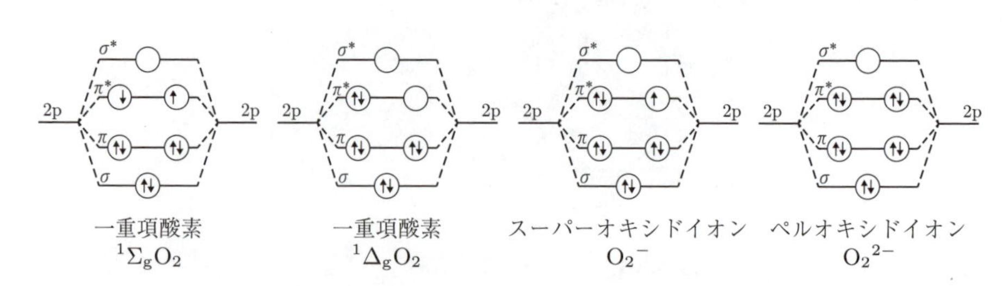

図 4.34 活性酸素の電子配置（1s と 2s 軌道の電子配置は省略）

4.6.2　硫黄

単体の**硫黄**は 30 種類以上の同位体が存在し，固体では斜方硫黄，単斜硫黄とゴム状硫黄がある．

硫黄は多くの原子価をとることができるので窒素と同様に多くの酸化物が存在する．硫黄の酸化物を総称して SO_X（ソックス）という．硫黄の酸化物には SO_2 と SO_3 がある．SO_3 分子は三角錐状分子，SO_2 分子は SO_3 分子の 1 つの酸素が非共有電子対に置き換わった状態となって形状は折れ線状分子となる．そのため安定性が低く，SO_2 を酸化すると SO_3 を生成するのではなく硫酸になる．また，硫黄のオキソ酸には硫酸をはじめとする多くの種類があり，それらの S の酸化数は +2〜+6 までとる．亜硫酸イオン（$SO_3{}^{2-}$）は強い還元剤として $SO_4{}^{2-}$ また $S_2O_6{}^{2-}$ に酸化される．硫酸イオン $SO_4{}^{2-}$ は S が sp^3 混成軌道を形成して正四面体構造をとる．安定的で酸化作用はあまり持たない．チオ硫酸イオン（$S_2O_3{}^{2-}$）は強い還元性をもち，銀塩写真の定着に使用される．さらにジチオン酸イオン（$S_2O_6{}^{2-}$）は安定的で反応しない．ペルオキソニ硫酸イオン（$S_2O_8{}^{2-}$）は工業的な規模で酸化剤，漂白剤として利用されている．石油や石炭の化石燃料には硫黄が含まれていることから燃焼によって大量の SO_X が発生し，酸性雨などの環境問題を引きおこす．そのため発生した SO_X ガスは廃煙脱硫装置によって硫黄分を除去している．

キーワード：硫黄，硫黄酸化物

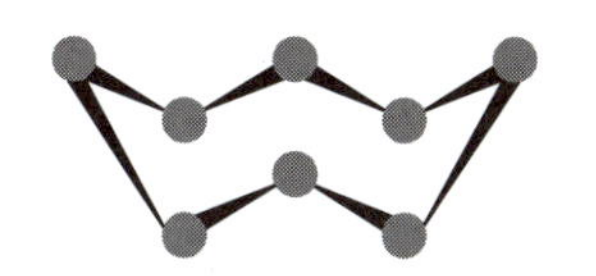

(a)　S_8（斜方および単斜硫黄）

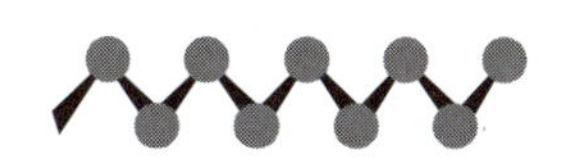

(b)　S_x（ゴム状硫黄）

図 4.35　硫黄分子の形状

イオン	構造	S の酸化数
$SO_3{}^{2-}$	S（O, O, O）$]^{2-}$	+4
$SO_4{}^{2-}$	O–S（O, O, O）$]^{2-}$	+6
$S_2O_3{}^{2-}$	S–S（O, O, O）$]^{2-}$	+2
$S_2O_4{}^{2-}$	O, O–S–S–O, O $]^{2-}$	+3
$S_2O_6{}^{2-}$	O, O, O–S–S–O, O, O $]^{2-}$	+5

図 4.36　硫黄のオキソ酸の S の酸化数

例題（4章）

[4-1]　酸性雨を定義し，その原因物質について説明しなさい．

（解答）

大気中に存在する二酸化炭素が雨に溶解して炭酸化するため，雨の pH は約 5.6 である．それ以上の pH を示す雨が酸性雨であるが，その原因の主な物質は，硫黄酸化物と窒素酸化物と考えられている．たとえば，化石燃料中には硫黄が含まれているが，その硫黄が燃焼して二酸化硫黄（SO_2）となる．この SO_2 はさらに三酸化硫黄（SO_3）へと変化し，これが大気中の水と反応して最終的には硫黄になる．一方，自動車をはじめとする燃料の燃焼において，窒素は酸素と反応して一酸化炭素（NO）と二酸化窒素（NO_2）との混合ガスが発生する．NO はさらに酸素やオゾンと反応し，最終的にはすべてが NO_2 になり，こうして生成した NO_2 は大気中の水と反応して硝酸となる．こうして発生した硫酸や硝酸を含んだ雨は**酸性雨**と呼ばれ，その強い酸性のために河川や森林に被害を及ぼすばかりでなく，農作物や建造物，さらには人体への影響も心配されており，その対策が急がれる．

たとえば，古い建造物のなかには大理石でできているものがあるが，大理石とは炭酸カルシウムの結晶である．このため，硫酸や硝酸の酸性水溶液中においては次式のように炭酸を生成しながら，徐々に崩壊する．

$$CaCO_3 + H_2SO_4 \rightarrow CaSO_4 + H_2O + CO_2 \qquad (1)$$

$$CaCO_3 + 2HNO_3 \rightarrow Ca(NO_3)_2 + H_2O + CO_2 \qquad (2)$$

5 d-ブロックおよび f-ブロック元素とその化合物

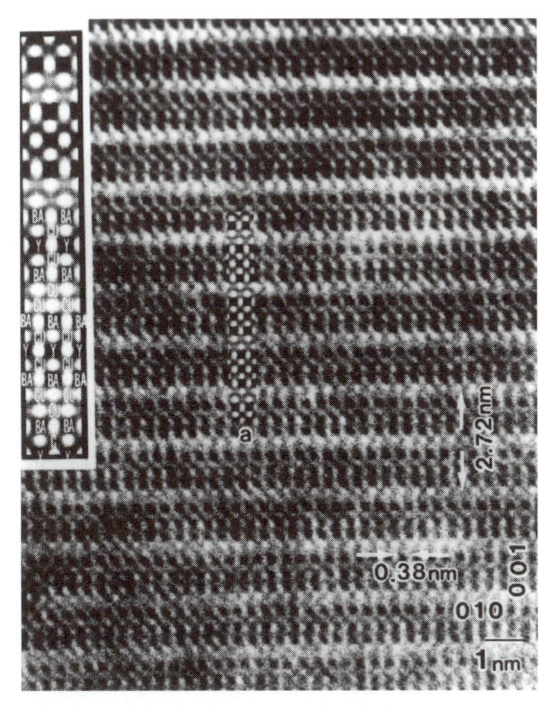

超伝導セラミックス（$YBa_2Cu_4O_8$）の透過型電子顕微鏡写真
（c 軸方向に Ba–Y–Ba の黒い点が並ぶ）

●5.1 3族元素と化合物●

5.1.1 希土類

f-ブロックのランタン（La）からルテチウム（Lu）までの15元素を**ランタノイド元素**（Ln）という．このランタノイド元素とスカンジウム（Sc），イットリウム（Y）を含めた3族の元素を**希土類元素**という（表5.1）．これらは性質が類似していて分離が困難であったことから，希な元素として扱われていた．しかし，現在ではイオン交換法による分離法も確立され，資源的にも決して少なくないことから，最先端分野では欠かせない元素となっている（表5.2）．この他に，周期表の第7周期に5f軌道が満たされていく**アクチノイド元素**（Ac）がある．これらはすべて放射性元素であり，核反応によって生成する．

ランタノイド元素は3段階までのイオン化エネルギーが比較的低いので，Ce^{4+}，Eu^{2+}, Yb^{2+} など以外は容易に3価の陽イオン（Ln^{3+}）となる．Lnのf電子は結合に関与しないため，配位子の影響を受けにくい．また，原子番号の増加とともに原子半径およびイオン半径が減少する傾向にある（表5.1，☞ 1.1.7）．

• **化合物の性質**

酸化イットリウム（Y_2O_3）の結晶はホタル石型構造をとり，陰イオンの一部が空孔になっている．つまり，ホタル石型構造のCaの位置にYが入り，Fの位置の $\frac{3}{4}$ にOが入り，残りの $\frac{1}{4}$ が空となる構造である．酸化イットリウムはファインセラミックスの原料として重要であり，高じん性ジルコニア，チタン酸バリウムの半導化剤，超伝導セラミックスの原料などに用いられている．

金属間化合物の**ニッケルランタン**（$LaNi_5$）は水素吸蔵合金である．六方晶系構造の $LaNi_5$ の隙間に水素が侵入型の固溶をして結合している（☞ 5.4.3）．

$$LaNi_5 + 3H_2 \rightleftarrows LaNi_5H_6 + 21.6\ [\mathrm{kcal}] \tag{5.1}$$

ニッケル水素（Ni–MH）**電池**は，負極に水素吸蔵合金（M），正極に水酸化ニッケル（$Ni(OH)_2$），これらをセパレータで隔離し，濃アルカリ電解液・水酸化カリウム（KOH）を含浸させて密閉化した構造となっている（表5.3）．ニッケルカドミウム電池と比較して，電力容量が高いことや，カドミウムによる環境汚染がないという利点がある．さらに近年，この水素吸蔵合金には，コバルト・マンガンをフリー化したMm（ミッシュメタル＝混合希土類金属)-Mg-Ni-Al系が主に用いられている．

キーワード：ランタノイド元素，アクチノイド元素，ニッケル水素電池

表 5.1　希土類（3族元素）の性質

原子番号	元素名	元素記号	電子構造	酸化数*	原子半径／nm	M^{3+} 半径／nm	M^{3+} イオンの色
21	スカンジウム	Sc	$[Ar]3d^14s^2$	+3	0.148	0.068	無色
39	イットリウム	Y	$[Kr]4d^15s^2$	+3	0.163	0.088	無色
57	ランタン	La	$[Xe]5d^16s^2$	+3	0.180	0.106	無色
58	セリウム	Ce	$[Xe]4f^26s^2$	+3,（+2, +4）	0.163	0.103	無色
59	プラセオジム	Pr	$[Xe]4f^36s^2$	+3,（+4）	0.176	0.101	緑色
60	ネオジム	Nd	$[Xe]4f^46s^2$	+3,（+2, +4）	0.174	0.099	淡紫色
61	プロメチウム	Pm	$[Xe]4f^56s^2$	+3	0.173	0.097	桃色
62	サマリウム	Sm	$[Xe]4f^66s^2$	+3,（+2）	0.172	0.096	黄色
63	ユウロピウム	Eu	$[Xe]4f^76s^2$	+3,（+2）	0.168	0.095	淡桃色
64	ガドリニウム	Gd	$[Xe]4f^75d^16s^2$	+3	0.169	0.094	無色
65	テルビウム	Tb	$[Xe]4f^96s^2$	+3,（+4）	0.168	0.092	淡桃色
66	ジスプロシウム	Dy	$[Xe]4f^{10}6s^2$	+3,（+4）	0.167	0.091	黄色
67	ホルミウム	Ho	$[Xe]4f^{11}6s^2$	+3	0.166	0.089	淡黄色
68	エルビウム	Er	$[Xe]4f^{12}6s^2$	+3	0.165	0.088	桃色
69	ツリウム	Tm	$[Xe]4f^{13}6s^2$	+3,（+2）	0.164	0.087	淡緑色
70	イッテルビウム	Yb	$[Xe]4f^{14}6s^2$	+3,（+2）	0.170	0.086	無色
71	ルテチウム	Lu	$[Xe]4f^{14}5d^16s^2$	+3	0.162	0.085	無色

* 酸化数：カッコ内の酸化数も取り得る

表 5.2　先端材料分野における希土類元素の用途

元素	用途
Y	カラーテレビ蛍光体 Y_2O_2S:Eu（赤色） チタン酸バリウム $BaTiO_3$ の半導体化剤 部分安定化ジルコニアの安定化剤 Y_2O_3 磁気光学効果材料 YIG，超伝導セラミックス $YBa_2Cu_3O_7$
La	水素吸蔵合金 $LaNi_5$，高屈折率ガラス 高分解能電子顕微鏡の電子銃（熱陰極）LaB_6 超伝導セラミックス $(La_{1-x}Ba_x)_2CuO_4$
Ce	化粧品原料（紫外線吸収剤）CeO_2，研磨剤 CeO_2
Nd	固体レーザー用ドーピング剤，希土類磁石 $Nd_2Fe_{14}B$
Sm	希土類磁石 Sm_2Co_{17}，$Sm_{42}Pr_{58}Co_5$
Eu	蛍光体の付活剤 Eu^{2+}（青色），Eu^{3+}（赤色）
Tb	蛍光体の付活剤 Tb^{3+}（緑色）
Dy	磁気冷凍材料（開発中）$DyPO_4$

表 5.3　ニッケル水素（Ni–MH）電池の電極反応

正極　$NiOOH + H_2O + e^- \underset{充電}{\overset{放電}{\rightleftarrows}} Ni(OH)_2 + OH^-$

負極　$MH + OH^- \underset{充電}{\overset{放電}{\rightleftarrows}} M + H_2O + e^-$

総反応　$H^+ + OH^- \underset{充電}{\overset{放電}{\rightleftarrows}} H_2O$

◆コラム20：YAG

アルミン酸イットリウム（$Y_3Al_5O_{12}$）は**YAG**（Yttrium Aluminum Garnet）と略され，ガーネット型構造の化合物である．YAGは，Y_2O_3 と Al_2O_3 を約1500°Cで固相反応させることにより得られる．蛍光体やレーザ材料として使う場合には付活剤も添加する．光デバイスのアイソレータなどに用いる場合の単結晶は，融液からの回転引き上げ法によって作製される．

Nd^{3+} イオンを微量に固溶させたYAGは固体レーザ発振素子として利用される．レーザ発振は，一度励起された電子が振動緩和過程によって励起準位より低い準安定状態に移り，この準位に蓄積される現象を利用する（図5.1）．準安定状態から基底状態に電子が移ることを**レーザ遷移**といい，この際に $h\nu$ のエネルギーをもつ光が放出される．このように光を増幅し，さらに鏡を利用してレーザ結晶中を繰り返し通すことにより，位相のそろったレーザ光が得られる．Nd^{3+}:YAG固体レーザの発振波長は1064 nmの赤外線である．

YAGを蛍光体の母結晶とし，希土類元素を付活した**蛍光体**もある．蛍光体とは刺激エネルギー（電気，紫外線，電子線など）を光に変換するもので，蛍光灯やカラーテレビなどに使われている．YAGに Ce^{3+} イオンを付活すると，436 nmの可視水銀ランプで励起されて約540 nmの発光ピークを示す．また，YAGに Tb^{3+} イオンを付活したものはブラウン管用蛍光体に使われている．

キーワード：**YAG**，ガーネット型構造，固体レーザ，蛍光体

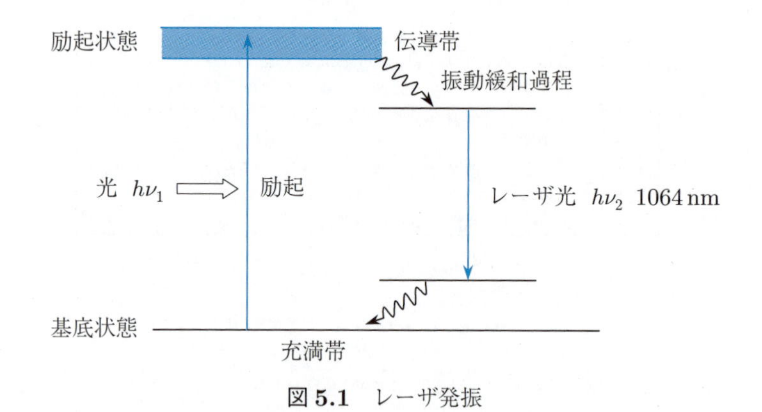

図5.1　レーザ発振

◆コラム 21：レアアースとレアメタル

レアアースとは3族元素のうち放射性元素のアクチノイドを除いた元素，すなわちスカンジウム（Sc），イットリウム（Y），ランタノイド（La～Lu）の17種の希土類元素のことである．一方，**レアメタル**とは半導体，発光ダイオード，磁石，強硬度鋼などの最先端の科学技術を支える47種の元素で，産出国や産出量が限定されている希少金属元素のことである．

たとえば，チタン，マンガン，ジルコニウムなどは汎用金属の銅，鉛，水銀などよりもたくさん地殻中には存在しているが，偏在が著しく産出国が限られている．特に白金の90%が南アフリカ，タンタルの93%がオーストラリア，ニオブの98%がブラジルにあり，産出しない国にとってはこれらのレアメタルの入手が困難な状況である．また，これらの金属は分離技術も発展していないことも理由に挙げられる．今後，レアメタルを中心とした元素戦略が科学技術の発展につながる．

キーワード：レアアース，レアメタル，元素戦略

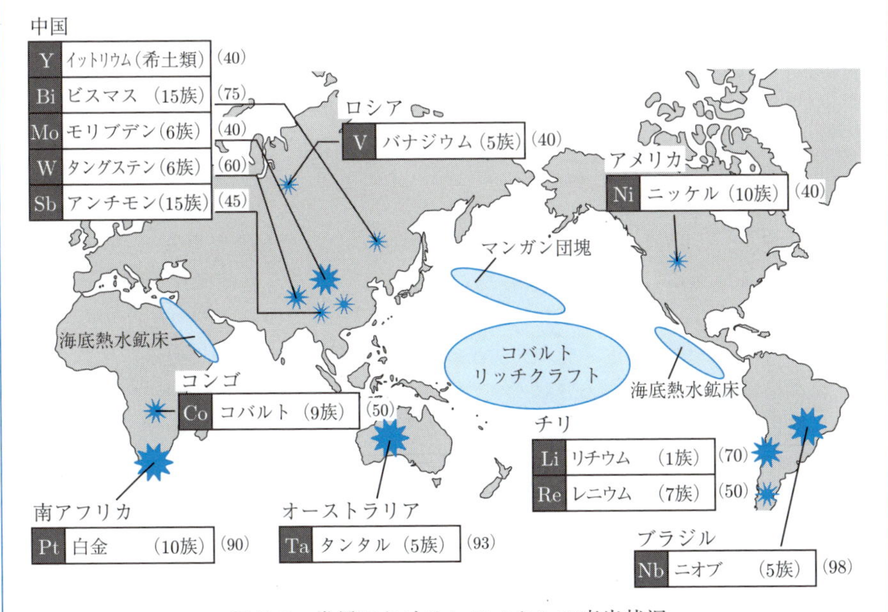

図 5.2　世界におけるレアメタルの産出状況

5.2 4族および5族元素と化合物

5.2.1 チタン（4族）

チタン（Ti）は酸素との反応性が強く，天然には鉄を含んだ**ルチル**（TiO_2）や**イルメナイト**（$FeTiO_3$）として産出する．窒素との反応性が強いため，炭素で還元して金属チタンを得るのは容易なことではない．しかし，ルチルやイルメナイトを塩素・炭素とともに加熱すると四塩化チタン（$TiCl_4$）が生成する．これは液体であり，鉄分は $FeCl_3$ として分離できる．こうして得られた純度の高い四塩化チタンを，アルゴン中にて800°Cで溶融した金属マグネシウムと反応させると，スポンジチタンが生成する．工業的にはこのスポンジチタンをアルゴン中で溶融して，金属チタンを得ている．

チタンの物理的性質を表5.4に示す．軽いが融点が高く，硬いが展性に優れており，生体材料用などとしての用途が急速に広がっている．

チタンは +2, +3, +4 価として化合物をつくり得るが，+4 価の化合物が最も多い．チタン (IV) 化合物のなかでも，水に可溶な塩は加水分解して水酸化チタン（$Ti(OH)_4$）を生成する．しかし，加水分解が不完全であると，次式のような塩化チタニル（$TiOCl_2$）を生じる．

$$TiCl_4 + 4H_2O \rightarrow Ti(OH)_4 + 4HCl \tag{5.2}$$

$$TiCl_4 + H_2O \rightarrow TiOCl_2 + 2HCl \tag{5.3}$$

• 化合物の性質

二酸化チタン（TiO_2）は，チタン (IV) 化合物の中で最も重要な化合物であり，金属チタンを加熱することによって容易に生成する．また，高純度な二酸化チタン（**チタニア**）は $TiCl_4$ を加熱分解することによって得られている．

チタニアの結晶構造はルチル型とアナターゼ型の2種類が一般的である．それらの物性と結晶構造を表5.5と図5.3に示す．チタニアは可視域に吸収をもたないため，古くから白色原料として用いられてきた．しかし，近年，紫外線吸収効果を有することが明らかになり，化粧品原料としての需要が伸びている．

また，図5.4に示すように白金を陰極に，チタニアを陽極にして光を照射すると水を分解して水素と酸素が得られる．これは二酸化チタンが光触媒として働くためであり，水素と酸素以外にもフリーラジカルが生成することから，大気や水の浄化作用などにも注目されている．

キーワード：ルチル，イルメナイト，顔料，光触媒，浄化作用

表 5.4　チタンの性質

元素記号	電子配置	融点／°C	沸点／°C	イオン半径*／nm	イオン化ポテンシャル／eV	密度／$g\,cm^{-3}$
Ti	$[Ar]3d^2 4s^2$	1675	3260	0.068	6.82	4.5

* Ti^{4+} イオン半径

表 5.5　ルチル型とアナターゼ型の比較

	ルチル型 TiO_2	アナターゼ型 TiO_2
結晶系	正方晶系	正方晶系
格子定数 a, c	$a = 0.458$ [nm]	$a = 0.378$ [nm]
	$c = 0.295$ [nm]	$c = 0.949$ [nm]
比重	4.2	3.9
屈折率	2.71	2.52
モース硬度	6.0〜7.0	5.5〜6.0
誘電率	114	31
融点	1858°C	高温でルチルに転移

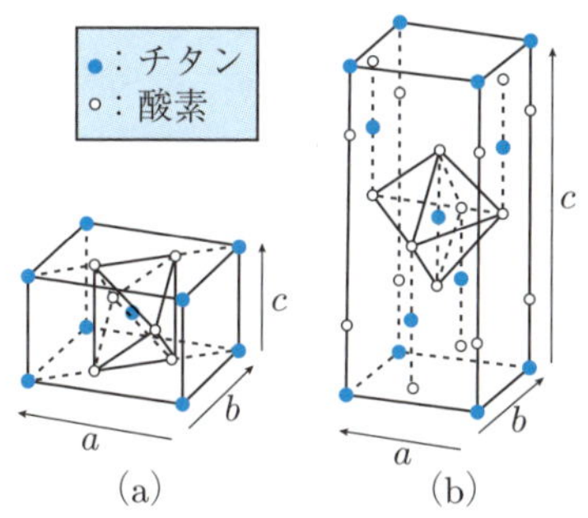

図 5.3　ルチル型 (a) とアナターゼ型 (b) の単位格子

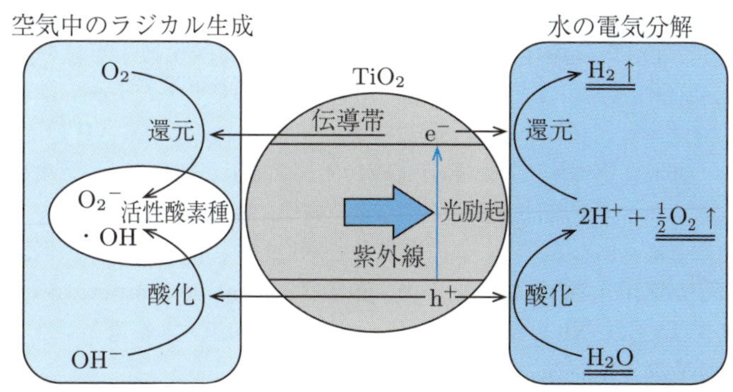

TiO_2 のバンドギャップが 3.0〜3.2 eV であることから，H_2O を H_2 と O_2 とに分解することができる．この際，非常に酸化力が強いヒドロキシラジカル（・OH）や，還元力が強いスーパーオキサイドアニオン（$O_2{}^-$）も発生する．→ 抗菌・殺菌効果，防汚効果，空気・水の洗浄効果

図 5.4　二酸化チタンの光触媒反応

◆**コラム 22**：ペロブスカイト

ペロブスカイトは $CaTiO_3$ の組成をもつ鉱物で，その構造は図 5.5 に示すとおりである．Ca^{2+} と O^{2-} のイオン半径にほとんど差がないので，ペロブスカイト構造では Ca^{2+} と O^{2-} イオンが面心立方の最密充填をしている．また，これらより小さい Ti^{4+} イオンは 6 個の酸化物イオンで囲まれた 6 配位位置を占めている．ペロブスカイト型化合物のなかでも，工業材料として最も重要な化合物は**チタン酸バリウム**（$BaTiO_3$）であろう．

• **コンデンサ**

チタン酸バリウムは結晶系が変化する 120°C 付近（これを**キュリー温度**という）において大きな誘電率をもつが，温度が少しでも上下すると急激に誘電率は減少する（図 5.6）．このため，チタン酸バリウムのキュリー温度を室温付近にし，さらに温度係数を小さくしたものが**コンデンサ**として用いられている．

キュリー温度は Ba^{2+} や Ti^{4+} と同じ価数をとる元素で置換することによって変化させることができる．たとえば，Ti^{4+} を Zr^{4+} や Sn^{4+} で置換すると，キュリー温度は室温まで下がる（**シフター**）．さらに $CaTiO_3$ や $MgTiO_3$ などを添加して温度係数を小さくし，急激な誘電率の変化を防いでいる（**デプロッサー**）．

• **温度センサ（サーミスタ）**

チタン酸バリウム中の Ti^{4+} の一部を Nb^{5+} で置換すると，次式 (5.4) にしたがって伝導電子が生成して半導体化する．

$$Nb_2O_5 = 2Nb_{Ti}{}^{\bullet} + 4O_O{}^{\times} + \tfrac{1}{2}O_2 + 2e' \tag{5.4}$$

ここで $Nb_{Ti}{}^{\bullet}$ は，チタンイオンの位置に配位するニオブイオンであり，その有効電荷数（見かけ上の価数で，式 (5.4) の場合には $5(Nb^{5+}) - 4(Ti^{4+}) = +1$ となる（☞ 3.1.3））．$O_O{}^{\times}$ は酸化物イオンの位置に配位する酸化物イオンを表し，有効電荷は 0（$-2(O^{2-}) - (-2)(O^{2-}) = 0$）である．半導体化したチタン酸バリウムの抵抗値は，誘電率と同様にキュリー温度において大きく変化する（**PTC サーミスタ**，図 5.7）．つまり，半導体化した $BaTiO_3$ に大きな電圧が加わると，温度は上昇するが抵抗が大きくなって電流は流れにくくなり，結局，$BaTiO_3$ の温度はキュリー温度付近に保たれるようになる．このような特性を利用して，温度センサ，低温ヒータ，電流遮断素子が実用化されている．一方，**NTC**（negative temperature coefficient）**サーミスタ**は CoO, NiO, MnO, Fe_3O_4 などで，d 軌道と s 軌道とが重なって電子が移動しやすくなっている．

キーワード：ペロブスカイト型構造，コンデンサ，温度センサ

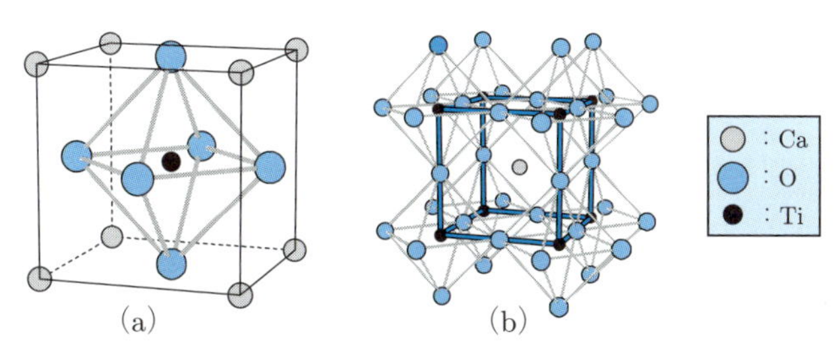

((a)と(b)は単位格子の取り方がちがう)

図 5.5　ペロブスカイト型構造

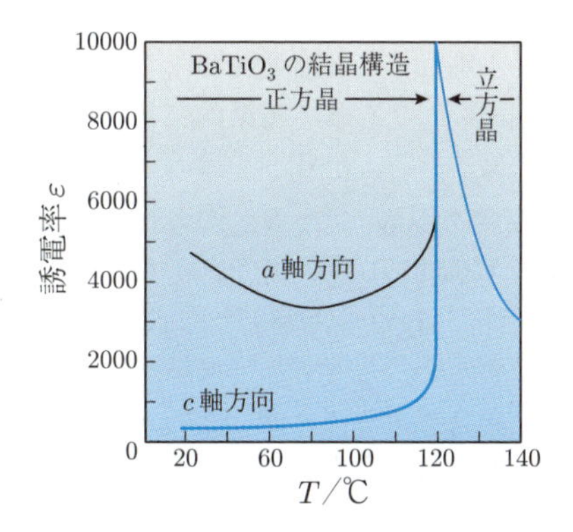

図 5.6　半導体化した $BaTiO_3$ の誘電率－温度特性の例

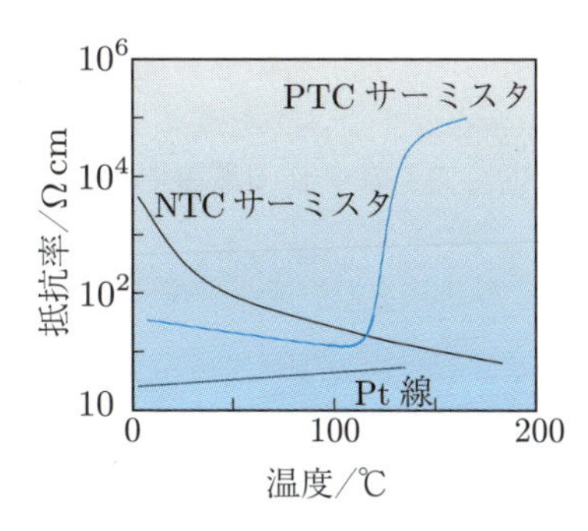

図 5.7　各種サーミスタの特性

5.2.2 ジルコニウム（4族）

ジルコニウム（Zr）は**バデライト**（ZrO_2）や**ジルコン石**（$ZrSiO_4$）として産出し，工業的にはチタンと同様，四塩化ジルコニウム（$ZrCl_4$）を Na や K によって還元して得られる（反応 (5.5)）．ジルコニウムは銀色の光沢をもつ金属（表 5.6）で，耐食性，耐熱性，展延性に富む．王水やフッ化水素水とは反応するが，他の酸とはほとんど反応しない．

$$ZrCl_4 + 4Na = Zr + 4NaCl, \quad ZrCl_4 + 2Mg = Zr + 2MgCl_2 \qquad (5.5)$$

ジルコニウムは上記のように耐化学（薬品）性に富むことに加えて，中性子の吸収能が小さいため，原子炉材料として利用されている．

• **化合物の性質**

一般にはチタンと同様，+4 価として化合物をつくるが，なかでも用途が広いのは白色の**酸化ジルコニウム**（ZrO_2）である．工業的には含水酸化物を加熱して得られる．水に不溶であるが，酸には溶ける．酸化ジルコニウム（**ジルコニア**）には単斜晶，正方晶，立方晶の多形構造（☞ 3.1.2）がある（図 5.8）．単斜晶と正方晶，正方晶と立方晶の転移温度は，それぞれ約 1170°C，約 2200°C である．純粋な場合には，高温でのみ安定な立方晶であるが，MgO や CaO を添加することによって，室温でも安定に存在するようになる．これらの添加量によって安定化ジルコニア（SZ）および部分安定化ジルコニア（PSZ）を調製することができる．PSZ は立方晶と正方晶の混晶によって部分安定化していることから，外部の応力に対して自己転移を起こして結晶の対称性の低い結晶となり，クラックの伸展を止めることが知られている（図 5.9）．また，これらの安定化剤が添加されたジルコニア中には，電気的中性を保つために酸化物イオン空孔が生成する．この酸化物イオン空孔によって導電性が発現することから，将来の電力として期待される固体電解質型燃料電池への利用が検討されている．その概要を図 5.10 に示す．緻密なジルコニアセラミックスの両側に電極を付けて水素と空気を流すと，空気側，燃料側それぞれの電極で次の反応 (5.6) と (5.7) が起こり，約 1 V の起電力が生じる．これを直列につないで必要な電圧として利用するものである．全体反応は (5.8) 式であり，水の生成反応である．

$$O_2 + 4e^- = 2O^{2-} \qquad (5.6)$$

$$2O^{2-} + 2H_2 = 2H_2O + 4e^- \qquad (5.7)$$

$$2H_2 + O_2 = 2H_2O \qquad (5.8)$$

キーワード：**ZrO_2**，酸化物イオン導電性，固体電解質，燃料電池

表 5.6　ジルコニウムの性質

元素記号	電子配置	融点／°C	沸点／°C	イオン半径*／nm	イオン化ポテンシャル／eV	密度／$g\,cm^{-3}$
Zr	[Kr]$4d^25s^2$	1852	3578	0.080	6.84	6.5

* Zr^{4+} イオン半径

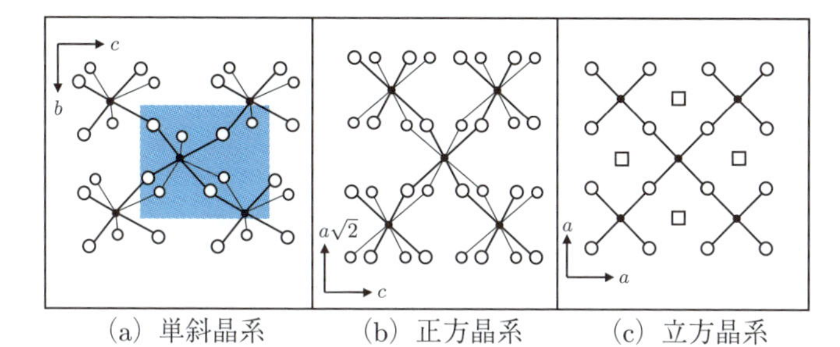

図 5.8　ZrO_2 の多形構造

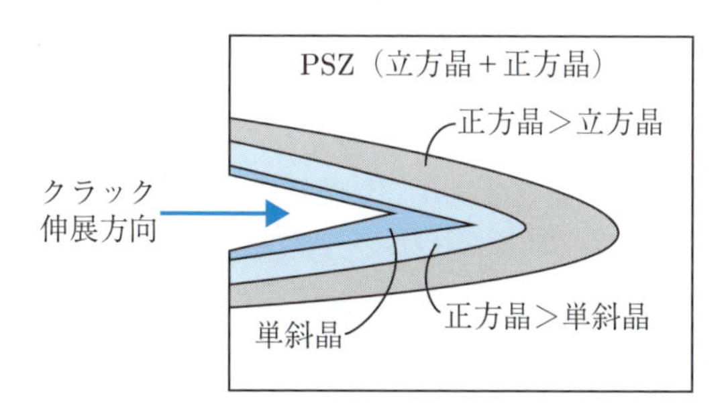

図 5.9　応力誘起相変態強化のメカニズム

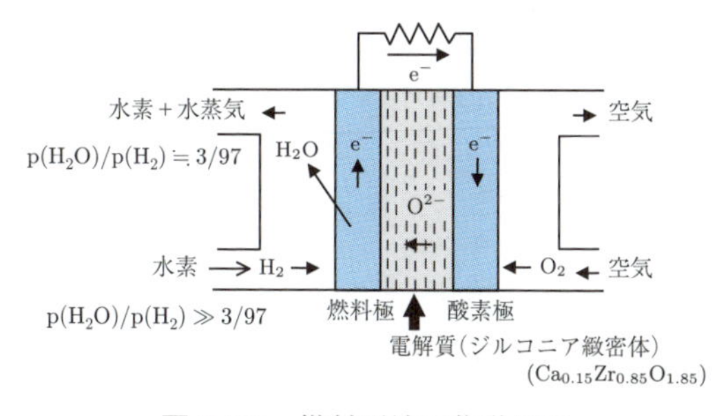

図 5.10　燃料電池の作動原理

5.2.3 バナジウム（5族）

バナジウム（V）の主要鉱物は**褐鉛鉱**（$Pb_5(VO_4)_3Cl$），**カルノー石**（$K_2(UO_2)_2(V_2O_8)\cdot 3H_2O$）である．ベネズエラの石油中にも存在し，その灰分から V_2O_5 として回収される．単体の精製法には電解還元法のほか，酸化物を Ca によって還元したり，ヨウ化物を熱分解するなどの方法がある．

V の電子配置は $[Ar]3d^34s^2$ で最高原子価は +5 である（表 5.7）．通常の V 化合物の酸化数は +2, +3, +4, +5 であるが，VC, V_2C, VN などのような侵入型化合物の酸化数は特定しがたい．低酸化数の酸化物は塩基性が強く，高酸化数のものは酸性が強い．

• **化合物の性質**

VCl_2 は緑色の六方晶系結晶である．900°C 以上で昇華し，1027°C で気化する．標準電極電位（☞ 2.2.3）が示すように V^{2+} は強力な還元剤である．

$$V^{3+} + e^- = V^{2+}, \quad E^\circ = -0.255\ [V] \tag{5.9}$$

VCl_3 は淡紅色三方晶系の結晶で，VCl_4 の加熱によって得られる．VCl_3 は 450°C 以上で不均化反応によって VCl_2 となる．

$$2VCl_4 = 2VCl_3 + Cl_2, \quad 2VCl_3 = 2VCl_2 + Cl_2 \tag{5.10}$$

V^{3+} は水溶液中において空気酸化される（反応 (5.11)）．$[VO(H_2O)_5]^{2+}$ イオンは青紫色であるが，図 5.11 に示すように，ひずんだ八面体型 6 配位構造である．この構造でトランス位の配位子の結合は弱い．$[VO(H_2O)_5]^{2+}$ は安定で，$[VO_2(H_2O)_4]^+$ をおだやかに還元すれば容易に得られる．

$$[VO(H_2O)_5]^{2+} + 2H^+ + e^- \leftarrow [V(H_2O)_6]^{3+}, \quad E^\circ = -0.34\ [V] \tag{5.11}$$

バナジウムは酸性水溶液中では VO^+, VO^{2+}, VO^{3+}, ${VO_2}^+$ などとして存在する．**バナジン酸イオン**（${VO_4}^{3-}$）は強アルカリ溶液中で存在し，酸の添加で複雑なイオンを生成する（反応 (5.12)）．各種バナジン酸イオンの構造を図 5.12 に示す．高温で酸素と反応して V_2O, V_2O_2, V_2O_3, V_2O_4, V_2O_5 となり，これにともなって色も変化する．**五酸化バナジウム**（V_2O_5）はオレンジ色から赤黄色の結晶性粉末であり，690°C で溶融し，赤茶色の結晶塊になる．各種の黄色顔料や硫酸製造などの酸化触媒に用いられる．V_2O_5 を主成分として含むバナジン酸塩ガラスは，V^{4+}–V^{5+} 間のホッピングによる電子伝導性を示す．

$$\begin{aligned} &{VO_4}^{3-} \xrightarrow{\text{pH 11}} {V_2O_7}^{4-} \xrightarrow{\text{pH 9}} {H_2V_4O_{13}}^{4-} \\ &\xrightarrow{\text{pH 7}} {H_4V_5O_{16}}^{3-} \xrightarrow{\text{pH 2}} V_2O_5(H_2O)_n \xrightarrow{\text{pH}<1} VO^{3+} \end{aligned} \tag{5.12}$$

キーワード：$[VO(H_2O)_5]^{2+}$ イオン，バナジン酸イオン，五酸化バナジウム

表 **5.7**　バナジウム族（5族元素）の性質

元素記号	電子配置	融点／°C	沸点／°C	原子半径／nm	イオン半径*／nm	密度／g cm^{-3}
V	[Ar]$3d^34s^2$	1910	3407	0.134	0.059	6.11
Nb	[Kr]$4d^45s^1$	2477	4744	0.147	0.070	8.57
Ta	[Xe]$4f^{14}5d^36s^2$	3017	5458	0.146	0.068	16.69

* M^{5+} イオン半径

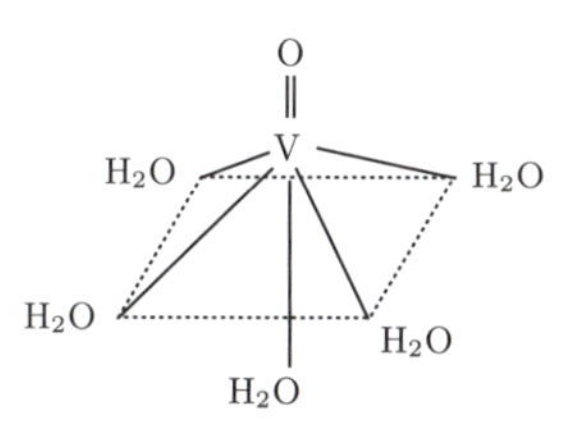

4つの水分子は同一平面内にあり，V–O 距離は 0.23 nm である．V と二重結合している O は4つの水分子のつくる平面に対して垂直に位置する．

図 5.11　$[VO(H_2O)_5]^{2+}$ の構造

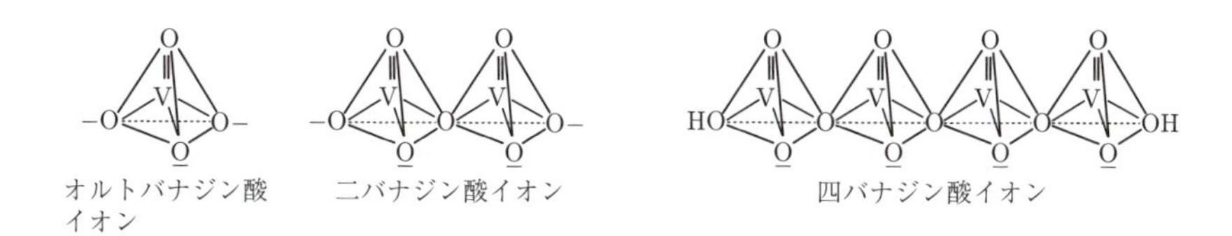

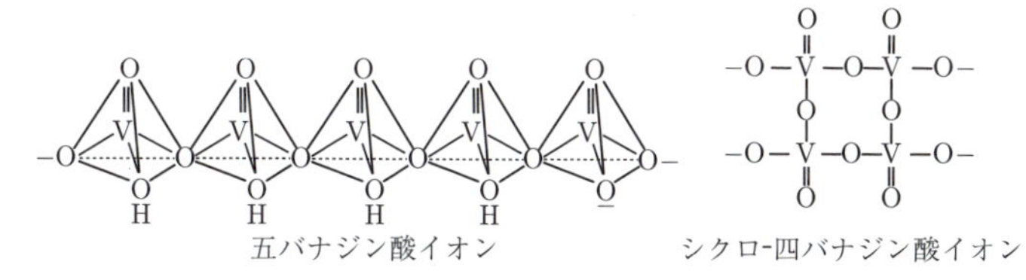

図 5.12　各種バナジン酸イオンの構造

●5.3　6族および7族元素と化合物●

5.3.1　クロム（6族）

6族元素の**クロム族**にはクロム（Cr），モリブデン（Mo），タングステン（W）がある（表5.8）．いずれの元素とも特殊鋼の合金成分として重要である．

クロムは銀白色の硬くてもろい金属で，強磁性である．空気中でも酸化されない安定な金属で，ステンレスやニクロム線などの合金に利用される．クロムは**クロム鉄鉱**（$FeCr_2O_4$）として産出する．クロムを得る場合，クロム原料に炭酸ナトリウムと酸化カルシウムを加えて加熱溶融し，これに水を加えてクロム酸ナトリウム（Na_2CrO_4）として抽出する．さらに硫酸を少量加えて加熱して重クロム酸ナトリウム（$Na_2Cr_2O_7 \cdot 2H_2O$）とし，炭素で還元して酸化クロム（Cr_2O_3）とした後，アルミニウムのテルミット反応によってクロムを単離する．

モリブデンは融点が高く，化学的にも不活性な金属である．**輝水鉛鉱**（MoS_2）を加熱して三酸化モリブデンとし，これをアンモニア水に溶かしてモリブデン酸アンモニウムとする．これを加熱還元してモリブデンを得る．

タングステンは融点がきわめて高い金属であり，フィラメントなどに利用されている．**灰重石**（$CaWO_4$）などの鉱物をアルカリ溶融して酸化タングステン（WO_3）を得て，これを水素還元してタングステンを単離する．

• **化合物の性質**

酸化クロム(III)（Cr_2O_3）はコランダム型構造をとり，α–アルミナ（Al_2O_3）（☞ 4.3.2）に類似した性質をもつ．融点が高く，化学的にも安定なことから，耐火物原料として利用されている．酸化クロム(III)中のクロムの価数は最も安定な+3価である．この他に+2価，+6価のクロム化合物をつくる（表5.9）が，特に+6価の化合物は強力な酸化剤となることから有毒である．

二硫化モリブデン（MoS_2）はグラファイトに類似した結晶構造をとることから，層間での滑りが生じ，固体潤滑剤として利用されている．

タングステンブロンズ（Na_xWO_3）はエレクトロクロミック材料，すなわち電圧印加によって物質の色が可逆的に変化するディスプレイ材料として有望である．これは電圧印加によって，プロトンと電子とが結晶中に注入されるために起こる．着色するためには光吸収バンドが可視光域にあり，可逆的に酸化還元反応が起こることが求められる．このような性質はMoO_3, V_2O_5などにも認められる．

キーワード：クロム族，酸化クロム（コランダム型構造），ブロンズ

表 5.8　クロム族（6族元素）の性質

	Cr	Mo	W
電子構造	$[Ar]3d^5 4s^1$	$[Kr]4d^5 5s^1$	$[Xe]4f^{14} 5d^4 6s^2$
原子半径／nm	0.122	0.138	0.137
イオン半径（M^{6+}）／nm	0.052	0.062	0.062
（M^{4+}）／nm	—	0.070	0.070
（M^{3+}）／nm	0.064	—	—
融点／°C	1890	2610	3387
沸点／°C	2482	5560	5927

表 5.9　酸化数の異なるクロム族化合物

	Cr	Mo	W
0	$Cr(CO)_6$	$Mo(CO)_6$	$W(CO)_6$
+1			
+2	$CrCl_2$, $Cr(OH)_2$		
+3	Cr_2O_3, $Cr(OH)_3$	Mo_2O_3, $Mo(OH)_3$	
+4		MoS_2, MoO_2	WO_2
+5			$NaWO_3$
+6	$PbCrO_4$, CrO_3	$CaMoO_4$, MoO_3	$CaWO_4$, WO_3

■は安定性の高い酸化数

●コランダム中の Cr^{3+} の発色について●

赤色のルビーは，酸化アルミニウム（Al_2O_3）の鉱物であるコランダムにおいて，Al^{3+} イオンの代わりに Cr^{3+} イオンが1～2% 置換したものである．結晶中での Cr^{3+} イオンは6個の酸化物イオンに囲まれて八面体型の構造をもつ（Cr–O: 0.190 nm）．この配位子場によって Cr^{3+} イオンのd軌道は分裂してd–d遷移が $\lambda = 550$ [nm] の緑色を吸収し，赤色として見える．一方，酸化クロム（Cr_2O_3）もコランダム構造であり，この Cr^{3+} イオンはルビーと同じ配位子場構造をもつ．しかし，Cr–O が 0.199 nm と長くなることから，d–d遷移の吸収が $\lambda = 590$ [nm] の赤色を吸収し，その発色は緑色となる．

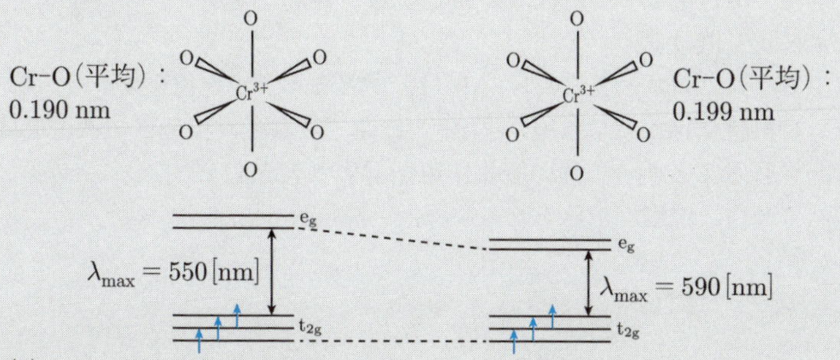

Cr–O（平均）：0.190 nm　　Cr–O（平均）：0.199 nm

e_g　$\lambda_{max} = 550$ [nm]　t_{2g}　　e_g　$\lambda_{max} = 590$ [nm]　t_{2g}

(a)　Al_2O_3 中の Cr^{3+} イオン　　(b)　Cr_2O_3 中の Cr^{3+} イオン

図 5.13　ルビーの発色機構

5.3.2　マンガン（7族）

7族元素の**マンガン族**にはマンガン（Mn），テクネチウム（Tc），レニウム（Re）がある．

マンガンはやや赤みを帯びた灰白色の金属で，性質は鉄に似ている．空気中で容易に酸化される．また，酸には水素を発生して溶ける．天然には**軟マンガン鉱**（MnO_2），**黒マンガン鉱**（Mn_3O_4），**菱マンガン鉱**（$MnCO_3$）として産出する．また，海底に**マンガン瘤**（MnO_2）としても存在する．マンガン鉱をアルミニウムや炭素で還元すると，マンガンが分離される．-1価から$+7$価までの酸化状態のマンガンを含む化合物が知られているが，特に$+2$, $+4$, $+7$価が安定に存在する（表5.10）．テクネチウムは人工放射性元素である．レニウムはモリブデン鉱などに希に含まれている．

• 化合物の性質

マンガンの酸化物には，$Mn^{II}O$（金属欠損型の岩塩型構造），$Mn_2{}^{III}O_3$, Mn_3O_4（スピネル型構造，2価と3価の混合），$Mn^{IV}O_2$（ルチル型構造）が知られている．

MnOは，高次のマンガン酸化物を水素や一酸化炭素中で加熱還元すると得られる塩基性酸化物であり，酸と反応して安定なマンガン(II)塩を生成する．Mn_2O_3は水酸化マンガン(II)を加熱酸化すると得られ，それをさらに高温で加熱するとMn_3O_4になる．

MnO_2は天然鉱物として得られる．MnO_2は酸化剤として用いられ，過酸化水素水に加えると酸素を発生させる．また，工業用原料としてガラスの着色剤，陶磁器用釉薬原料，電池の正極材料（図5.14）などに使われている．

過マンガン酸カリウム（$KMnO_4$）はマンガン化合物の中で最も高い酸化数$+7$をもち，定量分析用として広く用いられている．これは酸化マンガン(IV)と水酸化カリウムを空気中で加熱してマンガン酸カリウム（K_2MnO_4）として水で抽出し，これに硫酸を加えて酸性溶液とした後，蒸発して過マンガン酸カリウムを得る．黒紫色の結晶で，水によく溶ける．

水溶液中では過マンガン酸イオン（$MnO_4{}^-$）となって赤紫色を呈する．過マンガン酸カリウムは酸性溶液中ではMn^{2+}イオンに還元される．塩基性溶液中ではMnO_2にまで還元されることから，強い酸化作用を示す（表5.11）．このことから，強力な酸化剤として漂白，消毒に用いられる．

キーワード：マンガン族，酸化数，酸化剤

表 **5.10**　マンガン族（7族元素）の性質

	Mn	Tc	Re
電子構造	$[Ar]3d^54s^2$	$[Kr]4d^55s^2$	$[Xe]4f^{14}5d^26s^2$
原子半径／nm	0.119	0.128	0.131
イオン半径（M^{2+}）／nm	0.080	—	—
（M^{3+}）／nm	0.062	—	—
（M^{4+}）／nm	0.054	—	0.072
（M^{6+}）／nm	—	—	—
（M^{7+}）／nm	0.046	0.056	0.056
融点／°C	1244	2200	3180
沸点／°C	2100	5030	5627

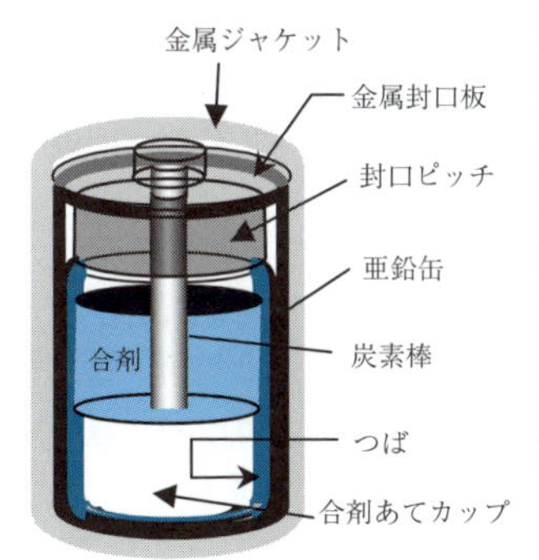

負極

$$4Zn + ZnCl_2 + 8OH^- \rightarrow ZnCl_2 \cdot 4Zn(OH)_2 + 8e^-$$

正極

$$8MnO_2 + 8H_2O + 8e^- \rightarrow 8MnOOH + 8OH^-$$

総反応

$$4Zn + 8MnO_2 + ZnCl_2 + 8H_2O \rightarrow ZnCl_2 \cdot 4Zn(OH)_2 + 8MnOOH$$

正極材料：MnO_2，負極材料：Zn，
電解液：$ZnCl_2$ 溶液 + NH_4Cl

図 **5.14**　マンガン乾電池の構造と電極反応

表 **5.11**　過マンガン酸カリウムの還元反応

（酸性溶液中）

$$MnO_4{}^- + 8H^+ + 5e^- \rightarrow Mn^{2+} + 4H_2O \qquad E = +1.51\ [V]$$

（塩基性，中性溶液中）

$$MnO_4{}^- + 2H_2O + 3e^- \rightarrow MnO_2 + 4OH^- \qquad E = +1.23\ [V]$$

5.4 8族元素，9族元素および10族元素と化合物

5.4.1 鉄（8族）

8族元素には，鉄（Fe），ルテニウム（Ru），オスミウム（Os）がある（表5.12）．このうち，鉄だけが鉄族元素と称し，ルテニウムおよびオスミウムは白金族に属する．

鉄はケイ酸塩鉱物，または赤鉄鉱（Fe_2O_3），かっ鉄鉱（$Fe_2O_3 \cdot nH_2O$），磁鉄鉱（Fe_3O_4），黄鉄鉱（FeS_2）などの鉄分を多量に含んでいる鉱物として存在し，その存在量はアルミニウムについで多い元素である．このような鉄鉱石を高温の溶鉱炉中でコークスによって還元すると**銑鉄**となる（図5.15）．得られた銑鉄には1.7 mass%以上の炭素の他にSi, P, Sなども含まれるために性質はもろく，圧延できない．しかし，融点が低いことから転炉で再度加熱しながら空気を吹き入れて不純物を酸化除去する．こうして得られた鉄を**鋼鉄**という．鋼鉄には炭素が0.04～1.7 mass%しか含まれていない．鋼鉄は焼き入れ，焼きもどし，焼きなましなどの熱処理方法によって性質は大きく変わる．鉄は灰白色の金属で強磁性体であり，延性および展性にも優れている．

• 化合物の性質

工業的に製造されている**酸化鉄**には，α-Fe_2O_3（Hematite），γ-Fe_2O_3（Maghemite），Fe_3O_4（Magnetite），α-FeOOH（Goethite），β-FeOOH（Akaganeite），γ-FeOOH（Lepidocrocite）がある．これらはいずれも結晶構造，色，磁性，自形，製造方法が異なる（表5.13）．α-Fe_2O_3は別名を**べんがら**といい，天然にも存在する赤色無機顔料である．鉄イオンの価数は+3価，結晶構造はAl_2O_3と同型構造のコランダム型構造である．α-FeOOH，またはFe_3O_4を加熱酸化すると得られる．耐熱性，耐候性の高い顔料であり，粒子径の違いによって黄色から赤色，さらには紫色に変化する．Fe_3O_4は別名**鉄黒**ともいい，黒色無機顔料である．結晶構造はスピネル型構造であり，鉄イオンの価数は+2価と+3価となり，フェリ磁性をもつ．コピー用トナー，磁性インクなどとして広く利用されている．α-FeOOHは**オキシ含水酸化鉄，オーカー**とも呼ばれ，古くからある黄色無機顔料である．これは，$FeSO_4$水溶液とNaOH水溶液との中和反応によって生成した$Fe(OH)_2$コロイドを，加熱しながら酸化すると得られる．γ-Fe_2O_3は磁気テープ用の磁性体であり，欠陥スピネル型構造（陽イオン欠陥型）をとり，フェリ磁性を示す．γ-FeOOHまたはFe_3O_4を加熱酸化させると得られる．

キーワード：銑鉄，鋼鉄，酸化鉄，無機顔料，磁性体

表 5.12　8 族元素の性質

	Fe	Ru	Os
族	鉄族	白金族	白金族
電子構造	$[Ar]3d^6 4s^2$	$[Kr]4d^7 5s^1$	$[Xe]4f^{14} 5d^6 6s^2$
原子半径／nm	0.116	0.125	0.129
イオン半径（M^{2+}）／nm	0.075	—	—
（M^{3+}）／nm	0.060	—	—
（M^{4+}）／nm	—	0.064	0.065
密度／$g\,cm^{-3}$	7.9	12.2	22.6
融点／°C	1535	1652	2700
沸点／°C	2750	3327	約 5600

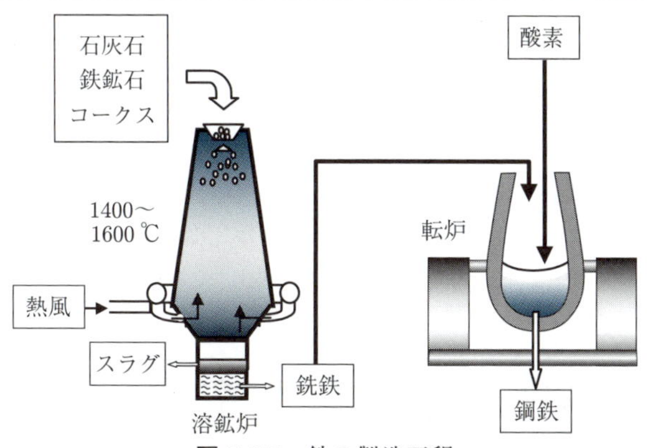

図 5.15　鉄の製造工程

表 5.13　各種酸化鉄の性質

酸化鉄		構造	色	磁性	自形	用途
α-FeOOH	オキシ含水酸化鉄	（斜方晶系）	黄	反磁性	針状	顔料
β-FeOOH		（正方晶系）	くすんだ黄赤	反磁性	針状	顔料
γ-FeOOH		（斜方晶系）	赤茶	反磁性	針状	顔料
α-Fe_2O_3	ヘマタイト	コランダム	赤～紫	反磁性	粒状	顔料
Fe_3O_4	マグネタイト	スピネル	黒	フェリ磁性	立方	顔料・磁性体
γ-Fe_2O_3	マグヘマイト	スピネル	赤茶	フェリ磁性	針状	磁性体
$MO \cdot Fe_2O_3$	フェライト	マグネトプランバイト	茶	フェリ磁性	六角板状	磁性体
FeO	ウスタイト	岩塩	青白	反磁性	—	—

表中の M は Fe, Co, Ni, Zn などの 2 価金属イオン

◆コラム 23：フェライト

MFe_2O_4（M は Fe, Co, Ni, Zn などの 2 価金属）の組成式をもつスピネル型構造の鉄系複合酸化物を，総称して**フェライト**と呼ぶ．フェライトは磁性を示し，その代表的な化合物は**磁鉄鉱**（Fe_3O_4）であり，$(Fe^{3+})[Fe^{2+}, Fe^{3+}]O_4$ と表される．これは，逆スピネル組成である．スピネル構造中には 4 配位の Fe^{3+} イオンと 6 配位の Fe^{2+}，および Fe^{3+} イオンがある．この配位数と価数の異なる Fe イオンが磁性の要因である．Fe^{2+} および Fe^{3+} イオンは 3d 軌道に不対電子をもつために，電子の軌道運動と自転運動スピンによって磁力場が生じる．また，同じ価数でも配位状態によってスピン方向は異なる．Fe^{3+} イオンのスピンは 4 配位と 6 配位では逆向きであり，磁気モーメントは 0 となる．しかし，Fe_3O_4 には Fe^{3+} イオンのほかに 6 配位 Fe^{2+} イオンもあり，6 配位 Fe^{3+} イオンのスピン方向と 6 配位 Fe^{2+} イオンのスピン方向は同じであるため，全体では Fe^{2+} イオンのスピンによって磁化の大きさが決まる（図 5.16）．このように，Fe_3O_4 は磁性イオンの相互作用によって**フェリ磁性体**（ferrimagnetic material）となる．磁性体には，この他に**常磁性体**（paramagnetic material），**強磁性体**（ferromagnetic material），**反強磁性体**（antiferromagnetic material）があり，これらの中で，自発磁化を示すものは強磁性体とフェリ磁性体である（図 5.17）．

Fe_3O_4 中の鉄イオンを同程度の大きさの金属イオンで置き換えると磁気モーメントも変わる．たとえば Zn^{2+} イオンを少量含有するフェライト中では Zn^{2+} イオンは Fe^{2+} イオンの位置には入らず，4 配位の Fe^{3+} イオンの位置を占める．これにより逆向きのスピン量が減り，全体としてはスピン量が増加する．

フェライトは外部からの磁場に応答する軟磁性体であることから，演算素子や記憶素子，磁性記録媒体などに使われる．外部から磁場 H をかけて磁区を一定の方向に並べると，ある磁場の大きさ以上磁場をかけても磁化 I は大きくならず飽和する（図 5.18）．この状態で逆向きの磁場をかけて，0 にしても**残留磁化**（M_r）が残る．さらに磁場をかけると磁化は 0 になるが，このときの磁場を**保磁力**（H_c）という．保磁力が小さいものを“ソフト”なフェライト，大きいものを“ハード”なフェライトという．ヒステリシス曲線の面積が大きいものほど，強力な磁石となる．この他にフェリ磁性をもつ結晶構造には，マグネトプラムバイト型構造とガーネット型構造がある．

キーワード：フェライト磁性体，スピネル型構造，軟磁性体，磁気特性

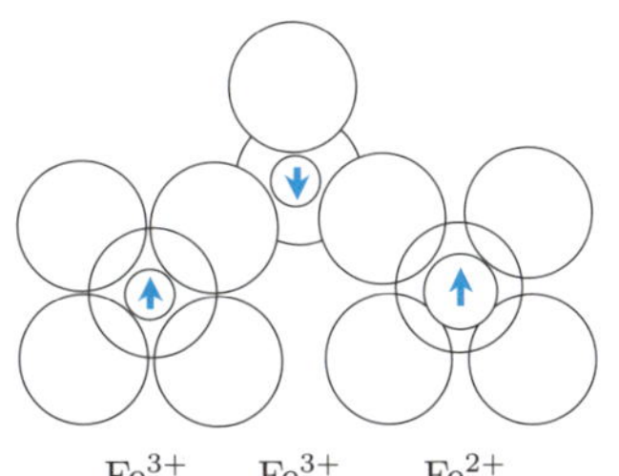

図 5.16　Fe_3O_4 中のスピンの方向と配位

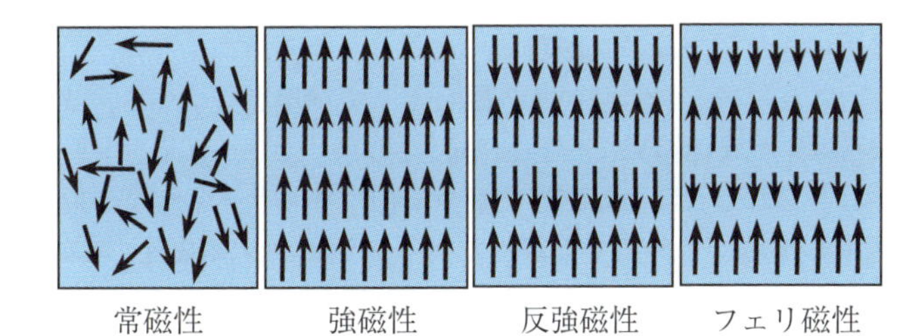

図 5.17　磁気モーメントの方向と磁性の種類

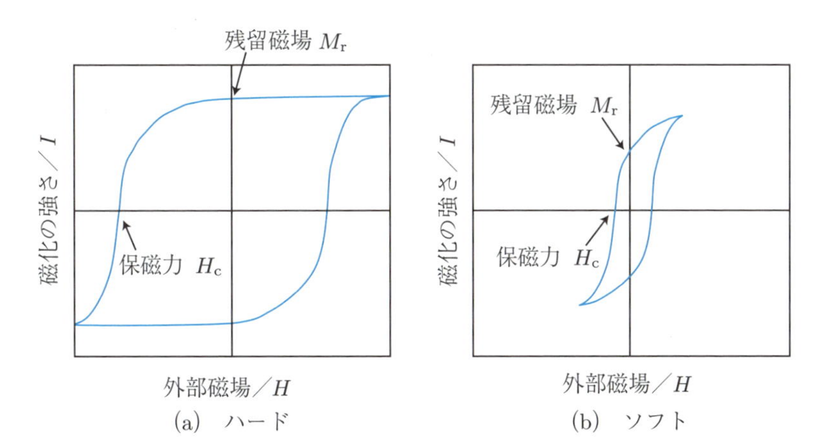

図 5.18　磁性体のヒステリシス曲線

5.4.2 コバルト（9族）

表5.14に9族元素の性質を示した．コバルト（Co）は鉄族に属し，その他のロジウム（Rh）およびイリジウム（Ir）は白金族に属する．

コバルトは天然には火成岩中に含まれていてニッケルと共存している．古くからコバルトを含む鉱物は美しい青色をしていたことから，紀元前2000年以前のエジプトで陶器やガラスの着色に**コバルトブルー**として用いられていた．

コバルトはコバルト合金として重要であり工業的に利用されている．特にニッケル・クロム・モリブデン・タングステン，あるいはタンタルやニオブを添加したコバルト合金は高温でも摩耗しにくく，腐食にも強い．また，コバルト－クロム－モリブデン合金とコバルト－クロム－タングステン－ニッケル合金は生体内で腐食しにくいため，歯科医療や外科手術などに使われている．一方，コバルト合金は磁気材料としても重要な役割を果たしてきた．**アルニコ磁石**は，アルミニウム，ニッケル，コバルトなどを原料として鋳造された磁石で，強い永久磁石として利用されている．また，**サマリウムコバルト磁石**は，組成比の異なる$SmCo_5$（1-5系）とSm_2Co_{17}（2-17系）とがある．最も強いネオジム磁石につぐ磁力をもつ．特にキュリー温度が700～800°Cと高く，350°C程度の環境でも使用できる．さらに**プラセオジム磁石**（$PrCo_5$）は，プラセオジムを主成分とする磁石であり，物理的な強度が大きく，複雑な加工が可能である．これらの希土類磁石は錆びにくいのも特徴である．

• **化合物の性質**

リチウムイオン電池の正極材料には**コバルト酸リチウム**（$LiCoO_2$）が使用されている．一般的にはLi_2CO_3とCo_3O_4との高温焼成によって合成される．コバルト酸リチウムの結晶構造（α-$NaFeO_2$構造）を図5.19に示した．コバルト酸リチウムは層状構造を有し，酸化物イオンと酸化物イオンとの層の間にリチウムイオンとコバルトイオンが一層ずつたがいちがいに積層している．また，酸化物イオンだけをみると立方最密充填構造をしていて，その隙間にあるイオン半径の小さなリチウムイオンが選択的に結晶中を出入りする．近年，コバルト酸リチウムのコバルトイオンの一部をニッケルイオンやマンガンイオンに置き換えて大容量化をはかっている．

キーワード：コバルトブルー，コバルト酸リチウム，リチウムイオン電池

表 **5.14**　9 族元素の性質

元素記号	族	電子配置	融点／°C	沸点／°C	原子半径／nm	イオン半径／nm	イオン化ポテンシャル／eV	密度／$g\,cm^{-3}$
Co	鉄族	$[Ar]3d^7 4s^2$	1495	2927	0.111	0.065	7.86	8.90
Rh	白金族	$[Kr]4d^8 5s^1$	1964	3695	0.125	0.067*	7.46	12.41
Ir	白金族	$[Xe]4f^{14} 5d^7 6s^2$	2466	4428	0.122	0.068*	9.02	22.56

* 3 価イオン 6 配位の例

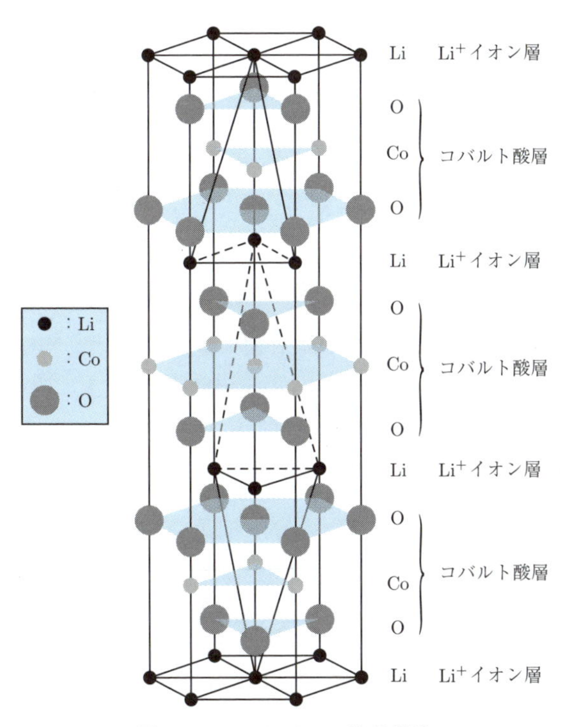

図 **5.19**　$LiCoO_2$ の結晶構造

5.4.3　ニッケル（10族）

ニッケル（Ni）は**ケイニッケル鉱**（$(Ni, Mg)SiO_2 \cdot nH_2O$）や**磁硫鉄鉱**（FeS）中の**硫化ニッケル**（NiS）として産出する．これらの鉱石から不純物を除去した後で硫黄と反応させてNi_3S_2とし，焙焼して生成するNiOを還元してニッケルを得る．10族元素の性質を表5.15に示す．なお，ニッケルは鉄およびコバルトと同じ鉄族に属するが，パラジウムおよび白金は8族，9族と同様に白金族に属する．

ニッケルは単体として利用されることもあるが，合金としての用途が多い．たとえば，電熱器の抵抗線として一般的に用いられる**ニクロム**も一例である．これはNi 60～80%とCr 20～40%の合金に少量のマンガンを含んだものであり，電気抵抗が大きく，耐高温酸化性や化学的耐久性にも優れている．また，Ni（40%）とCu（60%）の合金である**コンスタンタン**も電熱線として利用されるが，このほかにコンスタンタンと銅線をつないだものは**熱電対**として用いられる．

• **化合物の性質**

ニッケルはほとんどが+2価として化合物をつくる．**酸化ニッケル**（NiO）は緑色をした水に不溶な粉末であり，塩酸に溶解する．加熱すると濃黄色になるが，冷えると元の色に戻る．酸化ニッケルは代表的な金属イオン不足の酸化物半導体であり，次式に示したようにニッケルの空孔（V_{Ni}''）と正孔（$h^\bullet$）の出現（図5.20）によって導電性が発現する．

$$\frac{1}{2}O_2 = V_{Ni}'' + O_O{}^\times + 2h^\bullet \tag{5.13}$$

正孔（ホール）が荷電担体である物質は**p型半導体**と呼ばれ，NiOをはじめ，CuOなどのp型半導体がさまざまな電子部品として用いられている．図中の点線の丸印がV_{Ni}''を表し，$h^\bullet$が正孔を表している．

また，1970年，$LaNi_5$に水素吸蔵特性のあることが見出されて以来，さまざまなニッケル合金の水素吸蔵性が検討されている．水素吸蔵合金（☞5.1.1）はニッケルをベースとするものが多い（表5.16）．$LaNi_5$は$LaNi_5H_6$の組成式に相当する水素を吸蔵し，常温における平衡解離圧は約2気圧である．この合金のNi量xに対する解離圧を図5.21に示す．xが増えると急激に解離圧が大きくなるため，xは最適値を大きく超えることはできない．これらの合金は将来のエネルギーである水素の貯蔵やニッケル－水素化物蓄電池（☞5.1.1）などとして，広範囲の応用が見込まれている．

キーワード：ニクロム線，熱電対，p型半導体，正孔，水素吸蔵性

表 5.15　10 族元素の性質

元素記号	族	電子配置	融点／°C	沸点／°C	原子半径／nm	イオン半径／nm	イオン化ポテンシャル／eV	密度／g cm^{-3}
Ni	鉄族	[Ar]$3d^8 4s^2$	1455	2732	0.110	0.069	7.635	8.85
Pd	白金族	[Kr]$4d^{10}$	1552	3140	0.120	0.080	8.34	12.02
Pt	白金族	[Xe]$4f^{14} 5d^9 6s^1$	1772	3830	0.123	0.080	8.62	21.45

Ni^{2+} O^{2-} Ni^{2+} O^{2-} Ni^{2+} O^{2-} Ni^{2+}
O^{2-} Ni^{2+} O^{2-} Ni^{2+} ⊕ O^{2-} Ni^{2+} O^{2-}
Ni^{2+} ⊕ O^{2-} ◌ O^{2-} Ni^{2+} O^{2-} Ni^{2+}
O^{2-} Ni^{2+} O^{2-} Ni^{2+} O^{2-} Ni^{2+} ⊕ O^{2-}
Ni^{2+} O^{2-} Ni^{2+} O^{2-} ⊕ Ni^{2+} O^{2-} Ni^{2+}
O^{2-} Ni^{2+} O^{2-} Ni^{2+} O^{2-} ◌ O^{2-}

（◌ はニッケルが抜けた箇所，⊕ は正孔）

図 5.20　NiO 中の欠陥

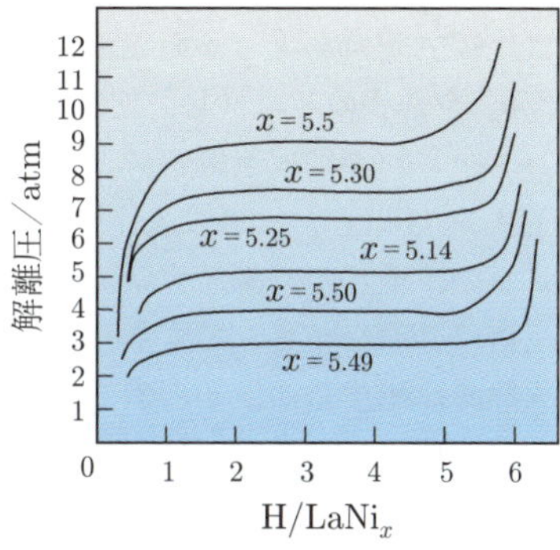

図 5.21　$LaNi_5$–H_2 系の解離圧－組成等温線（40°C）

表 5.16　おもな水素吸蔵合金

(a) AB_5 型希土類軽合金
$LaNi_5$, $LaNi_4Cu$, $LaNi_4Al$, $LaNi_{2.5}Co_{2.5}$, $La_{0.8}Nd_{0.2}Ni_2Co_3$, $La_{0.7}Nd_{0.2}Ti_{0.1}Ni_{2.5}Co_{2.4}Al_{0.1}$, $La_{0.8}Nd_{0.2}Ni_{2.5}Co_{2.4}Si_{0.1}$, $La_{0.9}Zr_{0.1}Ni_{4.5}Al_{0.5}$, $AmNi_5$, $AmNi_{3.55}Co_{0.75}Mn_{0.4}Al_{0.3}$, $AmNi_{4.2}Mn_{0.6}Al_{0.2}$, $AmNi_{3.5}Co_{0.8}Al_{0.7}$, $AmNi_{3.5}Co_{1.5}Al_{0.5}$, AmB_x（$x = 4.55$〜4.76, B = Ni, Co, Mn, Al）など
(b) AB/A_2B 型チタン系，ジルコニウム系
TiNi, Ti_2Ni, $TiMn_{1.5}$, Ti_2Ni–TiNi 基多成分合金（V, Cr, Zr, Mn, Co, Cu, Fe などで Ni を部分置換），TiNi–Zr_7Ni_{10}, $Ti_{0.5}Zr_{0.5}Ni_{1.22}$, $Ti_{0.1}Zr_{0.9}Ni_{1.39}$, $ZrNi_{1.43}$（$= Zr_7Ni_{10}$）
(c) AB_2 型ラーベス相合金
$Zr(V_{1-x}Ni_x)_2$, $Zr(V_{1-x}Ni_x)_{2+a}$, $Ti_yZr_{1-y}(V_{1-x}Ni_x)_2$, $Ti_yZr_{1-y}(V_{1-x}Ni_x)_{2+a}$, $Ti_yZr_{1-y}(V_aNi_bMn_cFe_d)_2$, $Ti_yZr_{1-y}(V_aNi_bMn_cFe_d)_{2+a}$, $Zr(Mn_aV_bNi_cCo_d)_{2+a}$, Ti–Zr–V–Ni–Cr–Co–Mn–Fe 系

5.5　11族元素と化合物

5.5.1　銅

11族元素は，古くから**貨幣金属**と呼ばれ，銅（Cu），銀（Ag），金（Au）がある．11族元素はいずれも最外殻軌道に1個のs電子をもち（表5.17），容易に1価の陽イオンになるが，内側のd軌道の電子を1〜2個失って2価，3価の陽イオンにもなる．最も安定な酸化状態は銅では+2，銀では+1，金では+3である．

銅は比較的安定な柔らかい赤みのある金属で，電気伝導性および熱伝導性に優れている．ICや基板の配線材料に使われている．銅は標準電極電位が小さいことから，配線のパターニングには無電解メッキが利用できる．

銅イオン（Cu^{2+}）には殺菌作用があるため，銅製容器で保存した食物には雑菌が繁殖しにくい．そのため銅イオンは防カビ剤や抗菌剤としても利用されている．銅イオンは生体に必須なイオンでもあり，血液タンパク質中にも含まれている．銅は単体として天然に産出するが，その多くは酸化物や硫化物として存在する．

銅を得るには，**黄鉄鉱**（$FeCuS_2$）にコークスや石灰石を加えて1250〜1300°Cの溶鉱炉で溶解する．溶鉱炉の下部には硫化銅（Cu_2S）がたまり，これを転炉に入れて空気を吹き込んで，イオウなどの不純物を取り除いて粗銅（純度99%）を製造する．その後，電解精錬を行い純度99.99%の銅を得る（図5.22）．

銀は金属の中でもっとも熱伝導と電気伝導の良い金属である．銀にも殺菌作用があり，最近では銀を無機抗菌イオンとしてゼオライトや層状化合物に担持した抗菌剤（図5.23）が開発されている．銀は天然に単体として存在するが，**輝銀鉱**（Ag_2S）という形でも産出する．これは加熱で容易に還元できる．

金は大気中では金属状態が最も安定である．貨幣や貴金属の宝飾品に使われ，天然には単体として産出する．

• **化合物の性質**

銅を加熱すると，まず800°Cで赤色の**酸化銅(I)**（Cu_2O）が生成する．1000°Cでは酸素分圧10^{-1} atm以下ではCu_2Oが安定相となるが，それ以上の酸素分圧になると黒色の酸化銅(II)（CuO）が安定的に生成する．

酸化銅(II)はガラスや陶磁器用釉薬，酸化物超伝導体などの原料として用いられ，酸化銅(I)は海洋生物の付着を防ぐ船底用防汚顔料として利用されている．

キーワード：銅族，貨幣金属，酸化銅，抗菌イオン

表 5.17　銅族（11 族元素）の性質

	Cu	Ag	Au
電子構造	$[Ar]3d^{10}4s^1$	$[Kr]4d^{10}5s^1$	$[Xe]4f^{14}5d^{10}6s^1$
原子半径／nm	0.112	0.128	0.124
イオン半径（M^+）／nm	0.096	0.126	0.137
（M^{2+}）／nm	0.072	—	—
融点／°C	1084	962	1064
沸点／°C	2595	2572	2966

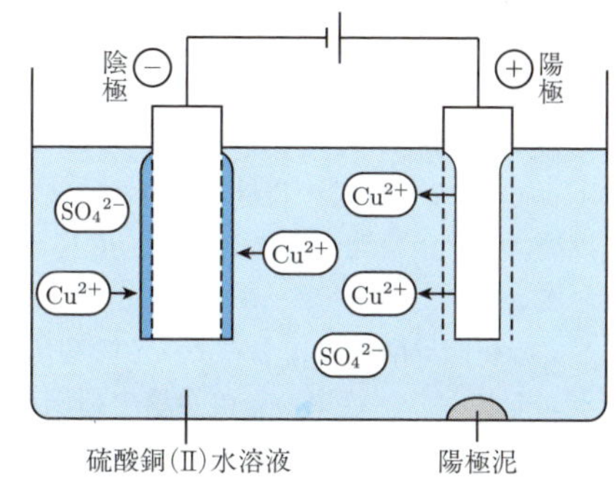

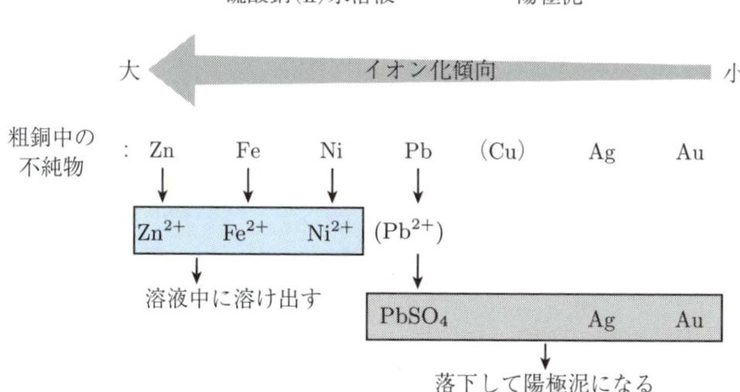

図 5.22　粗銅の溶解（電解精錬）

(1)　Ag の直接的作用（オリゴダイナミックアクション）
微量に溶出した Ag が酵素の SH 基と結合し，酵素阻害物として増殖反応を失活させる.

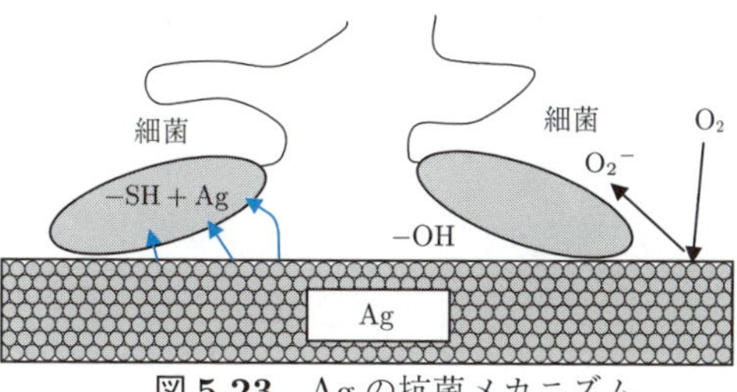

(2)　Ag の触媒作用
Agと水との酸化還元反応で生成したスーパーオキサイド（$O_2{}^-$）やヒドロキシラジカル(−OH)によって細胞を破壊する.

図 5.23　Ag の抗菌メカニズム

◆コラム 24：超伝導体

超伝導はある温度まで冷却すると電気抵抗が0になる現象で，この温度を**臨界温度** T_c と呼ぶ．1911年に4Kで水銀に超伝導性が発見されてから，より高い T_c をもつ超伝導体が研究されてきたが，その材料はすべて金属であった．しかし，1986年にベドノルツとミューラーによって30Kという高い臨界温度をもつLa–Ba–Cu–O系酸化物セラミック超伝導体が発見されて以来，さまざまな酸化物系高温型超伝導体が合成されている．これまで報告されている代表的な酸化物系超伝導体を表5.18に示す．

• 酸化物系超伝導体

図5.24は酸化物系超伝導体の臨界温度の推移を示したものである．発見当初の5年間に30KからLa–Sr–Cu–O系の40Kへ，さらにY–Ba–Cu–O（YBCO）系の90K，Bi–Sr–Ca–Cu–O系の110K，Ti–Ca–Ba–Cu–O系の125Kへと推移している．しかし，それ以後は，水銀系酸化物において136Kが記録されて以来，臨界温度の高温化は一段落している．

また，これらすべての超伝導酸化物において，その超伝導特性は CuO_2 面を含むきわめて狭い領域で発現しており，従来からの金属の超伝導の機構（**BCS理論**）と異なっていることが明らかにされている．この場合，CuO_2 面のCuの価数が2.0から±0.2程度ずれることにより CuO_2 面にホール（または電子）がドープされて発現するとされている．

• 酸化物系超伝導体の特性

代表的な酸化物超伝導体の電気抵抗－温度特性を図5.25に示す．YBCO系セラミックスの臨界温度が90Kで，それ以下の温度では電気抵抗は0になるため，いくら電流を流してもエネルギー損失が生じない．このため，永久に電気が流れ続けることになる．

実際にはこのような電気的特性の他に，**マイスナー効果**という磁気的特性の発現が確認された材料だけが超伝導体である．そのマイスナー効果の概要を図5.26に示す．超伝導体を外部磁場中におくと，T_c 以上の温度では磁力線は超伝導体内を通過する（図5.26 (a)）が T_c 以下の温度では物質の外部に押し出される（図5.26 (b)）．このため，たとえば常伝導状態の超伝導体の皿に磁石をのせて T_c 以下に冷却すると，皿は超伝導状態になるために磁石からでる磁力線は皿と磁石との間に挟み込まれ，磁石は宙に浮くことになる（図5.26 (c)）．

キーワード：酸化物系超伝導体，マイスナー効果，電気抵抗，磁気特性

表 5.18　おもな超伝導体酸化物

成分系	組成	結晶系	T_c／K
La–Ba–Cu–O	$La_{2-x}Ba_xCuO_{4-y}$	ペロブスカイト K_2NiF_4 型	30
La–Sr–Cu–O	$La_{2-x}Sr_xCuO_{4-y}$	同上	40
Y–Ba–Cu–O	$YBa_2Cu_3O_{7-y}$	$YBa_2Cu_3O_7$ 型	90
Bi–Sr–Ca–Cu–O	$Bi_2Sr_2CaCu_2O_8$	正方晶	80
	$Bi_2Sr_2Ca_2Cu_3O_{10}$	正方晶	110
Tl–Ca–Ba–Cu–O	$Tl_2Ba_2CaCu_2O_8$	正方晶	110
	$Tl_2Ba_2Ca_2Cu_3O_{10}$	正方晶	125

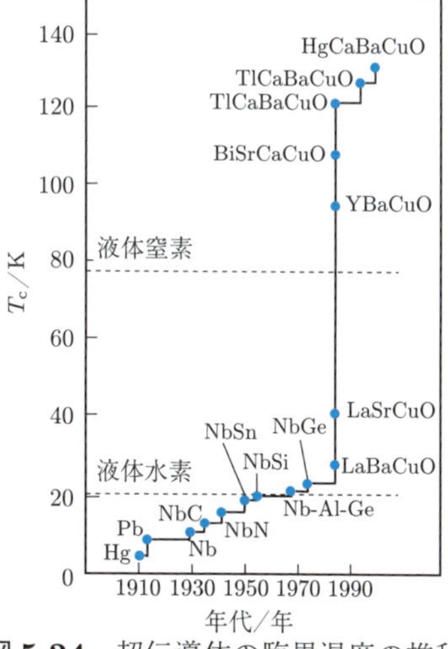

図 5.24　超伝導体の臨界温度の推移

図 5.25　酸化物超伝導体の電気抵抗－温度曲線

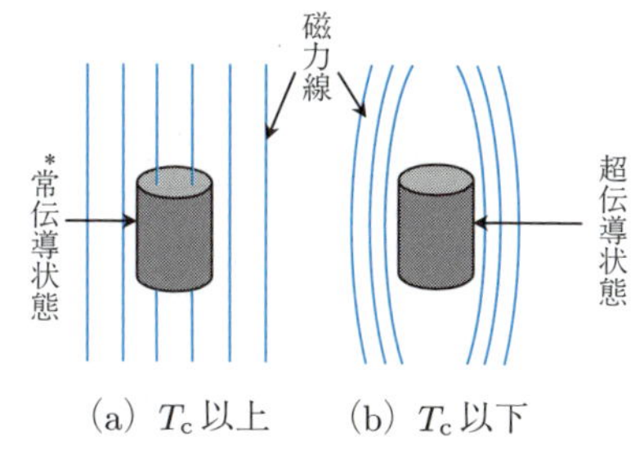

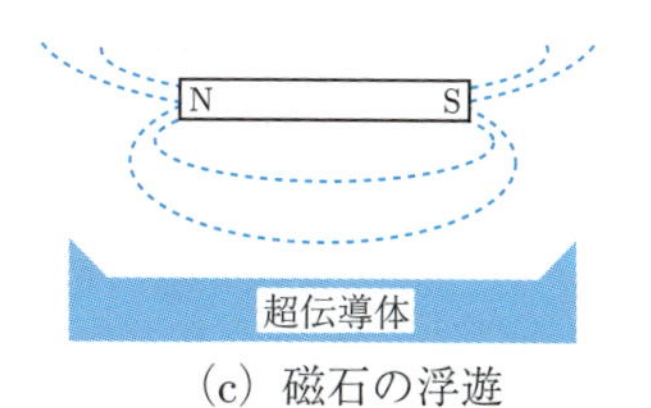

*常伝導状態とは超伝導状態になっていない状態を意味する.

図 5.26　マイスナー効果と磁気浮揚

●5.6　12族元素とその化合物●

亜鉛（Zn），カドミウム（Cd），水銀（Hg）はいずれも12族の元素であり，s軌道に2個の価電子が存在するために，通常は+2価であり，アルカリ土類金属元素（☞ 4.1.3）に類似している．また，周期表（☞ 1.1.5）ではd-ブロック元素系列の最後に位置しているが，d殻は満たされているために，遷移元素に特有な性質は認められない．このため，種々の原子価を有したり，さまざまな色に着色するなどの特性は認められない．

5.6.1　亜鉛

亜鉛（Zn）の基本的な性質は表5.19に示したとおりで，12族の中では存在量が最も多い．天然には**閃亜鉛鉱**（ZnS）として産出し，乾式法，または湿式法によって精製される．湿式法では閃亜鉛鉱を空気中で焙焼（300〜900°C）して酸化物とし，これにコークスを加えて1400°Cに加熱して発生するZnの蒸気を凝縮して得ている．その反応は次式のとおりで，純度99.5〜99.9%の亜鉛が得られる．

$$ZnS + \frac{3}{2}O_2 \rightarrow ZnO + SO_2 \tag{5.14}$$

$$2ZnO + C \rightarrow 2Zn + CO_2 \tag{5.15}$$

また，湿式法では，焙焼して得られたZnOを硫酸に溶かして硫酸亜鉛溶液として不純物を除去した後，電解法によってアルミニウム製の陰極上に析出させる．この方法により純度99.9%の亜鉛が得られる．

亜鉛は両性元素であり，単体，酸化物，水酸化物は酸，アルカリのいずれにも溶解する．亜鉛の主な用途はトタンや真ちゅうの製造用であるが，マンガン乾電池またはアルカリ乾電池の電池材料として使用されている（☞ 5.3.2）．その用途の多くは負極材料であり，電池全体を保護する役目も担っている．

また，酸化亜鉛にBi_2O_3を添加して，粒子はZnO，粒界はBi_2O_3という構造にすると，**バリスタ**（**バリアブルトランジスタ**の略）が得られる（図5.27）．バリスタとは電圧が低い間は電流を通さないが，ある電圧以上になると急に低抵抗化して大電流を流す．電圧の変化に敏感な素子である（図5.28）．一般にバリスタの電圧V－電流I特性は$I = (V/C)^\alpha$（α, Cは定数）で表され，αが大きい程，バリスタ特性は優れているといえる．バリスタは電子回路保護のためには不可欠であり，トランジスタの保護やリレー接点の損傷防止用などとして，各所に用いられている．

キーワード：閃亜鉛鉱，両性元素，酸化亜鉛，乾電池，バリスタ

表 5.19　12 族元素の性質

元素記号	電子配置	融点／°C	沸点／°C	イオン半径／nm	イオン化ポテンシャル／eV	密度／$g\,cm^{-3}$
Zn	$[Ar]3d^{10}4s^2$	419	907	0.074	9.39	7.14
Cd	$[Kr]4d^{10}5s^2$	321	765	0.097	8.99	8.64
Hg	$[Xe]4f^{14}5d^{10}6s^2$	−39	357	0.110	10.43	13.53

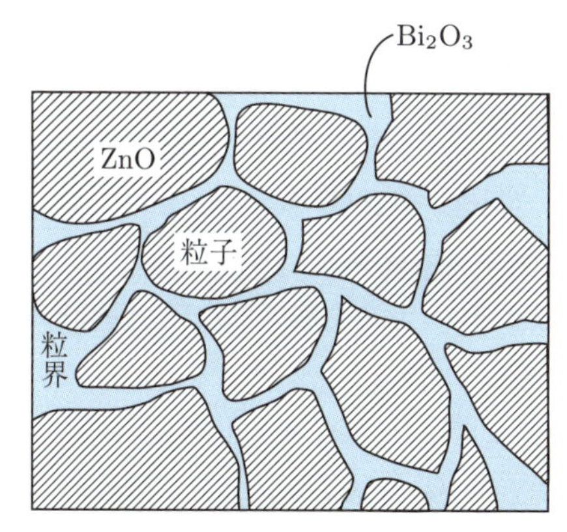

図 5.27　ZnO–Bi_2O_3 系バリスタの微構造

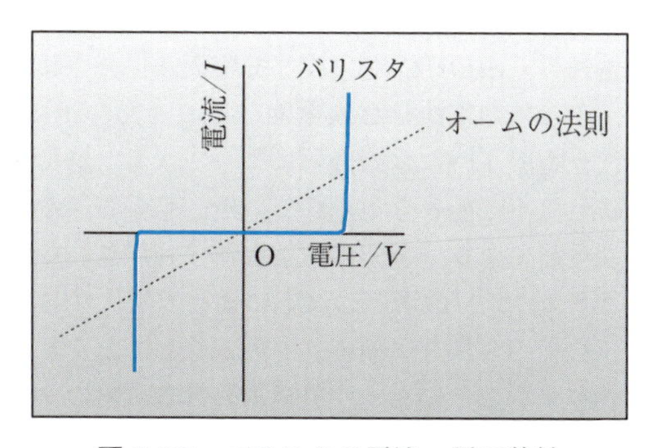

図 5.28　バリスタの電流 − 電圧特性

5.6.2　カドミウム

天然には亜鉛と共存していることが多く，製錬した亜鉛中には3～4%の**カドミウム**（Cd）が含まれている．カドミウムの物理的性質を表5.19に示す．

カドミウムは亜鉛に比べて融点が低いことを利用して分離される．亜鉛粉末にコークスを混ぜて蒸留すると，カドミウムが先に蒸留する．これを繰り返して高純度のカドミウムを得る．また，カドミウムと亜鉛のイオン化傾向の差を利用してカドミウムを得る方法もある．カドミウムが含まれた亜鉛粉末を酸に溶解し，その水溶液に亜鉛を加えると海綿状のカドミウムが析出する．

$$Cd^{2+} + Zn = Cd + Zn^{2+} \qquad (5.16)$$

このカドミウムを酸化して硫酸に溶かすと，硫酸カドミウムとなるが，硫酸カドミウム水溶液から電解によってカドミウムが得られる．

$$CdO + H_2SO_4 = CdSO_4 + H_2O \qquad (5.17)$$

カドミウムは白色光沢のある金属であるが，空気中においては表面が酸化され，光沢は失われる．また，酸に溶けて水素を発生するが，亜鉛とは異なり，アルカリには溶けない．

$$Cd + H_2SO_4 = CdSO_4 + H_2 \qquad (5.18)$$

カドミウムの利用例として，**ニッケル－カドミウム電池**がある（図5.29）．この電池はアルカリ蓄電池の1つで，電解液として水酸化カリウム，負極にカドミウムを用い，正極にオキシ水酸化ニッケル（NiOOH）を用いる．放電すると負極のカドミウムは酸化カドミウムとなり溶解する．溶解して生成したCd^{2+}イオンは，近傍のOH^-イオンと反応し，不溶性の$Cd(OH)_2$が生成して電極に保持される．この電池は逆の過程で充電も可能で，この種の電池を**2次電池**と呼ぶ（表5.20）．

一般に2次電池は，充電終了時に水の分解によって水素と酸素を発生する．このため，電池を密閉することは不可能と考えられていた．しかし，さまざまな工夫が施され，電池全体の密閉が可能になり，多くの電子機器に利用されている．充電中は正極に酸素が生じるが，カドミウムは酸素との反応によって酸化カドミウム（CdO）になりやすい．このため，負極の容量を正極よりも大きくしておくと，負極には未反応の水酸化カドミウムが存在することになり，負極における水素の発生を抑制できる．こうして密閉型の電池の製造が可能になった．

キーワード：**2**次電池，ニッケル－カドミウム電池

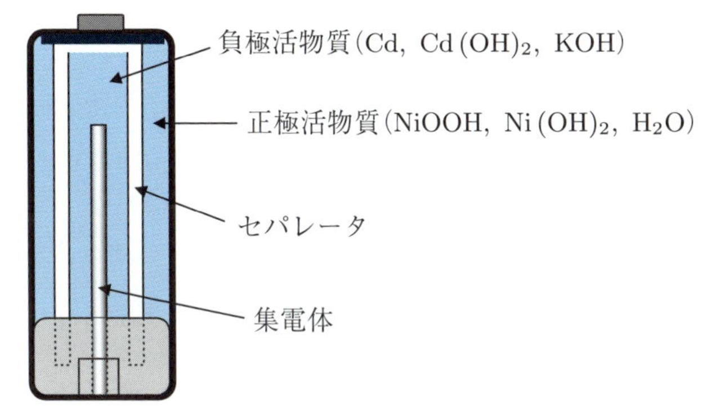

図 5.29　Ni–Cd 乾電池の構造

表 5.20　Ni–Cd 電池の電極反応

正極	$2NiOOH + 2H_2O + 2e^- \underset{充電}{\overset{放電}{\rightleftarrows}} 2Ni(OH)_2 + 2OH^-$
	（副反応 $\frac{1}{2}O_2 + H_2O + 2e^- \rightleftarrows 2OH^-$）
負極	$Cd + 2OH^- \underset{充電}{\overset{放電}{\rightleftarrows}} Cd(OH)_2 + 2e^-$
	（副反応 $H_2 + 2OH^- \rightleftarrows 2H_2O + 2e^-$）
総反応	$Cd + 2H_2O + 2NiOOH \underset{充電}{\overset{放電}{\rightleftarrows}} Cd(OH)_2 + 2Ni(OH)_2$
	（副反応 $H_2 + \frac{1}{2}O_2 \rightleftarrows H_2O$）

例題（5章）

[5-1]　ペロブスカイト型構造の酸化物（ABO_3）における許容因子 t（または騒乱因子）について説明しなさい．

（解答）

ペロブスカイト型構造において，A, B, O それぞれのイオン半径を R_A, R_B, R_C とすると，A イオンは12配位をとり，B イオンは6配位をとるため

$$\frac{R_A}{R_B} \geqq 1, \quad 0.414 \leqq \frac{R_B}{R_C} \leqq 0.732$$

が満足されるはずである．また，$R_A + R_B = \sqrt{2}(R_B + R_C)$ も成立する必要があり，実際には R_A, R_B, R_C の間には散乱因子 t を考慮して

$$R_A + R_B = t\sqrt{2}(R_B + R_C)$$

なる関係が成り立っている．ここで $t = 1$ は理想的な場合であり，$t > 1$ ならば R_A が大きすぎるか，R_B が小さすぎることを表している．一般にペロブスカイト型化合物の多くは $0.8 < t < 0.9$ で表され，実際には立方晶，正方晶，斜方晶，三斜晶のいずれかの構造をとる．たとえば $BaTiO_3$ は $t = 0.93$ であり，室温では斜方晶である．

[5-2]　電池に利用されている無機材料について説明しなさい．

（解答）

電池は各所で利用されており，その種類も多い．ここではクリーンなエネルギーとして期待されている太陽電池について考えてみよう．太陽電池は大別してシリコン系のものと化合物系のものとに分類される．シリコン系のなかでも，シリコンのn型半導体とp型半導体とを接合したものを下の図に示す．この半導体に太陽光を照射すると，半導体内部に電子と正孔が生成し，それぞれがn型半導体，およびp型半導体に移動するため，両端に電位が生じる．この両端に設置した電極を結んで電力として取り出すものが，太陽電池である．

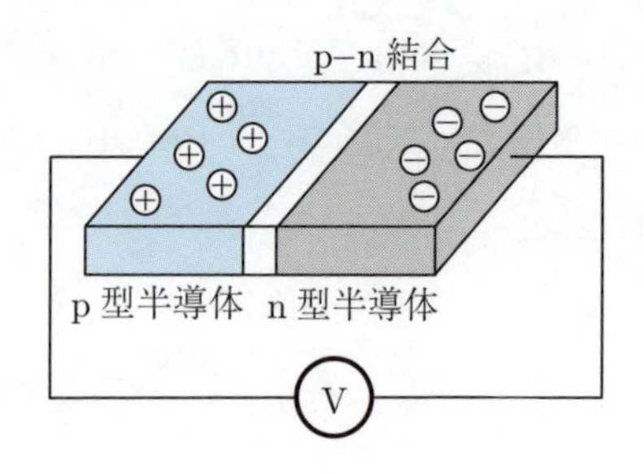

参考文献

[1] 花田禎一：『基礎 無機化学』，サイエンス社（2004）
[2] 福間智人：『福間の無機化学の講義』，旺文社（2013）
[3] 合原眞編著：『新しい基礎無機化学』，三共出版（2011）
[4] 山本喜一監修：『最新図解 元素のすべてがわかる本』，ナツメ社（2011）
[5] 齋藤勝裕・増田秀樹：『わかる × わかった！無機化学』，オーム社（2010）
[6] 増田秀樹・長嶋雲兵共編：『ベーシックマスター無機化学』，オーム社（2012）
[7] 平野眞一：『無機化学』，丸善出版（2012）
[8] 合原眞・井出悌・栗原寛人：『現代の無機化学』，三共出版（1988）

付　表

付表 1　SI 基本単位

基本物理量	量の記号	SI 単位の名称		SI 単位の記号
長さ	l	メートル	meter	m
質量	m	キログラム	kilogram	kg
時間	t	秒	second	s
電流	I	アンペア	ampere	A
熱力学温度	T	ケルビン	kelvin	K
物質量	n	モル	mole	mol
光度	I_{v}	カンデラ	candela	cd

付表 2　SI 組立単位

物理量	SI 単位の名称		SI 単位の記号	SI 基本単位による表現
周波数	ヘルツ	hertz	Hz	$\mathrm{s^{-1}}$
力	ニュートン	newton	N	$\mathrm{m\,kg\,s^{-2}}$
圧力，応力	パスカル	pascal	Pa	$\mathrm{m^{-1}\,kg\,s^{-2}}$ $(=\mathrm{N\,m^{-2}})$
エネルギー，仕事	ジュール	joule	J	$\mathrm{m^2\,kg\,s^{-2}}$ $(=\mathrm{N\,m}=\mathrm{Pa\,m^3})$
熱量効率，仕事率	ワット	watt	W	$\mathrm{m^2\,kg\,s^{-3}}$ $(\mathrm{J\,s^{-1}})$
電荷	クーロン	coulomb	C	$\mathrm{s\,A}$
電位	ボルト	volt	V	$\mathrm{m^2\,kg\,s^{-3}\,A^{-1}}$ $(=\mathrm{J\,C^{-1}})$
静電容量	ファラド	farad	F	$\mathrm{m^{-2}\,kg^{-1}\,s^4\,A^2}$ $(=\mathrm{C\,V^{-1}})$
電気抵抗	オーム	ohm	Ω	$\mathrm{m^2\,kg\,s^{-3}\,A^{-2}}$ $(=\mathrm{V\,A^{-1}})$
コンダクタンス	ジーメンス	siemens	S	$\mathrm{m^{-2}\,kg^{-1}\,s^3\,A^2}$ $(=\Omega^{-1})$
磁束	ウェーバ	weber	Wb	$\mathrm{m^2\,kg\,s^{-2}\,A^{-1}}$ $(=\mathrm{V\,s})$
磁束密度	テスラ	tesla	T	$\mathrm{kg\,s^{-2}\,A^{-1}}$ $(=\mathrm{V\,s\,m^{-2}})$
インダクタンス	ヘンリー	henry	H	$\mathrm{m^2\,kg\,s^{-2}\,A^{-2}}$ $(=\mathrm{V\,A^{-1}\,s})$
セルシウス温度	セルシウス度	degree Celsius	°C	K
平面角	ラジアン	radian	rad	1
立体角	ステラジアン	steradian	sr	1

付表 3　SI 接頭語

倍数	接頭語		記号	倍数	接頭語		記号
10	デカ	deca	da	10^{-1}	デシ	deci	d
10^2	ヘクト	hecto	h	10^{-2}	センチ	centi	c
10^3	キロ	kilo	k	10^{-3}	ミリ	milli	m
10^6	メガ	mega	M	10^{-6}	マイクロ	micro	μ
10^9	ギガ	giga	G	10^{-9}	ナノ	nano	n
10^{12}	テラ	tera	T	10^{-12}	ピコ	pico	p
10^{15}	ペタ	peta	P	10^{-15}	フェムト	femto	f
10^{18}	エクサ	exa	E	10^{-18}	アト	atto	a

付表 4　SI 以外の単位（SI と併用される単位）

物理量	単位の名称		記号	SI 単位による値
時間	分	minute	min	60 s
時間	時	hour	h	3600 s
時間	日	day	d	86400 s
平面角	度	degree	°	$\pi/180$ rad
体積	リットル	liter	l, L	10^{-3} m^3
質量	トン	ton	t	10^3 kg
長さ	オングストローム	angstrom	Å	10^{-10} m
圧力	バール	bar	bar	10^5 Pa
エネルギー	電子ボルト*	electronvolt*	eV	1.60218×10^{-19} J
質量	統一原子質量単位*	unified atomic mass unit*	u	1.66054×10^{-27} kg

* 現在，最も正確と信じられている物理定数を用いて求めた値である．

付表 5　その他の単位

物理量	単位の名称		記号	SI 単位による値
力	ダイン	dyne	dyn	10^{-5} N
圧力	標準大気圧	standard atmosphere	atm	101325 Pa
圧力	トル（mmHg）	torr（mmHg）	Torr	133.322 Pa
エネルギー	エルグ	erg	erg	10^{-7} J
エネルギー	熱化学カロリー	thermochemical calorie	$\mathrm{cal_{th}}$	4.184 J
磁束密度	ガウス	gauss	G	10^{-4} T
電気双極子モーメント	デバイ	debye	D	3.33564×10^{-30} C m
粘性率	ポアズ	poise	P	10^{-1} N s m^{-2}
動粘性率	ストークス	stokes	St	10^{-4} m^2 s^{-1}

従来の文献でよく使われていたものである．SI 単位への換算を示すために示した．

付表 6 エネルギー換算表

	$kJ\,mol^{-1}$	$kcal\,mol^{-1}$	J	eV	cm^{-1}
$1\,kJ\,mol^{-1}$	1	0.23901	1.6605×10^{-21}	0.010364	83.594
$1\,kcal\,mol^{-1}$	4.184	1	6.9477×10^{-21}	0.043364	349.76
1 J	6.0221×10^{20}	1.4393×10^{20}	1	6.2414×10^{18}	5.0341×10^{22}
1 eV	96.485	23.061	1.6022×10^{-19}	1	8065.5
$1\,cm^{-1}$	0.011963	2.8591×10^{-3}	1.9864×10^{-23}	1.2398×10^{-4}	1

付表 7 基本定数

光の速度	$c = 2.9979 \times 10^{8}$ [$m\,s^{-1}$]
電子の質量	$m_e = 9.1094 \times 10^{-31}$ [kg]
陽子の質量	$m_p = 1.6726 \times 10^{-27}$ [kg]
中性子の質量	$m_n = 1.6750 \times 10^{-27}$ [kg]
素電荷	$e = 1.6022 \times 10^{-19}$ [C]
プランク定数	$h = 6.6261 \times 10^{-34}$ [J s]
ボルツマン定数	$k_B = 1.3807 \times 10^{-23}$ [$J\,K^{-1}$]
アボガドロ定数	$N_A = 6.022 \times 10^{23}$ [mol^{-1}]
気体定数	$R = 8.3144$ [$J\,K^{-1}\,mol^{-1}$]
ファラデー定数	$F = 96485$ [$C\,mol^{-1}$]
誘電率	$4\pi\varepsilon_0 = 1.11264 \times 10^{-10}$ [$C^2\,N^{-1}\,m^{-2}$]
ボーア半径	$a_0 = 0.5292 \times 10^{-10}$ [m] = 0.05292 [nm] = 0.5292 [Å]

付表 8 ギリシャ文字

A	α	アルファ	N	ν	ニュー
B	β	ベータ	Ξ	ξ	グザイ
Γ	γ	ガンマ	O	o	オミクロン
Δ	δ	デルタ	Π	π	パイ
E	ε	イプシロン	P	ρ	ロー
Z	ζ	ゼータ	Σ	σ	シグマ
H	η	イータ	T	τ	タウ
Θ	θ	シータ	Υ	υ	ウプシロン
I	ι	イオタ	Φ	ϕ	ファイ
K	κ	カッパ	X	χ	カイ
Λ	λ	ラムダ	Ψ	ψ	プサイ
M	μ	ミュー	Ω	ω	オメガ

付表 9　酸化物結晶における配位数

酸化物名	イオン半径／nm	イオン半径から予想される配位数	実例配位数	実例配位数での理想的イオン半径からのへだたり／nm	備考
B_2O_3	0.021（3）*	3	3（4）	−0.0006	
BeO	0.033（4）	4	4	+0.0014	sp^2 の要素あり
SiO_2	0.040（4）	4	4	+0.0084	sp^3 混成 4 配位に一致
Al_2O_3	0.051（6） 0.049（4）	4（6）	6（4）	−0.007（6） +0.0174（4）	α-アルミナは 6 配位，γ-アルミナは 4 および 6 配位が混在
MgO	0.066（6）	6	6	+0.008	2 価酸化物で最高融点
TiO_2	0.068（6）	6	6	+0.01	
NiO	0.069（6）	6	6	+0.011	d^2sp^3 混成
CoO	0.072（6）	6	6	+0.014	d^2sp^3 混成で 6 配位
ZnO	0.074（6）	6	4	+0.0424	sp^3 混成
ZrO_2	0.079（6） 0.082（8）	6	8	+0.021（6） −0.0206（8）	8 配位の安定化剤として CaO, Y_2O_3 などを添加
CaO	0.099（6）	6（8）	6（8）	+0.041	反応性大
ThO_2	0.106（8）	8	8	+0.0034	酸化物中で最高融点
SrO	0.116（6）	8	6	+0.058	反応性大
BaO	0.143（6）	12	6	+0.085	反応性大

*（ ）の数値は陽イオン半径の配位数

付表 10　いくつかの無機化合物の結晶構造の大別

構成比*	配位数	構造	化合物
A : X = 1 : 1	3	グラファイト類似構造	h-BN, C（グラファイト）
	4	閃亜鉛鉱型構造	β-ZnS, β-SiC, AgI, c-BN, C（ダイアモンド）
		ウルツ鉱型	α-ZnS, α-SiC, BeO, ZnO, AlN
	6	岩塩型	NaCl, LiF, KCl, AgCl, MgO, CaO, SrO, BaO, TiC, MnO, FeO, CoO, NiO, TiO, CdS, CdSe
		ヒ化ニッケル型	NiAs, FeS, CrS
	8	塩化セシウム型	CsBr, CsI, TlCl, TlBr, NH_4Cl
A : X = 1 : 2	4	高温クリストバル石型	SiO_2
	6	ヨウ化カドミウム型	CdI_2, FeI_2, $TiCl_2$, $Ca(OH)_2$, $Mg(OH)_2$, $Fe(OH)_2$, $Mn(OH)_2$
		ルチル型	TiO_2, VO_2, β-MnO_2, RuO_2, OsO_2, IrO_2, GeO_2, CuO_2, PbO_2, AgO_2
	8	ホタル石型	SrF_2, BaF_2, ThO_2, UO_2, ZrO_2, CeO_2, HfO_2
A : X = 2 : 3	6	コランダム型	α-Al_2O_3, Cr_2O_3, α-Fe_2O_3
A : B : X = 1 : 2 : 4	A = 4, B = 6	スピネル型	$CoAl_2O_4$, $MgAl_2O_4$, $FeAl_2O_4$, Fe_3O_4, $FeCr_2O_4$, $MgFe_2O_4$, $ZnFe_2O_4$
A : B : X = 1 : 1 : 3	A = 12, B = 6	ペロブスカイト型	$CaTiO_3$, $BaTiO_3$, $SrTiO_3$, $PbTiO_3$, $SrSnO_3$, $SrZrO_3$, $PbZrO_3$
	A = 6, B = 6	イルメナイト型	$MgTiO_3$, $FeTiO_3$
A : B : X = 1 : 1 : 4	A = 8, B = 8	シーライト型	$CaWO_4$, $CaMoO_4$, $SrWO_4$, $CeGeO_4$
A : B : X = 2 : 1 : 4	A = 9, B = 6	K_2NiF_4 型	$LaSrCuO_4$, Nd_2CuO_4, La_2CuO_4, La_2NiO_4, YBa_2CuO_4
A : B : X = 2 : 2 : 7	A = 8, B = 6	パイロクロア型	$Cd_2Nb_2O_7$, $Ca_2Sb_2O_7$, $Dy_2Ti_2O_7$, $Y_2Ta_2O_7$
A : B : X = 1 : 12 : 19	A = 12, B = 4, 6	マグネトプランバイト型	$BaAl_{12}O_{19}$, $BaFe_{12}O_{19}$, $CaAl_{12}O_{19}$, $PbCr_{12}O_{19}$
A : B : X = 3 : 5 : 12	A = 8, B = 4, 6	ガーネット型	$Y_3Fe_2Al_3O_{12}$, $Y_3Fe_5O_{12}$, $Gd_3Fe_5O_{12}$, $Y_3Al_5O_{12}$

* A および B は価数または配位数の異なる陽イオン，X は陰イオンを表す．

付表 11　原子の電子配置

周期	元素	K	L		M			N				O				P			Q
		1s	2s	2p	3s	3p	3d	4s	4p	4d	4f	5s	5p	5d	5f	6s	6p	6d	7s
1	1 H	1																	
	2 He	2																	
2	3 Li	2	1																
	4 Be	2	2																
	5 B	2	2	1															
	6 C	2	2	2															
	7 N	2	2	3															
	8 O	2	2	4															
	9 F	2	2	5															
	10 Ne	2	2	6															
3	11 Na	2	2	6	1														
	12 Mg	2	2	6	2														
	13 Al	2	2	6	2	1													
	14 Si	2	2	6	2	2													
	15 P	2	2	6	2	3													
	16 S	2	2	6	2	4													
	17 Cl	2	2	6	2	5													
	18 Ar	2	2	6	2	6													
4	19 K	2	2	6	2	6		1											
	20 Ca	2	2	6	2	6		2											
	21 Sc	2	2	6	2	6	1	2											
	22 Ti	2	2	6	2	6	2	2											
	23 V	2	2	6	2	6	3	2											
	24 Cr	2	2	6	2	6	5	1											
	25 Mn	2	2	6	2	6	5	2											
	26 Fe	2	2	6	2	6	6	2											
	27 Co	2	2	6	2	6	7	2											
	28 Ni	2	2	6	2	6	8	2											
	29 Cu	2	2	6	2	6	10	1											
	30 Zn	2	2	6	2	6	10	2											
	31 Ga	2	2	6	2	6	10	2	1										
	32 Ge	2	2	6	2	6	10	2	2										
	33 As	2	2	6	2	6	10	2	3										
	34 Se	2	2	6	2	6	10	2	4										
	35 Br	2	2	6	2	6	10	2	5										
	36 Kr	2	2	6	2	6	10	2	6										

周期	元素	K	L		M			N				O				P			Q
		1s	2s	2p	3s	3p	3d	4s	4p	4d	4f	5s	5p	5d	5f	6s	6p	6d	7s
	37 Rb	2	2	6	2	6	10	2	6			1							
	38 Sr	2	2	6	2	6	10	2	6			2							
	39 Y	2	2	6	2	6	10	2	6	1		2							
	40 Zr	2	2	6	2	6	10	2	6	2		2							
	41 Nb	2	2	6	2	6	10	2	6	4		1							
	42 Mo	2	2	6	2	6	10	2	6	5		1							
	43 Tc	2	2	6	2	6	10	2	6	5		2							
	44 Ru	2	2	6	2	6	10	2	6	7		1							
	45 Rh	2	2	6	2	6	10	2	6	8		1							
5	46 Pd	2	2	6	2	6	10	2	6	10									
	47 Ag	2	2	6	2	6	10	2	6	10		1							
	48 Cd	2	2	6	2	6	10	2	6	10		2							
	49 In	2	2	6	2	6	10	2	6	10		2	1						
	50 Sn	2	2	6	2	6	10	2	6	10		2	2						
	51 Sb	2	2	6	2	6	10	2	6	10		2	3						
	52 Te	2	2	6	2	6	10	2	6	10		2	4						
	53 I	2	2	6	2	6	10	2	6	10		2	5						
	54 Xe	2	2	6	2	6	10	2	6	10		2	6						
	55 Cs	2	2	6	2	6	10	2	6	10		2	6			1			
	56 Ba	2	2	6	2	6	10	2	6	10		2	6			2			
	57 La	2	2	6	2	6	10	2	6	10		2	6	1		2			
	58 Ce	2	2	6	2	6	10	2	6	10	1	2	6	1		2			
	59 Pr	2	2	6	2	6	10	2	6	10	3	2	6			2			
	60 Nd	2	2	6	2	6	10	2	6	10	4	2	6			2			
	61 Pm	2	2	6	2	6	10	2	6	10	5	2	6			2			
	62 Sm	2	2	6	2	6	10	2	6	10	6	2	6			2			
	63 Eu	2	2	6	2	6	10	2	6	10	7	2	6			2			
	64 Gd	2	2	6	2	6	10	2	6	10	7	2	6	1		2			
6	65 Tb	2	2	6	2	6	10	2	6	10	9	2	6			2			
	66 Dy	2	2	6	2	6	10	2	6	10	10	2	6			2			
	67 Ho	2	2	6	2	6	10	2	6	10	11	2	6			2			
	68 Er	2	2	6	2	6	10	2	6	10	12	2	6			2			
	69 Tm	2	2	6	2	6	10	2	6	10	13	2	6			2			
	70 Yb	2	2	6	2	6	10	2	6	10	14	2	6			2			
	71 Lu	2	2	6	2	6	10	2	6	10	14	2	6	1		2			
	72 Hf	2	2	6	2	6	10	2	6	10	14	2	6	2		2			
	73 Ta	2	2	6	2	6	10	2	6	10	14	2	6	3		2			
	74 W	2	2	6	2	6	10	2	6	10	14	2	6	4		2			
	75 Re	2	2	6	2	6	10	2	6	10	14	2	6	5		2			

周期	元素		K	L		M			N				O				P			Q
			1s	2s	2p	3s	3p	3d	4s	4p	4d	4f	5s	5p	5d	5f	6s	6p	6d	7s
6	76	Os	2	2	6	2	6	10	2	6	10	14	2	6	6		2			
	77	Ir	2	2	6	2	6	10	2	6	10	14	2	6	7		2			
	78	Pt	2	2	6	2	6	10	2	6	10	14	2	6	9		1			
	79	Au	2	2	6	2	6	10	2	6	10	14	2	6	10		1			
	80	Hg	2	2	6	2	6	10	2	6	10	14	2	6	10		2			
	81	Tl	2	2	6	2	6	10	2	6	10	14	2	6	10		2	1		
	82	Pb	2	2	6	2	6	10	2	6	10	14	2	6	10		2	2		
	83	Bi	2	2	6	2	6	10	2	6	10	14	2	6	10		2	3		
	84	Po	2	2	6	2	6	10	2	6	10	14	2	6	10		2	4		
	85	At	2	2	6	2	6	10	2	6	10	14	2	6	10		2	5		
	86	Rn	2	2	6	2	6	10	2	6	10	14	2	6	10		2	6		
7	87	Fr	2	2	6	2	6	10	2	6	10	14	2	6	10		2	6		1
	88	Ra	2	2	6	2	6	10	2	6	10	14	2	6	10		2	6		2
	89	Ac	2	2	6	2	6	10	2	6	10	14	2	6	10		2	6	1	2
	90	Th	2	2	6	2	6	10	2	6	10	14	2	6	10		2	6	2	2
	91	Pa	2	2	6	2	6	10	2	6	10	14	2	6	10	2	2	6	1	2
	92	U	2	2	6	2	6	10	2	6	10	14	2	6	10	3	2	6	1	2
	93	Np	2	2	6	2	6	10	2	6	10	14	2	6	10	4	2	6	1	2
	94	Pu	2	2	6	2	6	10	2	6	10	14	2	6	10	5	2	6	1	2
	95	Am	2	2	6	2	6	10	2	6	10	14	2	6	10	7	2	6		2
	96	Cm	2	2	6	2	6	10	2	6	10	14	2	6	10	7	2	6	1	2
	97	Bk	2	2	6	2	6	10	2	6	10	14	2	6	10	8	2	6	1	2
	98	Cf	2	2	6	2	6	10	2	6	10	14	2	6	10	9	2	6	1	2
	99	Es	2	2	6	2	6	10	2	6	10	14	2	6	10	10	2	6	1	2
	100	Fm	2	2	6	2	6	10	2	6	10	14	2	6	10	11	2	6	1	2
	101	Md	2	2	6	2	6	10	2	6	10	14	2	6	10	12	2	6	1	2
	102	No	2	2	6	2	6	10	2	6	10	14	2	6	10	13	2	6	1	2
	103	Lr	2	2	6	2	6	10	2	6	10	14	2	6	10	14	2	6	1	2

付表 12　第 4 周期までの元素のイオン化ポテンシャル

元素	イオン化ポテンシャル E／kJ mol^{-1}						
	第 1	第 2	第 3	第 4	第 5	第 6	第 7
H	1312.1						
He	2371.5	5248.8					
Li	520.1	7296.1	11809				
Be	899.1	1756.9	14849	21005			
B	800.4	2426.7	3658.5	24258	32823		
C	1086.2	2352.2	4617.5	6221.2	37819	47254	
N	1402.9	2856.8	4576.0	7472.6	9439.1	53250	64333
O	1312.9	3391.6	5300.3	7466.8	10987	13326	71312
F	1680.7	3374.8	6044.6	8416.1	11016	15159	19364
Ne	2080.3	3962.7	6174.5	9374.2	12196	15234	19998
Na	495.4	4562.7	6912.8	9540.4	13372	16732	20108
Mg	737.6	1450.2	7730.4	10546	13623	18033	21736
Al	577.4	1815.9	2743.9	10806	14841	18372	23338
Si	786.2	1576.5	3228.4	4354.3	16083	19790	19945
P	1018.0	1895.8	2901.0	4954.3	6271.8	21263	25405
S	999.6	2257.6	3376.9	4562.7	6995.6	8493.5	27112
Cl	1255.2	2296.2	3849.3	5161.8	6539.6	9330.3	11029
Ar	1520.5	2664.8	3945.9	5769.3	7238.3	8807.3	11962
K	418.4	3069.0	4437.6	5875.6	7975.5	9619.0	11385
Ca	589.5	1145.2	4940.9	6464.3	8142.1	10495	12351
Sc	633.0	1235.1	2387.8	7130.0	8874.3	10719	13315
Ti	659.0	1309.2	2715.0	4171.9	9627.4	11577	13585
V	650.2	1413.4	2865.6	4631.3	6292.7	12435	14569
Cr	652.7	1590.8	2991.1	4737.4	6686.4	8737.7	15544
Mn	717.1	1508.8	3087.8	4940.0	6985.5	9166.1	11508
Fe	762.3	1561.1	2957.4	5287.4	7236.4	9552.0	12061
Co	758.6	1645.1	3232.2	4949.7	7670.1	9841.5	12447
Ni	736.4	1751.0	3393.4	5297.0	7284.6	10420	12833
Cu	745.2	1957.7	3553.5	5325.9	7709.2	9938.0	13411
Zn	906.3	1733.0	3858.9	5731.2	7969.7	10420	12929
Ga	579.1	1979.0	2952.2	6155.5			
Ge	760.2	1536.8	3287.4	4389.9	8974.7		
As	946.4	1948.9	2701.6	4814.5	6029.1	12311	
Se	940.6	2074.4	2973.7	4121.7	6589.9	7853.4	14994
Br	1142.2	2084.1	3473.5	4563.7	5760.2	8548.6	9938.0
Kr	1350.6	2369.8	3550.5	5065.5	6242.6	7574.1	10710

演習問題

●1章●

1.1 元素と単体との違いを，水素を例に説明せよ．

1.2 自然界における塩素の同位体存在比は ^{35}Cl（質量 34.96885 u）75.53%，^{37}Cl（質量 36.96590 u）24.47% である．塩素の相対原子質量を求めよ．

1.3 次の原子およびイオンの電子配置，および不対電子数を記せ．

(1) $_{20}Ca$ と $_{20}Ca^{2+}$　(2) $_{8}O$ と $_{8}O^{2-}$　(3) $_{29}Cu$ と $_{29}Cu^{2+}$

1.4 軌道とは何か．また，s, p, d 軌道を説明せよ．

1.5 電子のエネルギー準位が満たされていく順序を説明せよ．

1.6 水素原子で電子が 2s 軌道から基底状態に落ち込むときに放出する光の波長を求めよ．また，1 mol 当たりのイオン化エネルギーを求めよ．

1.7 原子の化学結合様式の分類とその性質の違いについて論じよ．

1.8 σ 結合と π 結合との違いを述べよ．

1.9 以下に示す化合物の化学結合様式を述べよ．

(1) $CaCl_2$　(2) NH_3　(3) CCl_4

(4) Al　(5) MgO　(6) SiC

1.10 以下に示す混成軌道の結合の形を示せ．

(1) sp　(2) sp^2　(3) sp^3

(4) sp^3d　(5) sp^3d^2　(6) sp^3d^3　(7) dsp^2

1.11 ダイヤモンドと黒鉛との結合様式の違いを述べよ．

1.12 NaCl の r_0 は 0.281 nm である．NaCl の格子エネルギーを算出せよ．

1.13 周期表で，周期の左から右へ，族の上から下に移るにしたがって，原子の大きさ，電気陰性度はどのように変化するか．また，なぜこのような変化が起きるのかを説明せよ．

1.14 NaCl の結合のイオン性を求めよ．ただし，Na の電気陰性度 0.93，Cl の電気陰性度 3.16 である．

●2章●

2.1 pH = 2.0 の酸の水素イオン濃度は，pH = 6.0 の酸の水素イオン濃度の何倍になるか求めよ．

2.2 酢酸 6.0 g を水に溶かして 1000 cm^3 にした水溶液の pH は 2.80 であった．この水溶液の水素イオン濃度と電離度を求めよ．

2.3 25°C における水酸化アンモニウムと酢酸の電離定数は 1.8×10^{-5}，1.86×10^{-4} であり，水のイオン積は 1.1×10^{-14} である．酢酸アンモニウムの加水分解定数と加水分解度を求めよ．

2.4 次の酸化還元反応の化学式を書け．

(1) 硫酸酸性過マンガン酸カリウム水溶液と過酸化水素水

(2) 熱濃硫酸と銅

(3) 二酸化硫黄水溶液とヨウ素水溶液

2.5 錯体の定義を述べよ．

2.6 以下の語句を説明せよ．

(1) キレート (2) 配位子

(3) 光学異性 (4) 幾何異性 (5) 多核錯体

2.7 以下に示す化合物の可能な幾何異性体を示せ．

(1) $[Pt(NH_3)_2(Cl)_2]$ (2) $[Pt(NO_2)(NH_3)(NH_2OH)(py)]Cl$

2.8 以下に示す化合物の可能な光学異性体を示せ．

(1) $[CoCl(NH_3)(en)_2]Br$ (2) $[Pt(en)_3]Cl$

●3 章●

3.1 イオン結合において，種々の配位数に対するイオン半径の限界半径比は 3 配位の場合には 0.155，4 配位では 0.225，6 配位では 0.414，8 配位では 0.732 となっている．これらの限界半径比を証明せよ．

3.2 NaCl の単位格子は面心立方格子であり，そのイオン間距離は 0.281 nm である．NaCl の密度を求めよ．

3.3 立方最密充填構造の充填率を求めよ．

3.4 静電モデルを用いて，次の結晶の格子エネルギーを求めよ．

(1) MgO (2) Al_2O_3 (3) CaF_2

3.5 ある結晶に X 線を照射したところ，入射角 $9.5°$ のときに 1 次の反射を起こした．X 線の波長を 1.56×10^{-8} cm とすると，この物質の格子面の間隔はいくらになるか．

3.6 X 線回折と蛍光 X 線分析で得られたデータの違いについて論ぜよ．

3.7 SiO_2: 73 mol%, Na_2O: 12 mol%, CaO: 8 mol%, Al_2O_3: 5 mol%, MgO: 2 mol% の組成調合物はガラス化するか論ぜよ．

●4 章●

4.1 アルカリ金属の共通した性質について述べよ．

4.2 アルカリ金属の定性方法について知るところを記せ．

4.3 なぜ，Be と Mg はアルカリ土類金属と言わないのか説明せよ．

4.4 アルカリ金属およびアルカリ土類金属を水に溶かしても着色しないのはなぜか説明せよ．

4.5 ハロゲン族の中でフッ素はなぜ異常な性質をもつことが多いのか説明せよ．

4.6 希ガスの原子半径の大きい理由を述べよ．

4.7　ホウ素族はなぜ1価，もしくは3価をとるのかを説明せよ．
4.8　アルミニウムが空気中において安定な理由を説明せよ．
4.9　六方晶BNとグラファイトの結晶構造を示し，相違点を論ぜよ．
4.10　シリコンがn型，またはp型半導体となる理由を説明せよ．
4.11　ケイ酸塩ではSiとOとの構成比によって構造が異なることが知られている．それらを分類し，簡単に構造を説明せよ．
4.12　ケイ酸イオン，リン酸イオン，硫酸イオンの構造および性質の違いを論ぜよ．
4.13　鉛イオンは有毒であるが，いろいろな分野で金属鉛を使用しているのはなぜか説明せよ．
4.14　空気中の窒素を固定化する方法を説明せよ．
4.15　湿式法でのリン鉱石からのリン酸の精製方法を説明せよ．

●5章●

5.1　銅はなぜ1価，または2価になるのかを説明せよ．
5.2　ランタノイド化合物が3価以外に2価，4価の原子価を示す理由を述べよ．
5.3　ランタノイド収縮とは何か説明せよ．
5.4　タングステンブロンズのフォトクロミズム反応を説明せよ．
5.5　二酸化チタンは，なぜ紫外領域に吸収をもつかを説明せよ．
5.6　ジルコニアの相転移について説明せよ．また，その転移を起こさないようにするためにどのような処理をしているかを説明せよ．
5.7　6価のクロムはどのような条件で生成し得るのか説明せよ．
5.8　鉄を酸化させたときの酸化皮膜の組成を示せ．
5.9　ゼオライトのイオン交換はどのようにして起こるかを説明せよ．
5.10　なぜ，粉末洗剤にゼオライトが入っているのかを説明せよ．
5.11　ペロブスカイト構造のすべての原子位置を示し，それぞれの原子がどのような配位状態をとっているかを説明せよ．
5.12　逆スピネル $(Fe^{3+})[M^{2+}Fe^{3+}]O_4$（$M^{2+}$: Mn^{2+}, Co^{2+}, Ni^{2+}, Cu^{2+}）の結晶全体の磁気モーメントを求めよ．
5.13　ソフトフェライトとハードフェライトの磁束密度－磁場のヒステリシス曲線の違いを述べよ．
5.14　半導性チタン酸バリウムのPTC特性のキュリー点を変えるにはどうしたらよいかを説明せよ．
5.15　チタン酸バリウムの圧電性について説明せよ．
5.16　酸化物超伝導体には銅イオンが入っている理由を述べよ．
5.17　光ファイバケーブルで遠くまで光を伝送できるのはなぜか説明せよ．
5.18　蛍光とレーザ光の違いを述べよ．

演習問題の略解とヒント

●1 章●

1.1　単体：H_2，元素：軽水素，重水素，三重水素の同位体を含む

1.2　35.457528

1.3　(1)　$_{20}Ca$: $1s^2 2s^2 2p^6 3s^2 3d^6 4s^2$（不対電子数：0），
$_{20}Ca^{2+}$: $1s^2 2s^2 2p^6 3s^2 3d^6$（0）

(2)　$_{8}O$: $1s^2 2s^2 2p^4$（2），
$_{8}O^{2-}$: $1s^2 2s^2 2p^6$（0）

(3)　$_{29}Cu$: $1s^2 2s^2 2p^6 3s^2 3p^6 3d^{10} 4s^1$（1），
$_{29}Cu^{2+}$: $1s^2 2s^2 2p^6 3s^2 3p^6 3d^9$（1）

1.4　1.1.2 参照

1.5　1.1.3，フントの規則，パウリの排他律を参照

$$1s < 2s < 2p < 3s < 3p < 4s < 3d < 4p < 5s$$
$$< 4d < 5p < 6s < 4f < 5d < 6p < 7s < 5f < 6d$$

1.6　例題 [1-1] 参照

1.7　1.2.1 参照

1.8　σ 結合は原子軌道どうしの重なりが大きいので，結合が強く，特に p 軌道が関与し，方向性をもつ．π 結合は原子軌道どうしの重なりが小さく，σ 結合ほど強い結合ではない．π 結合を形成する π 電子は化学反応性に富んでいる．

1.9　(1)　$CaCl_2$：イオン結合　(2)　NH_3：配位結合
(3)　CCl_4：共有結合　(4)　Al：金属結合
(5)　MgO：イオン結合　(6)　SiC：共有結合

1.10　1.2.3 参照

1.11　ダイヤモンドを構成する C–C 結合の間は，sp^3 混成軌道によって σ 結合している 3 次元的に連続した構造である．グラファイト（黒鉛）の C–C 結合は sp^2 混成軌道によって σ 結合して，平面状に連なる巨大分子の層を形成している．さらに混成に参加していない 2p 軌道によって結合され，π 電子が層全体に広がっているため電気伝導性を示す．

1.12　771 $kJ\,mol^{-1}$

1.13　原子の大きさは周期表の左から右へいくにしたがって減少する．たとえば，リチウムからベリリウムに移ると原子核の価電子数は 1 つだけ増加するので，すべての軌道電子は原子核により近く引っ張られるためである．周期表ではアルカリ金属は一番大きく，ハロゲンが一番小さい．族については上から下へ移るにしたがい原子の

大きさは外殻電子が加わる効果によって増大する．しかし，電気陰性度は，一般に小さな原子は大きな原子より電子を引きつけやすいので，原子の大きさとは逆になる．

1.14 $\Delta x = 3.16 - 0.93 = 2.23 > 1.7$，イオン結合性である．

●2 章●

2.1 10^4 倍

2.2 $[H^+] = 1.58 \times 10^{-3}$ $[\mathrm{mol\,dm^{-3}}]$,
$\alpha = 1.58 \times 10^{-3}$

2.3 $K_h = 3.28 \times 10^{-5}$,
$x = 5.73 \times 10^{-3}$

2.4 (1) $5H_2O_2 + 2KMnO_4 + 3H_2SO_4 \rightarrow 5O_2 + 2MnSO_4 + K_2SO_4 + 8H_2O$
(2) $2H_2SO_4 + Cu \rightarrow CuSO_4 + SO_2 + 2H_2O$
(3) $SO_2 + I_2 + 2H_2O \rightarrow H_2SO_4 + 2HI$

2.5 2.3.1 参照

2.6 2.3.2 参照

2.7 2.3.2 参照

2.8 2.3.2 参照

●3 章●

3.1 3.1.6，および例題 [3-1] 参照

3.2 $2.19\,\mathrm{g\,cm^{-3}}$

3.3 充填率 $= 74\%$，3.1.5 参照

3.4 (1) $-3964\,\mathrm{kJ\,mol^{-1}}$
(2) $-2040\,\mathrm{kJ\,mol^{-1}}$
(3) $-746\,\mathrm{kJ\,mol^{-1}}$

3.5 $d = 4.727 \times 10^{-8}$ [cm]

3.6 物質に X 線を照射すると，その物質から原子特有の性質をもつ X 線（**特性 X 線**）が発生する．蛍光 X 線分析では，これを用いて物質中に存在する原子の種類，および量を解析する．X 線回折法は物質中の回折してくる X 線の回折角と強度を解析する．

3.7 R（酸化物イオン数）/（網目形成イオン数）値を算出する．

$$R = \frac{73\times2+12+8+5\times3+2}{73+5\times2} = 2.20$$

$2.0 < R < 2.5$ なので，この組成調合物はガラス化する．

●4章●

4.1 アルカリ金属は融点，沸点，密度が低く，柔らかい金属である．外殻電子は s 電子が 1 個あるためにイオン化エネルギーが非常に低く，1 価陽イオンになりやすい．

4.2 炎色反応など．

4.3 4.1.3 参照

4.4 4.1.3 参照

4.5 フッ素の異常な性質は，F–F 結合のエネルギーが低いこと，酸化力がきわめて強いこと，原子またはイオンが小さいこと，および電気陰性度が高いことによる．

4.6 希ガス原子の電子親和力は 0 に近く，他の元素よりも高いイオン化エネルギーをもっている．電子の受け渡しがないために原子半径は大きくなる．

4.7 4.3.1 参照

4.8 アルミニウムの表面層にごく薄く存在する酸化皮膜

4.9 グラファイトは大きな電気伝導性を示し，ab 平面内では 3 個の炭素と sp^2 混成軌道で結合している．この結合は ab 平面内の全体に広がる π 電子軌道で構成されている．このため金属に近い電気伝導性を示し，金属光沢をもつ．一方，同じグラファイト型構造に属する BN は層内の結合状態はグラファイトと同様であるが，層の重なり方に違いがあり，c 軸方向の原子はすべて同一軸上に存在している．そのため，B と N とが交互に配置しているのでイオン結合性となり，電気絶縁性となる．

4.10 シリコンにヒ素などを少量加えると，E_g 値（充満帯と伝導体のエネルギー差）が低下する．このように電子を与えるタイプの不純物を含む半導体を n 型半導体という．一方，ホウ素を少量加えるとホウ素に正孔を生じて E_g 値が低下し，p 型半導体となる．

4.11

O^{2-}/Si^{4+}	組成	構造	例
2.0	SiO_2	3 次元網目	石英
2.5	Si_4O_{10}	2 次元網目	滑石
2.75	Si_4O_{11}	1 次元鎖	温石綿
3.0	SiO_3	1 次元鎖 環状	輝石 緑柱石
3.5	Si_2O_7	${SiO_4}^{2-}$ の 2 量体	オケルマナイト
4.0	SiO_4	${SiO_4}^{2-}$ の単量体	カンラン石

4.12 ケイ酸イオン，リン酸イオン，硫酸イオンの構造はともに正四面体構造をとり，酸化数はそれぞれ 4, 5, 6 である．その性質はケイ酸イオンは縮合性，不溶であり，リン酸イオンもまた縮合性がある．硫酸イオンは加熱時に酸化性，脱水性をもっている．

4.13 鉛は酸化電位の低いために耐酸性が大きい．

4.14 ハーバー－ボッシュ法（空中窒素固定化法）

4.15 リン鉱石 $Ca_{10}F_2(PO_4)_6$ を硫酸で分解し，リン酸とセッコウを得る方法である．

$$Ca_{10}F_2(PO_4)_6 \text{（固）} + 10H_2SO_4 \text{（液）} + xH_2O \text{（液）}$$
$$\rightarrow 10[CaSO_4 \cdot nH_2O] \text{（固）} + 2HF \text{（気）} + 6H_3PO_4 \text{（液）}$$

●5 章●

5.1 Cu 原子は $3d^{10}4s^1$ の電子配置をとることから最外殻における s 電子は対のままで残存している．ここでイオン化エネルギーの低い銅は s 電子を放出して Cu(I) 化合物になる．しかし，最も安定な酸化状態では $3d^9$ の Cu(II) になる．

5.2 ランタノイド化合物は典型的な +3 の酸化状態のほかに +2 と +4 の原子価を示す．これは f 殻が完全に満たされている場合にはさらに安定性が増す．この安定な状態に近づくことができる元素では，+2, +4 の原子価状態をとることが可能となる．

5.3 ランタノイドの原子半径およびイオン半径が原子番号の増加とともに徐々に小さくなること．1.1.7 参照．

5.4 ある種の固体に紫外線を当てると，元と異なる波長の可視光線を吸収するようになるが，紫外線照射を止めると，可逆的に再び元の状態に戻る場合がある．この現象が**フォトクロミズム**であり，光化学反応で結晶構造や分子構造が可逆的に変化するために起こる．

5.5 380 nm 付近のエネルギーに相当するバンドギャップをもつためである．

5.6 ジルコニアは Zr^{4+} イオンが酸化物イオンに対して小さすぎるので高温では立方晶をとっているが，低温になるとひずみ，結晶転移を起こす．しかし，Zr^{4+} の一部を大きいイオンに置き換えると立方晶を安定化することができる．

$$\text{単斜晶} \underset{1100^\circ\text{C}}{\rightleftarrows} \text{正方晶} \underset{2370^\circ\text{C}}{\rightleftarrows} \text{立方晶}$$

5.7 6 価のクロムは常に酸素原子と結合した形をとり，最もよく知られているのはクロム酸カリウムと重クロム酸カリウムである．これらアルカリ金属のクロム酸塩は，アルカリ性水溶液から結晶させる．

5.8 （金属側） $Fe／FeO／Fe_3O_4／Fe_2O_3$ （大気側）

5.9 ゼオライトの 3 次元網状構造において，SiO_2 の一部の Si^{4+} イオンは Al^{3+} イオンと置換し，このために生ずる電気的アンバランスを Na^+ イオンの付加によって補った構造をとる．この Na^+ イオンがほかの陽イオンとイオン交換する．

5.10 繊維に汚れとして付着している Ca^{2+} イオンを取り除き，界面活性剤の性能の低下を防ぐ（せっけんの洗浄力の低下を防ぐ）．

5.11 コラム 22 参照

5.12 (1) Mn^{2+}: 5 μ_B (2) Co^{2+}: 4 μ_B

(3) Ni^{2+}: 2 μ_B (4) Cu^{2+}: 1 μ_B

5.13 ハードフェライトの方が，ソフトフェライトに比べて H_{c}（抗磁力）の幅が広い．すなわちハードフェライトは，いったん磁化するとなかなか磁性が消えないことを示している．

5.14 シフター（添加物）を加える．たとえば，Ba^{2+} イオンの代わりに Sr^{2+} イオンを添加すると低温側にシフトし，Pb^{2+} イオンを添加すると逆に高温側にシフトする．

5.15 誘電体セラミックスの両端に電場をかけると，それに比例した大きさの分極が結晶内部に生じる．また，外から力を加えると，それに比例した大きさの分極が生じる．この両者の比例定数はまったく同じであり，それを圧電定数という．

5.16 コラム 24 参照

5.17 屈折率 n_1 をもつガラス繊維により小さな屈折率 n_2 をもつ層をかぶせ，繊維軸に対して i の角度で光を照射させると，光は繊維と被覆層との界面で全反射され，繊維外部に出ることはない．吸収さえなければ，光は繊維の一端から他端まで全量伝達される．

5.18 発光は光の吸収によって励起された電子が低エネルギーレベルに落ちることによって生ずる．とくに発光の寿命が比較的短いものを蛍光という．この光の波長はほとんど変わらないが，位相はまったくでたらめで干渉性をもたない．しかし，これに対してエネルギーレベルの差に対応する波長，位相ともにそろった単色性の光がレーザ光である．

索　引

● さ 行 ●

● た　行 ●

● な　行 ●

● や　行 ●

● ら　行 ●

● 欧字・数字 ●

著者略歴

橋本　和明（はしもと　かずあき）
1993年　千葉工業大学大学院工学研究科修了（工学博士）
現　在　千葉工業大学工学部教授

大倉　利典（おおくら　としのり）
1990年　東京都立大学大学院工学研究科修了（工学博士）
現　在　工学院大学先進工学部教授

片山　恵一（かたやま　けいいち）
1976年　東京工業大学大学院理工学研究科修了（工学博士）
現　在　東海大学工学部教授

山下　仁大（やました　きみひろ）
1982年　東京大学大学院工学系研究科修了（工学博士）
現　在　東京医科歯科大学生体材料工学研究所教授

ライブラリ 工科系物質科学＝2

工学のための 無機化学［新訂版］

2000年4月10日©	初版発行
2011年4月10日	初版第6刷発行
2016年1月10日©	新訂第1刷発行

著　者　橋本和明　　　発行者　森平敏孝
　　　　大倉利典　　　印刷者　林　初彦
　　　　片山恵一
　　　　山下仁大

発行所　　株式会社　サイエンス社

〒151-0051　東京都渋谷区千駄ヶ谷1丁目3番25号
営業　☎(03)5474-8500（代）　振替 00170-7-2387
編集　☎(03)5474-8600（代）
FAX　☎(03)5474-8900

印刷・製本　太洋社

《検印省略》

ISBN978-4-7819-1370-4

PRINTED IN JAPAN

サイエンス社のホームページのご案内
http://www.saiensu.co.jp
ご意見・ご要望は
rikei@saiensu.co.jp　まで．

原　子　量　表（2015）

（元素の原子量は，質量数12の炭素（^{12}C）を12とし，これに対する相対値とする。但し，この^{12}Cは核および電子が基底状態にある結合していない中性原子を示す。）

多くの元素の原子量は通常の物質中の同位体存在度の変動によって変化する。そのような12の元素については，原子量の変動範囲を［a, b］で示す。この場合，元素Eの原子量A_r(E)は$a \leq A_r$(E)$\leq b$の範囲にある。ある特定の物質に対してより正確な原子量が知りたい場合には，別途求める必要がある。その他の72元素については，原子量A_r(E)とその不確かさ（括弧内の数値）を示す。不確かさは有効数字の最後の桁に対応する。原子番号113, 115, 117, 118の元素名は暫定的なものである。これらの元素は査読を受けた科学論文誌でその存在が報告されているが，正式な元素名はIUPACで決められていない。

原子番号	元素名	元素記号	原子量	脚注
1	水素	H	[1.00784, 1.00811]	m
2	ヘリウム	He	4.002602(2)	g r
3	リチウム	Li	[6.938, 6.997]	m
4	ベリリウム	Be	9.0121831(5)	
5	ホウ素	B	[10.806, 10.821]	m
6	炭素	C	[12.0096, 12.0116]	
7	窒素	N	[14.00643, 14.00728]	
8	酸素	O	[15.99903, 15.99977]	
9	フッ素	F	18.998403163(6)	
10	ネオン	Ne	20.1797(6)	gm
11	ナトリウム	Na	22.98976928(2)	
12	マグネシウム	Mg	[24.304, 24.307]	
13	アルミニウム	Al	26.9815385(7)	
14	ケイ素	Si	[28.084, 28.086]	
15	リン	P	30.973761998(5)	
16	硫黄	S	[32.059, 32.076]	
17	塩素	Cl	[35.446, 35.457]	m
18	アルゴン	Ar	39.948(1)	g r
19	カリウム	K	39.0983(1)	
20	カルシウム	Ca	40.078(4)	g
21	スカンジウム	Sc	44.955908(5)	
22	チタン	Ti	47.867(1)	
23	バナジウム	V	50.9415(1)	
24	クロム	Cr	51.9961(6)	
25	マンガン	Mn	54.938044(3)	
26	鉄	Fe	55.845(2)	
27	コバルト	Co	58.933194(4)	
28	ニッケル	Ni	58.6934(4)	r
29	銅	Cu	63.546(3)	r
30	亜鉛	Zn	65.38(2)	r
31	ガリウム	Ga	69.723(1)	
32	ゲルマニウム	Ge	72.630(8)	
33	ヒ素	As	74.921595(6)	
34	セレン	Se	78.971(8)	r
35	臭素	Br	[79.901, 79.907]	
36	クリプトン	Kr	83.798(2)	gm
37	ルビジウム	Rb	85.4678(3)	g
38	ストロンチウム	Sr	87.62(1)	g r
39	イットリウム	Y	88.90584(2)	
40	ジルコニウム	Zr	91.224(2)	g
41	ニオブ	Nb	92.90637(2)	
42	モリブデン	Mo	95.95(1)	g
43	テクネチウム*	Tc		
44	ルテニウム	Ru	101.07(2)	g
45	ロジウム	Rh	102.90550(2)	
46	パラジウム	Pd	106.42(1)	g
47	銀	Ag	107.8682(2)	g
48	カドミウム	Cd	112.414(4)	g
49	インジウム	In	114.818(1)	
50	スズ	Sn	118.710(7)	g
51	アンチモン	Sb	121.760(1)	g
52	テルル	Te	127.60(3)	g
53	ヨウ素	I	126.90447(3)	
54	キセノン	Xe	131.293(6)	gm
55	セシウム	Cs	132.90545196(6)	
56	バリウム	Ba	137.327(7)	
57	ランタン	La	138.90547(7)	g
58	セリウム	Ce	140.116(1)	g
59	プラセオジム	Pr	140.90766(2)	
60	ネオジム	Nd	144.242(3)	g
61	プロメチウム*	Pm		
62	サマリウム	Sm	150.36(2)	g
63	ユウロピウム	Eu	151.964(1)	g
64	ガドリニウム	Gd	157.25(3)	g
65	テルビウム	Tb	158.92535(2)	
66	ジスプロシウム	Dy	162.500(1)	g
67	ホルミウム	Ho	164.93033(2)	
68	エルビウム	Er	167.259(3)	g
69	ツリウム	Tm	168.93422(2)	
70	イッテルビウム	Yb	173.054(5)	g
71	ルテチウム	Lu	174.9668(1)	g
72	ハフニウム	Hf	178.49(2)	
73	タンタル	Ta	180.94788(2)	
74	タングステン	W	183.84(1)	
75	レニウム	Re	186.207(1)	
76	オスミウム	Os	190.23(3)	g
77	イリジウム	Ir	192.217(3)	
78	白金	Pt	195.084(9)	
79	金	Au	196.966569(5)	
80	水銀	Hg	200.592(3)	
81	タリウム	Tl	[204.382, 204.385]	
82	鉛	Pb	207.2(1)	g r
83	ビスマス*	Bi	208.98040(1)	
84	ポロニウム*	Po		
85	アスタチン*	At		
86	ラドン*	Rn		
87	フランシウム*	Fr		
88	ラジウム*	Ra		
89	アクチニウム*	Ac		
90	トリウム*	Th	232.0377(4)	g
91	プロトアクチニウム*	Pa	231.03588(2)	
92	ウラン*	U	238.02891(3)	gm
93	ネプツニウム*	Np		
94	プルトニウム*	Pu		
95	アメリシウム*	Am		
96	キュリウム*	Cm		
97	バークリウム*	Bk		
98	カリホルニウム*	Cf		
99	アインスタイニウム*	Es		
100	フェルミウム*	Fm		
101	メンデレビウム*	Md		
102	ノーベリウム*	No		
103	ローレンシウム*	Lr		
104	ラザホージウム*	Rf		
105	ドブニウム*	Db		
106	シーボーギウム*	Sg		
107	ボーリウム*	Bh		
108	ハッシウム*	Hs		
109	マイトネリウム*	Mt		
110	ダームスタチウム*	Ds		
111	レントゲニウム*	Rg		
112	コペルニシウム*	Cn		
113	ウンウントリウム*	Uut		
114	フレロビウム*	Fl		
115	ウンウンペンチウム*	Uup		
116	リバモリウム*	Lv		
117	ウンウンセプチウム*	Uus		
118	ウンウンオクチウム*	Uuo		

*：安定同位体のない元素。これらの元素については原子量が示されていないが，ビスマス，トリウム，プロトアクチニウム，ウランは例外で，これらの元素は地球上で固有の同位体組成を示すので原子量が与えられている。

g：当該元素の同位体組成が通常の物質が示す変動幅を越えるような地質学的試料が知られている。そのような試料中では当該元素の原子量とこの表の値との差が，表記の不確かさを越えることがある。

m：不詳な，あるいは不適切な同位体分別を受けたために同位体組成が変動した物質が市販品中に見いだされることがある。そのため，当該元素の原子量が表記の値とかなり異なることがある。

r：通常の地球上の物質の同位体組成に変動があるために表記の原子量より精度の良い値を与えることができない。表中の原子量および不確かさは通常の物質に適用されるものとする。

「化学と工業」第68巻第4号より転載